Tutorial of Nuclear Power Plant Virtual Simulation Experiments

核电站虚拟仿真实验教程

主　编　郭江华

副主编　蔡　林　赵福云　聂　矗　余亮英

田侑成　赵嘉泰　丁雅倩　龙林鑫

WUHAN UNIVERSITY PRESS

武汉大学出版社

图书在版编目(CIP)数据

核电站虚拟仿真实验教程/郭江华主编.—武汉：武汉大学出版社，2021.6

ISBN 978-7-307-22118-5

Ⅰ.核…　Ⅱ.郭…　Ⅲ.核电站—计算机仿真—虚拟现实—实验—教材
Ⅳ.TM623-39

中国版本图书馆 CIP 数据核字(2020)第 273227 号

责任编辑:任仕元　　　责任校对:汪欣怡　　　版式设计:马　佳

出版发行：**武汉大学出版社**　(430072　武昌　珞珈山)
(电子邮箱：cbs22@ whu.edu.cn　网址：www.wdp. com.cn)
印刷:武汉邮科印务有限公司
开本:787×1092　1/16　印张:14.75　字数:347 千字　插页:1
版次:2021 年 6 月第 1 版　2021 年 6 月第 1 次印刷
ISBN 978-7-307-22118-5　定价:39.00 元

前　言

核电站运行与控制是一门与实践非常相关的课程。仿真是以相似性原理、控制论、信息技术及相关领域的有关知识为基础，以计算机和各种专用物理设备为工具，借助系统模型对真实系统进行试验研究的一门综合性技术。核电模拟仿真，就是用模拟的方法建立“虚拟核电站”来模仿现实中的核电站。核电机组系统模型的建立是核电仿真的核心问题。

核电站教学模拟机是以微型计算机作为工作平台，通过仿真数学模型模拟核电站物理、工艺和控制过程，以计算机图形界面作为人机界面的仿真系统。通过模拟机系统图中弹出设备软操作开关(虚拟设备开关)的控制窗，使用鼠标进行操作。模拟机模拟了参考核电厂主控制室和就地控制的主要内容，使得模拟机能够完成机组启停、升降功率、事故工况和机组瞬态下的主要操作。

现在常用的核电站模拟机系统主要用于模拟核电站各种运行工况，对培训核电站运行人员，提高核电站运行人员的素质和能力有重要意义。此外，模拟机系统对核电站的设计改进、运行规程的变更等，也提供了重要的验证手段。核电站模拟机系统是核电站正常运营和培训的必备设施。

本教程结合虚拟仿真技术，倡导理论学习与动手实践相结合、老师课堂演示与学生课后实验相补充的教学理念，积极探索将实验器材“搬”到课堂中、将实验室“搬”到学生终端的方法，逐步将核电站系统与运行、控制与仿真技术应用于本科教学实践中。

从本教程的组织结构来看，全部内容分为七个章节：

第 1 章　虚拟仿真技术简介。对虚拟仿真技术的基本理论进行了介绍，阐述了虚拟仿真技术的分类及其应用。

第 2 章　核电站设备建模与仿真概述。对模拟机设备、核电站主要系统与设备、热力系统仿真建模以及基于 SimStore 的核电站二回路虚拟仿真平台进行了基本介绍，帮助读者了解核电站的主要系统设备和仿真平台。

第 3 章　核电站启动过程实验。介绍了通过核电虚拟仿真实验室的教学模拟机，模拟核电机组仿真从正常冷停堆到满功率运行的整个过程，包括从正常冷停堆向热备用状态过渡、RRA 隔离至热停堆状态、反应堆趋近临界和热备用、汽机同步并网以及相关的注意事项等。

第 4 章　核电站停堆过程。介绍了通过核电虚拟仿真实验室的教学模拟机，模拟核电机组仿真核电厂从满功率运行到维修冷停堆运行的过程，包括降负荷到汽机跳闸、降低核功率到热停堆、降温降压和硼化以及 RRA 系统投入运行到冷停堆等。

第 5 章　核电站故障过程实验。模拟了核电厂事故工况中的几种严重故障，包括 RCP 系统故障、RCV 系统故障、RRA 系统故障、VVP 系统故障以及 ARE 系统故障等。

第 6 章　核电站虚拟换料过程实验。介绍了利用虚拟换料系统完成核电厂换料的整个过程，实验主要利用开盖与换料过程仿真系统进行换料过程的模拟。

第 7 章　基于 SimStore 的核电站二回路虚拟仿真平台。介绍了 SimStore 仿真平台，并介绍了其相应的仿真模块。

第 8 章　核电站二回路操作实验。介绍了核电站二回路中的几个典型操作实验，包括二回路启动至最低负荷、二回路升功率至额定负荷、功率摆动试验以及甩负荷至厂用电实验等。

本教程依托武汉大学核电仿真研究中心建设的核电站教学模拟机系统，可帮助学生及受训人员巩固和消化课堂上所学的相关知识，熟悉核电模拟机，提高动手能力和学习兴趣。其目的是使学生掌握核电模拟机启动、停堆、功率运行、故障运行等不同工况下的基本运行流程和方法，了解运行过程中存在的问题，培养学生独立处理问题和解决问题的能力。

本教程主要内容作为武汉大学核工程与核技术以及能源动力工程专业实验教学内容已经连续使用多年，将虚拟仿真技术和远程教学相结合，吸收了网络化控制技术、虚拟现实技术、Web 技术等最新的教学与科研成果，提供了核工程与核技术专业不同层次不同研究对象的实验，涵盖了核电站大部分设备和实验，具有较好的针对性。

本教程在编写过程中得到了武汉大学动力与机械学院、电力生产过程国家级虚拟仿真实验教学中心(武汉大学)、中核集团核动力运行研究所等单位和同行们的指导与支持。其中，武汉大学郭江华、蔡林、赵福云、聂矗、余亮英、田侑成、赵嘉泰、丁雅倩、龙林鑫等分别完成了各章节的编写工作，武汉大学周洪、肖晓晖、专祥涛、胡文山、廖冬梅、何珊以及中核集团核动力运行研究所李青、居悦初等为本书编写提供了指导和帮助。本教程在编写过程中参考了许多书籍及文献资料，在此谨向提供资料的作者和给予帮助的同行表示感谢。

限于我们的学识水平，书中不足之处在所难免，深切希望使用本书的兄弟院校师生及各研究、设计、生产与管理单位的广大读者、专家学者不吝批评指正。

作者

2020 年 9 月于武汉大学

目　　录

第1章　虚拟仿真技术简介

随着工业设备的复杂程度逐渐提升，其成本水涨船高，对安全性的要求也随之提高。对于没有操作经验的学生和实习生而言，直接使用现场设备作为教学平台风险较高，存在严重安全隐患。基于此，开发虚拟仿真技术，用于对工业设备的模拟运行，降低了风险，消除了隐患，使受训人员和试验人员获得操作经验，可为工业设备的设计、运行与优化提供有价值的参考。

1.1　虚拟仿真技术基本理论

1.1.1　虚拟仿真技术的定义

随着科学技术的发展，人们为了更好地适应未来信息社会的需要，不仅要求依靠打印输出或显示屏幕的窗口去观察信息处理的结果，而且希望凭借视觉、听觉、触觉以及形体、手势参与到信息处理的环境中，通过建立一个多维化的综合信息集成环境，获得身临其境的体验。虚拟仿真技术就是支撑这个多维信息空间的关键技术。

虚拟仿真技术又称虚拟现实(Virtual Reality)技术，简称VR技术或灵境技术，与其同义的有“虚拟环境(Virtural Evironment，VE)”“人工现实(Artificial Reality)”“赛博空间(Cyber Space)”等名词，于1989年由VPL Research公司的开山人物Jaron Lanier首先提出，是一种综合利用计算机图形技术、多媒体技术、传感器技术、并行实时计算技术、人工智能、仿真技术等多种学科技术的人机交互技术。

系统仿真就是建立系统的模型(数学模型、物理效应模型或数学-物理效应模型)，并在模型上进行实验和研究一个存在的或设计中的系统。这里的系统包括技术系统，如土木、机械、电子、水力、声学、热学等，也包括社会、经济、生态、生物和管理系统等非技术系统。仿真技术的实质也就是进行建模、实验。现代仿真技术的发展是与控制工程、系统工程及计算机技术的发展密切相关的。控制工程和系统工程的发展促进了仿真技术的广泛应用，而计算机的出现及计算技术的迅猛发展，则为仿真提供了强有力的手段和工具。因此，计算机仿真在仿真中占有越来越重要的地位。

传统的系统仿真技术很少研究对人的感知模型的仿真，因而无法模拟人对外界环境的感知(如听觉、视觉、触觉)。随着多媒体技术、计算机动画、传感技术的发展，计算机模拟外界环境对人的感官刺激开始成为可能。事实证明，人类对于图像、声音等感官信息的理解能力远远大于对数字和文字等抽象信息的理解能力。

虚拟仿真技术就是将系统仿真技术与虚拟现实技术相结合，利用虚拟现实技术进行仿真模型的建立和实验的模拟，使仿真的过程和结果可以实现图像化、可视化，使仿真的系统具有了三维、实时交互、属性提取等特征，极大地促进了仿真技术的发展，同时也使虚拟现实技术更加具有生命力。

虚拟仿真系统的组成如图 1-1 所示。

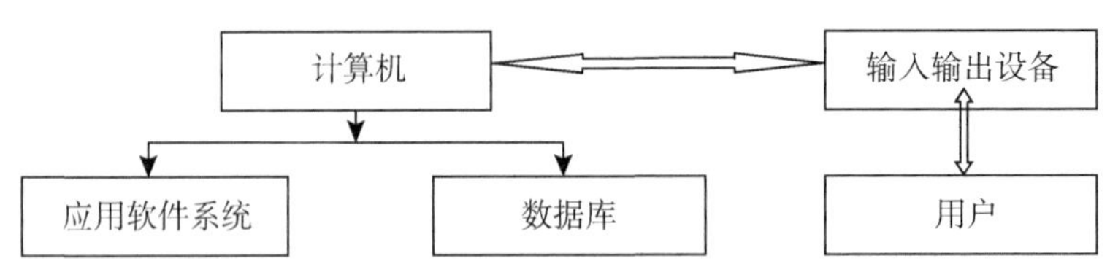

图 1-1　虚拟仿真系统的组成

1.1.2　虚拟仿真技术的特点

虚拟仿真技术具有以下四个基本特性。

1. 沉浸性(immersion)

虚拟仿真系统中，使用者可获得视觉、听觉、嗅觉、触觉、运动感觉等多种感知，从而获得身临其境的感受。理想的虚拟仿真系统应该具有能够给人所有感知信息的功能。

2. 交互性(interaction)

虚拟仿真系统中，不仅环境能够作用于人，人也可以对环境进行控制，而且人是以近乎自然的行为(如自身的语言、肢体的动作等)进行控制的，虚拟环境还能够对人的操作予以实时的反应。例如，当飞行员按动导弹发射按钮时，会看见虚拟的导弹发射出去并跟踪虚拟的目标；当导弹碰到目标时会发生爆炸，能够看到爆炸的碎片和火光。

3. 虚幻性(imagination)

虚幻性即系统中的环境是虚幻的，是由人利用计算机等工具模拟出来的。既可以模拟客观世界中以前存在过的或是现在真实存在的环境，又可模拟出客观世界中当前并不存在的但将来可能出现的环境，还可模拟客观世界中并不会存在而仅仅属于人们幻想的环境。

4. 逼真性(reality)

虚拟仿真系统的逼真性表现在两个方面。一方面，虚拟环境给人的各种感觉与所模拟的客观世界非常相像，一切感觉都是那么逼真，如同在真实世界一样；另一方面，当人以自然的行为作用于虚拟环境时，环境做出的反应也符合客观世界的有关规律。如当给虚幻物体一个作用力时，该物体的运动就会符合力学定律，会沿着力的方向产生相应的加速度；当它遇到障碍物时，则会被阻挡。

除了上述特征外，虚拟仿真技术还具有多感知性。所谓多感知性，是指除了一般计算机技术具有的视觉感知以外，还有听觉感知、力觉感知、触觉感知、运动感知，甚至包括味觉感知、嗅觉感知等。

普通意义上的虚拟仿真需要通过一系列传感辅助设备来构建虚拟环境。目前，虚拟仿真技术的内涵已经大大扩展，其研究领域包括一切具有自然模拟、逼真体验的技术与方法，根本目标是达到真实体验和基于自然技能的人机交互。鉴于人类通过视觉和听觉获取的信息占全部获得信息的绝大部分，视觉和听觉信息的获取首先成为重点研究的目标。从目前虚拟仿真技术的发展情况来看，信息的触觉、味觉和嗅觉感知在技术上是可以实现的。然而，由于其复杂性和难度，往往需要比较昂贵的硬件设备和复杂的软件支持，对于一般用户而言，可能是难以承受的。由于对虚拟仿真技术中信息的视觉和听觉进行研究和处理，已经可以覆盖大部分虚拟仿真所包含的信息量，因此，对于一般用户来说，在力所能及的经济条件下，在 PC 机上或其网络上开发虚拟仿真系统无疑是一种可行的选择。

1.1.3 虚拟仿真系统的分类

交互性和沉浸感是虚拟仿真技术最重要的两个特征。根据虚拟仿真技术所倾向的特征的不同，可将目前的虚拟仿真系统划分为四类，即桌面式、沉浸式、增强式和分布式虚拟仿真系统。

桌面式虚拟仿真系统是利用 PC 机或中低档工作站作为虚拟环境产生器，计算机屏幕或单投影墙作为参与者观察虚拟环境的窗口，通过各种外部输入设备实现与虚拟环境的充分交互，这些外部设备包括鼠标、追踪球、力矩球等。它要求参与者使用输入设备，通过计算机屏幕观察 360°范围内的虚拟境界，并操纵其中的物体。然而，这时参与者缺少完全的沉浸，是因为它仍然会受到周围现实环境的干扰。桌面虚拟仿真系统的最大特点是缺乏真实的现实体验，但由于它成本相对较低，因而应用比较广泛。常见桌面虚拟仿真系统有基于静态图像的虚拟仿真系统 QuickTime VR、虚拟仿真造型语言系统 VRML、桌面三维虚拟现实系统、MUD 等。

沉浸式虚拟仿真系统提供完全沉浸的体验，使用户有一种置身于虚拟境界之中的感觉。它主要利用各种高档工作站以及高性能图形加速卡和交互设备，有效屏蔽周围现实环境(如利用头盔显示器、三面或六面投影墙等)，把参与者的视觉、听觉和其他感觉封闭起来，并提供一个新的、虚拟的感觉空间，且利用位置跟踪器、数据手套、其他手控输入设备、声音等使得参与者产生一种身临其境、全身心投入和沉浸其中的感觉。常见的沉浸式虚拟仿真系统有基于头盔式显示器的系统、投影式虚拟仿真系统、远程存在系统等。

增强式虚拟仿真系统不仅是用虚拟仿真技术对现实世界进行虚拟仿真，而且利用它来增强参与者对真实环境的感受，也就是增强参与者在现实中无法感知或不方便的感受。它主要是通过使用穿透型头盔显示器，将计算机生成的虚拟环境叠加到真实的物体上，为参与者提供增强型虚拟环境。这种增强的信息可以是在真实环境中共存的虚拟物体，也可以是关于真实物体的非几何信息。该系统主要依赖于虚拟现实位置跟踪技术以达到精确的重叠。增强式虚拟仿真系统的典型实例是战机飞行员的平视显示器，它可以将仪表读数和武器瞄准数据投射到安装在飞行员面前的穿透式屏幕上，可以使飞行员不必低头读座舱中仪表的数据，从而可集中精力盯着敌人的飞机或修正导航偏差。

如果多个用户通过计算机网络连接在一起，同时进入一个虚拟空间，共同体验虚拟经历，那虚拟仿真就又提升到了一个更高的境界，这就是分布式虚拟仿真系统。分布式虚拟仿真系统是将虚拟环境运行在通过网络连接在一起的多台 PC 机或工作站上，多个用户可通过网络对同一虚拟世界进行观察和操作，以达到协同工作的目的。参与者通过使用这些计算机，可以不受时空限制实时交互、协同工作，共享同一个虚拟环境，共同完成复杂的任务。目前最典型的分布式虚拟仿真系统是 SIMNET，SIMNET 由坦克仿真器通过网络链接而成，用于部队的联合训练。比如，通过 SIMNET，位于德国的仿真器可以和位于美国的仿真器一样运行在同一个虚拟世界，参与同一场作战演习。

近年来，随着现实技术、虚拟环境以及增强方法的不断充实、进步和完善，著名学者 Paul Milgram 提出了一种分类学方法——虚拟统一体(Virtual Continnuum，VC)的概念，其定义如下：

- 现实环境(Real Environment，RE)：真实存在的现实世界；
- 虚拟环境(Virtual Environment，VE)：计算机生成的虚拟世界；
- 增强现实(Augmented Reality，AR)：在现实世界中叠加的虚拟对象；
- 增强虚拟(Augmented Virtuality，AV)：在虚拟境界中叠加的现实对象；
- 混合现实(Mixed Reality，MR)：由 AR 和 AV 组成；
- 虚实统一体(Virtual Continnuum，VC)：由 RE、AR、AV 和 VE 组成。

1.2　虚拟仿真对象建模

虚拟仿真对象建模主要包括视觉建模和听觉建模，其中视觉建模包括几何建模、运动建模、物理建模、对象行为建模等；听觉建模通常只是把交互的声音响应增加到用户和对象的活动中。下面重点介绍视觉建模。

1. 几何建模

几何建模是用来描述对象内部固有的几何性质的抽象模型，所表达的内容包括虚拟对象的形状和外观。虚拟对象的形状可以用点、线段、多边形、曲线、方程组甚至图像等描述，一般都是由三角形网络组成的。它们有许多共享的顶点，绘制速度较快，三角形网络也适合几何变换和细节层次 LOD 优化。对象表面造型可以使用 AutoCAD、MultiGen 等软件建立。

2. 运动建模

在虚拟环境中，物体的特征还涉及位置改变、碰撞、捕获、缩放和表面变形等，仅仅建立静态的几何模型对虚拟场景是不够的。一个运动的对象，它的位置是时刻改变的，因此，往往需要用各种坐标系来反映虚拟环境中对象的虚拟位置，通过移动、旋转和缩放来描述虚拟环境中对象的运动。

真实世界中的对象都是实体，一旦彼此之间发生碰撞，会产生力和其他作用，使彼此感知这种碰撞。然而，在虚拟世界中，对象模型仅仅是点线面的组合，他们的碰撞只是图形的交汇，不会发生任何物理作用。因此，需要设计碰撞检测算法，通过计算图形的交汇来实现模拟真实世界碰撞的发生。

3. 物理建模

物理建模是虚拟仿真系统中较高层次的建模，即在建模时考虑对象的物理属性，包括定义对象的质量、重量、惯性、表面纹理、光滑或粗糙、硬度、形状改变模式(橡皮带或塑料)等。分形技术和粒子系统是典型的物理建模方法。在虚拟仿真中，分形技术一般仅用于静态远景的建模；粒子系统用于动态的、运动的物体建模，如常用于描述火焰、水流、雨雪、旋风、喷泉等现象。

4. 对象行为建模

要构造一个能够逼真地模拟现实世界的虚拟环境，还要采用对象行为建模方法。行为建模定义了仿真对象的内部行为和外部行为及其活动特征，它的目的是建立对象的非确定性以及与用户输入的交互无关的对象行为。例如，虚拟场景中的鸟在空中自由飞翔，但当人接近它们时，就要飞远等。

1.3　虚拟仿真系统的应用领域

虚拟仿真技术可以使用户处于一个酷似真实世界的、具有完善交互能力的、可以帮助和启发构思的虚拟环境，并能够以全方位的交互方式获取多种表现形式的信息。因此，虚拟仿真技术的应用前景是十分广阔的，它适用于任何需要使用计算机来储存、管理、分析和理解复杂数据的领域。经过几十年的发展，虚拟仿真技术已从萌芽状态成长为成熟的综合信息技术，并在以下领域取得了众多研究成果。

1. 教育与训练

虚拟仿真技术能将三维空间的意念清楚地表示出来，并产生视觉、听觉、触觉和嗅觉等多种感官的刺激信息。同时，它使学习者能直接、自然地与虚拟对象进行交互，以各种形式参与事件的发展变化过程，并获得最大的控制和操作整个环境的自由度。这种呈现多维度信息的虚拟学习和培训环境，将为学习者掌握一门新知识、新技能提供前所未有的新途径。因此，该技术的发展可应用于虚拟科学实验室、立体观念、生态教育、交通规则教育、残障人士学习以及专业训练等众多领域。

1)仿真教学与实验

利用虚拟仿真技术，可以模拟显现那些在现实中存在的，却在教学环境下用别的方法很难做到或需要付出极大代价才能显现的事物，供学生学习和探索。例如，当学习某种机械装置的组成结构和工作原理时，传统的教学方法是利用图示或放录像的方式向学生展示。然而，这些方法无法深入描述相关知识，不利于学生理解。应用虚拟仿真技术能够充分显示其优势：它不仅可以展现出机械装置的复杂构造、工作原理以及工作时各部件的运行状态，而且还能模拟各部件在出现故障时的表现和原因，并方便地提供考察、操纵乃至维修的模拟训练机会，从而使教学与实验得到事半功倍的效果。

2）特殊教育

在虚拟仿真技术的帮助下，残障人士能够通过自己的形体动作与他人进行交流。例如，残障人士戴上数据手套就能将自己的手势翻译成讲话的声音。通过虚拟三维手势语言的训练系统，可以帮助弱智儿童很快地熟悉符号、字和手势语言的意义。此外，应用虚拟仿真技术还能为重度残障人士设计一系列的辅助装置，使他们只要轻轻动一下眉毛、眨一眨眼睛就能够完成诸如翻动书页、拉上窗帘等日常行为，为残障人士的生活提供很大的帮助和便利。

3）多种专业训练

对于许多不能失误的高难度仪器操作训练或是需要不断反复练习的操作，例如做外科手术、训练飞行员、滑雪、开挖掘机、开拖吊机以及操作核潜艇等，都可利用虚拟仿真技术进行专业训练。目前最普遍的应用就是飞行员训练模拟器。它由高性能计算机、三维图形生成器、三维声音训练、各种传感器以及产生运动感的运动系统组成。当受训者使用该模拟器时，作为系统中枢的计算机系统将负责管理计算飞行运动、控制仪表、指示灯和驾驶杆等信号。这些信息经过分析和处理后，将被传输给视觉、听觉、运动等各个 VR 子系统，用来实时生成相应的虚拟效果，从而带给飞行员在实际飞机中一样的操作感觉。

4）应急演练和军事演习

据路透社报道，从 2000 年开始美国的军事演习已从实弹转为虚拟作战，即利用计算机模拟敌方攻击的方式取代以往的炸弹和弹道导弹攻击。在这套仿真作战系统的虚拟战场环境中，包括在地面行进的坦克和装甲车，在空中飞行的直升机、歼击机、导弹等多种武器平台，同时在网络上还连着地面威胁环境、空中威胁环境、背景干扰环境等结点。它可以实现对军事人员和团组的多种训练方案，还能完成对武器系统性能、方案的验证和评估任务。曾任美国总医院情报委员会主席的 Dave McCurdy 表示，该系统使军事演习真正变成了低成本、无伤亡演习，使军事演习在概念上和方法上有了一个新的飞跃。

在公共安全领域，人们也利用虚拟仿真技术构建了一些典型的应用系统。例如，加拿大 Straylight Multimedia 公司的 ESP 应急仿真规划系统和 E-Semble 公司的 Diabolo VR 系统。这些新型的 VR 系统不仅减少了训练费用，还能设定包括交通事故、火灾、紧急救生等各种复杂的情况。受训者可以在这种虚拟环境中反复演练高风险、低概率的事件，并试验各种方案，即使闯祸，也不会引起任何“恶果”，最终在安全的虚拟环境中取得实际经验。

2. 设计与规划

虚拟仿真技术可以避免传统方式在原型制造、设计和生产过程中的重复工作，有效地降低成本。

德国汽车业是应用虚拟仿真技术最快也最广泛的。目前，德国所有的汽车制造企业都成立了自己的虚拟仿真开发中心，并将虚拟仿真技术应用到零部件设计、内部设计、空气动力学试验和模拟撞车安全试验等工作中。据奔驰、宝马、大众等公司的报告显示，应用虚拟仿真技术、以“数字汽车”模型来代替木制或铁皮制的汽车模型，可将新车型开发时间从一年以上缩短到两个月左右，开发成本最多可降低到原来的十分之一，因而大幅度提高了德国汽车产业的竞争力。

建筑设计也是最早应用虚拟仿真技术的行业。过去在设计港口、机场、码头、车站以及展览馆等大型建筑时，最困难的问题是如何在设计之初就能向人们全面、具体地显示出这些建筑在完成后的实际形象和应用效果。现在虚拟仿真技术可以解决这一难题，已经研制出的由计算机、投影设备、立体眼镜和传感器等组成的“虚拟设计”系统，不仅可以让各有关人员看到甚至“摸”到设计成果，而且还方便随时对不同的方案进行讨论、对比和修改。已建成的德国国家画廊以及汉诺威世界博览会德国馆，就是利用该系统设计的。可以预计，在未来的城市规划和建筑设计中将更加大量地使用虚拟仿真技术。

3. 科学计算可视化

在科学研究中总会面对大量的数据，为了从中得到有价值的规律和结论，需要对这些数据进行认真分析。而科学计算可视化的功能就是将大量字母、数字数据转换成比原始数据更容易理解的各种图像，并允许参与者借助各种虚拟仿真输入设备检查这些“可见的”数据。它通常被用于建立分子结构、地震以及地球环境等模型。其中，分子结构模型可用来测试不同的分子是如何相互作用的，地震模型可用来研究板块地质构造和地震，地球环境模型则可以描述臭氧层消失所带来的影响和在一段时间内全球气候变暖的情况等。它们的每一种模型都会产生大量的统计数据，而科学计算可视化往往是揭示这类数据的唯一方法。

在虚拟仿真技术支持下的科学计算可视化与传统的数据仿真之间存在着一定的应用差别。例如，为了设计出阻力小的机翼，必须详细分析机翼的空气动力学特性。为此，人们发明了虚拟仿真的风洞试验方法，其目的是通过使用烟雾气体，让工程师可以用肉眼直接观察到气体与机翼的作用情况，提高工程师对动力学特性的了解，并能对多漩涡的复杂三维性质和效果、空气循环区域、漩涡被破坏时的乱流等情况加以分析，而这些工作利用常规的数据仿真是很难实现可视化的。

4. 商业领域

随着电子商务的日益普及，虚拟仿真技术被应用于网上销售、客户服务、电传会议以及虚拟购物中心等商业区域。它可以使用户在购买前先看到产品的外貌与内在，甚至在虚拟世界中使用它，因此对产品的推广和销售都很有帮助。在该系统中，用户可以自行放大、缩小和旋转车身，可以从各个方位观看车身，还可以更换环境光线、车的颜色以及轮胎、尾翼等零部件等。由此看出，虚拟仿真技术能够使消费者充分体会产品的特色，有效地拉近了产品与消费者之间的距离。

5. 艺术与娱乐

作为传播信息的媒体，虚拟仿真技术在艺术领域所具有的潜在应用能力也不可低估。它可以使一个虚拟的音乐家演奏各种各样的乐器，让手足不便的人或远在外地的人足不出户地进入虚拟音乐厅欣赏音乐会。而虚拟仿真技术所具有的身临其境感及实时交互性还能将静态的艺术(如油画、雕刻)转化为动态的形式，使观察者能更好地欣赏作者的思想艺术。

在文物保护方面，虚拟仿真技术的应用意义也很重大。例如，由浙江大学人工智能研究所开发的“敦煌石窟虚拟漫游与壁画复原”系统，综合采用了数字摄影、图像处理、三维建模、虚拟仿真和人工智能技术，将敦煌壁画艺术真实、高效地保存了起来，使不可再生的文物得到了数字化的保存、修复和重现。

娱乐是虚拟仿真系统的另一个重要应用领域。目前，市场上已经推出了多款 VR 环境下的计算机游戏，例如反恐精英、穿越火线、和平精英等。它们实时逼真的 3D 视景、枪械、人物走位和杀伤效果都带给玩家强烈的感官刺激。

1.4　虚拟仿真技术在核工程教学中的应用

由于专业的特殊性，直接将现场运行的核电设备作为教学平台存在较大风险。虚拟仿真平台具有很好的安全性和可重复操作性，因此，利用虚拟仿真平台对从事核技术或其他高风险领域工作的人员进行教学和培训是很好的选择。在核电教学中，虚拟仿真技术能有效降低操作人员暴露于高辐射环境的时间，节约开支，操作人员通过人自身的感知能力和想象力体验在真实系统和环境中的操作流程。同时，虚拟仿真系统为师生提供了更广阔的教学场所和更多的教学机会，实现虚拟教学和远程教学，从而加强了教师和学生的教学互动。

在实际应用方面，哈尔滨工程大学核科学与技术虚拟仿真实验教学中心同中广核集团合作开发的虚拟仿真实验教学平台已使用多年，可分为 3 个部分：核动力装置虚拟教学平台、核动力装置运行仿真平台、核动力装置设计分析平台。该平台共有 30 个学生机位，2 个管理教师机位，每个机位的计算机均连入虚拟仿真实验教学中心内部局域网，用户通过网络就可以使用相应的教学资源。

同样，于 2009 年 6 月建成的武汉大学动力与机械学院“核电站虚拟—仿真实验室”与哈尔滨工程大学核科学与技术虚拟仿真实验教学中心一样，教学模拟机以微型计算机为工作平台。实验室分为核电站仿真实验室与核电站虚拟实验室。

核电站仿真实验室的软件主要由核岛部分和常规岛部分组成，其核电教学模拟机既可用于核电站物理、热工、控制和电气方面的原理培训，又可通过电站系统的图形操作界面，实现运行操作的初级培训。利用这个平台，使用者可以进一步理解在课堂上学到的专业理论知识，初步掌握对核电站的运行操作，并对科研开发打下良好的基础。

核电站虚拟实验室的软件主要由虚拟漫游系统和虚拟设备检修系统两部分组成。虚拟漫游系统可以提供一个可视化的交互式虚拟环境，使相关人员熟悉电站厂房、功能区划分、系统设备布置、厂房内部的进出路径等，该系统对核电站厂房、设备和管道系统等进行三维建模，利用开发的虚拟仿真平台对建立的核电站三维模型进行驱动，实现核电站厂区和厂房内部的虚拟漫游，通过该平台使使用者在实验室完成对核电站主要流程、主要设备结构(包括反应堆、蒸发器、主泵等)、主要设备拆装等内容的教与学，进而变抽象为具体，提高教学质量。虚拟设备检修系统是将核电站关键设备(包括反应堆、蒸汽发生器、主泵、换料机等)通过数据库进行管理和调度，实现设备结构的三维浏览，通过虚拟仿真系统，能够任意地隐藏设备零部件，进行放大和缩小观察设备，通过调用数据库查询设备零部件的属性信息等，在建立的虚拟设备浏览的基础上，按照核电站设备维修规程，对规程中每一步操作进行模拟，对于无法实现的过程采用文字及图片的方式说明，对于操作的过程通过数据库管理的方式控制操作过程中工具和设备零部件的运动过程，实现设备维修操作培训。

武汉大学开发了一套基于 SimStore 的核电站二回路虚拟仿真平台，操作人员只需要一台笔记本电脑，在安装 SimStore 后，便可在电脑上进行虚拟仿真，不占用教室或实验室，随时随地进行教学与练习。本书也将介绍该系统及实验教程。

第 2 章　核电站设备建模与仿真

2.1　模拟机设备基本介绍

近年来，随着各国核电产业的蓬勃发展，很多核电机组相继开工建设。但是，安全是核电健康长期发展的关键要素。为满足核电厂的安全运行，确保工作人员以及周边人民群众的生命安全，模拟机技术在核电领域迅速发展，广泛应用于核电系统设计、运行、安全培训等方面。

核电站多功能模拟机是以微型计算机作为工作平台，通过仿真数学模型模拟核电站物理、工艺和控制过程，以计算机图形界面作为人机界面的仿真系统。该系统既可用于核电站物理、热工、控制和电气方面的原理培训，又可以通过电站系统的图形操作界面开展运行操作的初级培训。

核电站多功能模拟机通过模拟机系统图中弹出设备软操作开关(虚拟设备开关)的控制窗，借助鼠标进行操作。模拟机模拟了参考核电厂主控制室和就地控制的主要内容，使其能够完成机组启停、升降功率以及事故工况和机组瞬态下的主要操作。核电站多功能模拟机既可以单机分别使用，又可以通过一拖 X 的方式进行集体教学和培训。安装有模拟机维护工具的核电站多功能模拟机还可用于控制系统和工艺系统研究与辅助设计仿真实验。

核电站多功能模拟机按照参考机组反应堆型，可分为典型压水堆(二代加)核电多功能模拟机和第三代核电 AP1000 多功能模拟机。除了核电站多功能模拟机以外，按照模拟范围、深度和功能的不同，用于核电站培训和教学的模拟机还可分为核电站趣味模拟机、核电站通用原理模拟机、核电站高级原理模拟机、核电站工程仿真机、核电严重事故仿真机、核电站全范围模拟机等。

武汉大学核电站教学模拟机属于通用型模拟机系统，选用法国法马通公司典型的第二代三环路百万千瓦压水堆核电机组作为参考机组，使用鼠标对系统图中的各控制窗进行操作。该模拟机模拟了核电厂主控室系统和核电厂各个系统及设备的主要内容，机组启停、升降功率、事故工况和机组瞬态下的主要操作都能在该模拟机上完成。

核电站教学模拟机的硬件包括由 24 台计算机组成的计算机网络以及培训教学相应的配套设施，主要包括计算机、显示器、交换机、打印机、投影仪、视频切换器等。

每套模拟机上安装有 SimBASE 仿真支撑软件、压水堆模型软件、教学控制台软件

SimIS、操纵员台软件 SimOS 和监视参数曲线软件 SimCurve。两套维护工作站加装模拟机维护工具和调试工具等。

该模拟机能进行电厂正常启停和升降功率等主要操作，能模拟电厂甩负荷、反应堆脱扣、LOCA(一回路主系统破口)、SGTR(蒸汽发生器传热管破裂)、主蒸汽管道破裂、主给水管道破裂等瞬态，并能实现控制棒卡棒或落棒、泵脱扣、阀门卡死、仪表信号漂移等80多种故障模拟。

2.1.1 教练员台

核电站模拟机教练员台设置有75种核反应堆初始状态，可以任意选定一种状态开始运行模拟机。开始运行后，教练员台可以在任意时刻冻结运行状态或者复位模拟机初态，同时教练员台可以在运行过程中插入给水系统、反应堆冷却剂系统、化学和容积控制系统、余热排出系统、主蒸汽系统等8个系统的81种故障，以此来锻炼操作员在模拟机系统上对事故的处理能力。同时，在插入事故后，仿真图菜单栏中的报警事件序列可以按时间顺序报告报警事件，实时展示系统随着时间先后出现的各个报警事件。

教练员台设置有系统图，包括总体流程图、稳压器、反应堆堆芯、余热排出系统、化学和容积控制系统、主冷却剂系统、三个蒸汽发生器及安注系统8个系统图。相比于操作员系统图，教练员系统图没有二回路各个系统，但一回路各个系统更加详尽完整。教练员台窗口如图2-1所示。

2.1.2 操作员台

操作员台提供操作员培训、操作、学习的人机界面。界面包含核电站所有主要系统的流程图，包括一回路的主冷却剂系统、反应堆堆芯、稳压器、化学和容积控制系统、余热排出系统，二回路的发电机与电气部分、主蒸汽和高压缸系统、汽水分离再热器系统、低压缸系统等19个系统图，使学员能借助系统图主菜单直接进入系统流程图，且每幅流程图能够显示所有设备的运行状态和参数，通过鼠标点击相应设备可弹出设备控制窗进行操作。同时操作员台还设有参数曲线监视分析工具，能够根据机组运行状态实时通过曲线记录各参数变化情况，包括堆芯热功率、堆芯反应性、稳压器压力、稳压器水位、冷却剂平均温度、RCV上充下泄流量、堆芯硼浓度等81个参数。除此之外，操作员台还具有其他的辅助功能，如停堆首发信号提示、安注首发信号提示、水蒸气表、报警窗、改变视图大小、利用快时因子放大运行倍速、PT图和梯形图动态显示等。

本小节选取操作员台中的几个重要系统进行简要介绍和分析。操作员台主菜单见图2-2。

2.1.3 总体流程图

压水堆核电厂总体流程(GD)如图2-3所示。

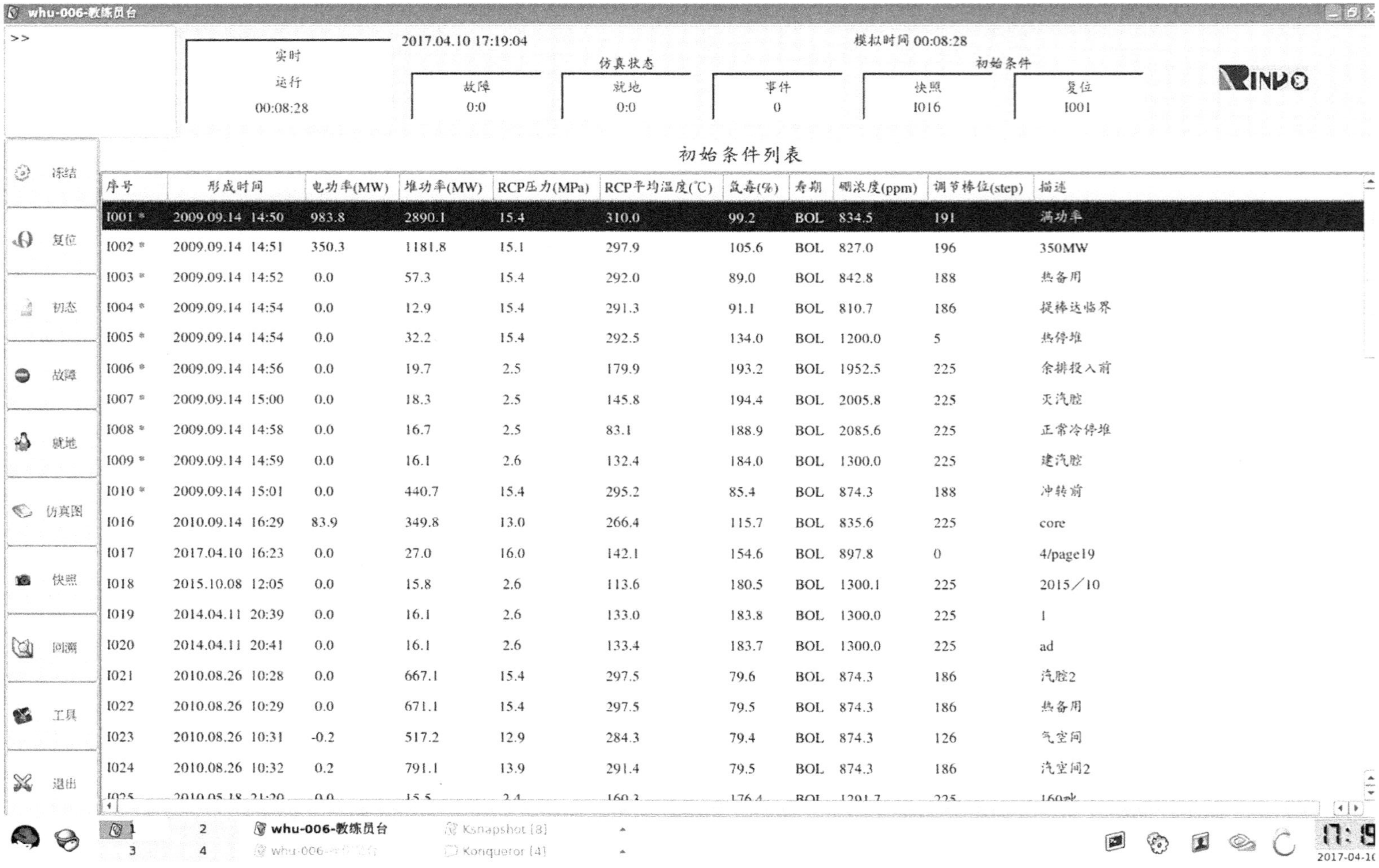

whu-006-教练员台

实时 运行 00:08:28 | 2017.04.10 17:19:04 | 仿真状态：故障 0:0　就地 0:0 | 事件 0 | 模拟时间 00:08:28 | 初始条件：快照 I016　复位 I001

冻结　复位　初态　故障　就地　仿真图　快照　回溯　工具　退出

初始条件列表

序号	形成时间	电功率(MW)	堆功率(MW)	RCP压力(MPa)	RCP平均温度(℃)	氙毒(%)	寿期	硼浓度(ppm)	调节棒位(step)	描述
I001 *	2009.09.14 14:50	983.8	2890.1	15.4	310.0	99.2	BOL	834.5	191	满功率
I002 *	2009.09.14 14:51	350.3	1181.8	15.1	297.9	105.6	BOL	827.0	196	350MW
I003 *	2009.09.14 14:52	0.0	57.3	15.4	292.0	89.0	BOL	842.8	188	热备用
I004 *	2009.09.14 14:54	0.0	12.9	15.4	291.3	91.1	BOL	810.7	186	提棒达临界
I005 *	2009.09.14 14:54	0.0	32.2	15.4	292.5	134.0	BOL	1200.0	5	热停堆
I006 *	2009.09.14 14:56	0.0	19.7	2.5	179.9	193.2	BOL	1952.5	225	余排投入前
I007 *	2009.09.14 15:00	0.0	18.3	2.5	145.8	194.4	BOL	2005.8	225	灭汽腔
I008 *	2009.09.14 14:58	0.0	16.7	2.5	83.1	188.9	BOL	2085.6	225	正常冷停堆
I009 *	2009.09.14 14:59	0.0	16.1	2.6	132.4	184.0	BOL	1300.0	225	建汽腔
I010 *	2009.09.14 15:01	0.0	440.7	15.4	295.2	85.4	BOL	874.3	188	冲转前
I016	2010.09.14 16:29	83.9	349.8	13.0	266.4	115.7	BOL	835.6	225	core
I017	2017.04.10 16:23	0.0	27.0	16.0	142.1	154.6	BOL	897.8	0	4/page19
I018	2015.10.08 12:05	0.0	15.8	2.6	113.6	180.5	BOL	1300.1	225	2015／10
I019	2014.04.11 20:39	0.0	16.1	2.6	133.0	183.8	BOL	1300.0	225	1
I020	2014.04.11 20:41	0.0	16.1	2.6	133.4	183.7	BOL	1300.0	225	ad
I021	2010.08.26 10:28	0.0	667.1	15.4	297.5	79.6	BOL	874.3	186	汽腔2
I022	2010.08.26 10:29	0.0	671.1	15.4	297.5	79.5	BOL	874.3	186	热备用
I023	2010.08.26 10:31	-0.2	517.2	12.9	284.3	79.4	BOL	874.3	126	气空间
I024	2010.08.26 10:32	0.2	791.1	13.9	291.4	79.5	BOL	874.3	186	汽空间2
I025	2010.05.18 21:20	0.0	15.5	2.4	160.3	176.4	BOL	1291.7	225	160吨

1　2　whu-006-教练员台　Ksnapshot [8]
3　4　whu-006-教练员台　Konqueror [4]
17:19　2017-04-10

图 2-1　教练员台窗口

7.04.10 17:08:47
初始化
RINPO
实时
运行时间 00:00:00
曲线
工具
系统图
视图
快时因子
操作员台主菜单
GD 总体流程图
RCP 主冷却剂系统
CORE 反应堆堆芯
PZR 稳压器
RCV 化学和容积控制系统
RRA 余热排出系统
ED 发电机与电气部分
MS01 主蒸汽、高压缸系统
MS02 汽水分离再热器系统
MS03 低压缸系统
MS04 汽机调节、汽机保护及冷凝器旁排操作盘
RIS 安注系统
FW01 高加、主给水调节、辅给水系统
FW02 低加、除氧器、主给水泵系统
FW03 冷凝器、凝结水系统
FW04 循环水、真空系统
ANN 报警窗
RIC 堆芯功率与温度分布
XS 中毒效应

图 2-2　操作员台主菜单

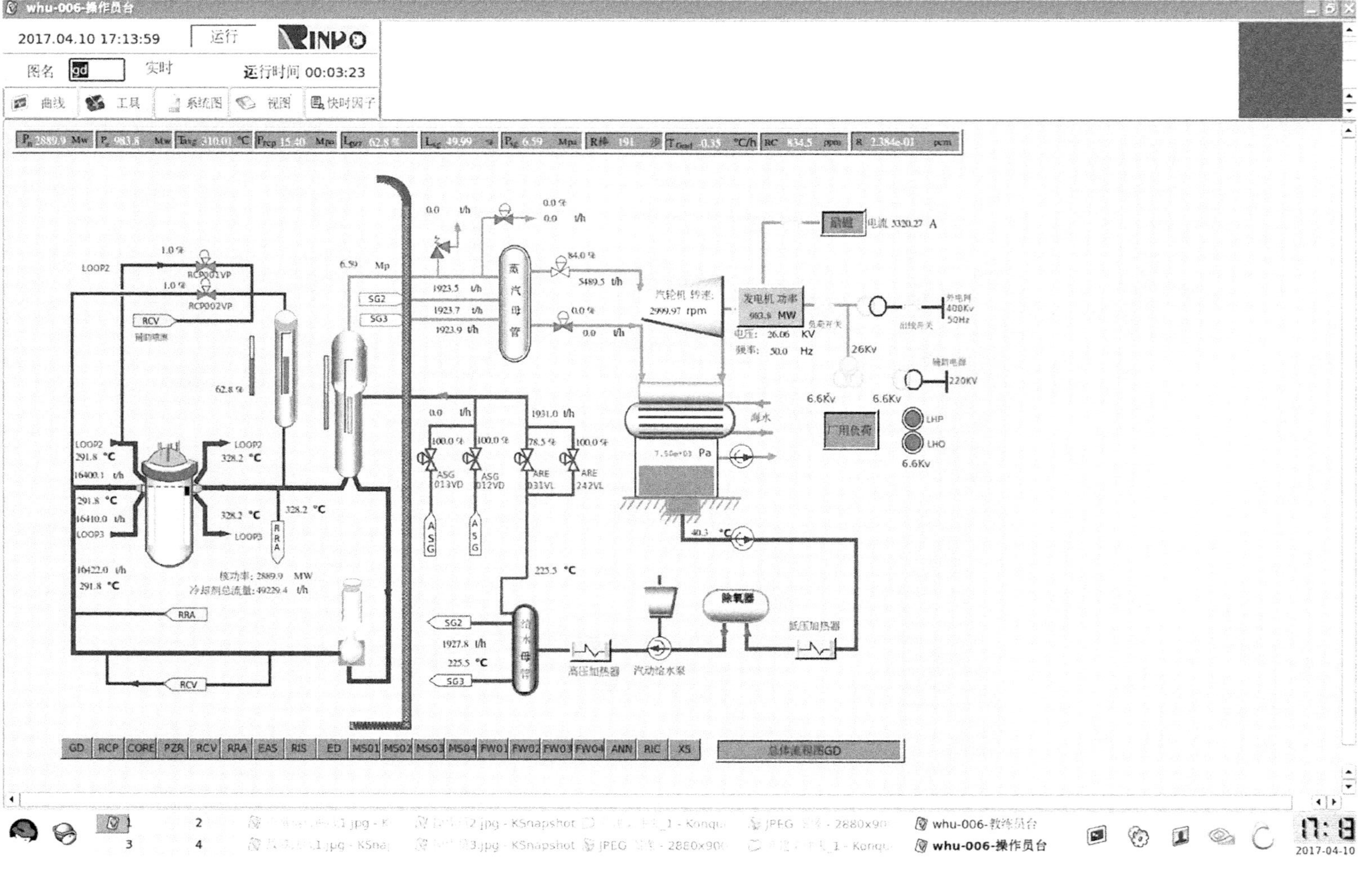

图 2-3　压水堆核电厂总体流程

2.2 核电站主要系统与设备

压水堆核电厂主要由压水反应堆、反应堆冷却剂系统(简称一回路)、蒸汽和动力转换系统(简称二回路)、循环水系统、发电机和输配电系统及其辅助系统组成。

一回路系统由反应堆压力容器、控制棒传动机构、稳压器、蒸汽发生器、反应堆冷却剂泵等设备组成。系统由三条冷却剂环路组成,每条环路设置有一台冷却剂泵和一台蒸汽发生器,三条环路设有一台稳压器。

二回路系统由汽轮发电机组、凝汽器、蒸汽管道、除氧器、给水泵、再热器等设备组成。

通常一回路利用核能产生蒸汽,二回路利用蒸汽生产电能。

2.2.1 反应堆堆芯

堆芯是反应堆的核心部件,用来产生系统所需的热源。堆芯有很强的放射性,由若干个尺寸相同、截面为正方形的燃料组件排列而成。堆芯按燃料组件的浓缩程度被分为三个区域,第一区、第二区分别由富集度为2.4%、1.8%的低浓缩度燃料组件以棋盘状排列在堆芯的内区组成,第三区则由富集度为3.1%的高浓缩度燃料组件在堆芯外区放置组成。

堆芯结构由以下各个组件组成:

- 燃料组件

燃料组件由燃料元件棒和定位组件骨架组成,呈17×17正方形栅格排列,总共有289个栅格,其中有264个燃料元件棒、24个控制棒导向管、1根通量测量管,用来作为测量机组运行过程中堆芯内中子通量的通道。

- 控制棒组件

控制棒组件是反应堆的主要控制部件,吸收中子能力强,可以快速控制反应性。在反应堆正常工况运行时可以提供正常的启停堆,调节反应性的微小变化。在反应堆事故工况运行时,可以快速下插、紧急停堆,保证核电站的安全。

- 可燃毒物组件

可燃毒物组件作为在新堆后备反应性过大时运行的安全措施,在参与新堆运行时补偿堆内过剩反应性。

- 阻力塞组件

阻力塞组件插在空导向管内来防止堆芯冷却剂旁路,避免冷却剂不必要的损失。

- 中子源组件

中子源组件分为初级中子源组件和次级中子源组件。初级中子源组件用于在新堆初次启动时产生裂变和指示中子水平的中子,次级中子源组件在大修后产生一定量用于启堆和测量的中子通量。

反应堆堆芯如图2-4所示。

反应堆堆芯分布见图2-5。

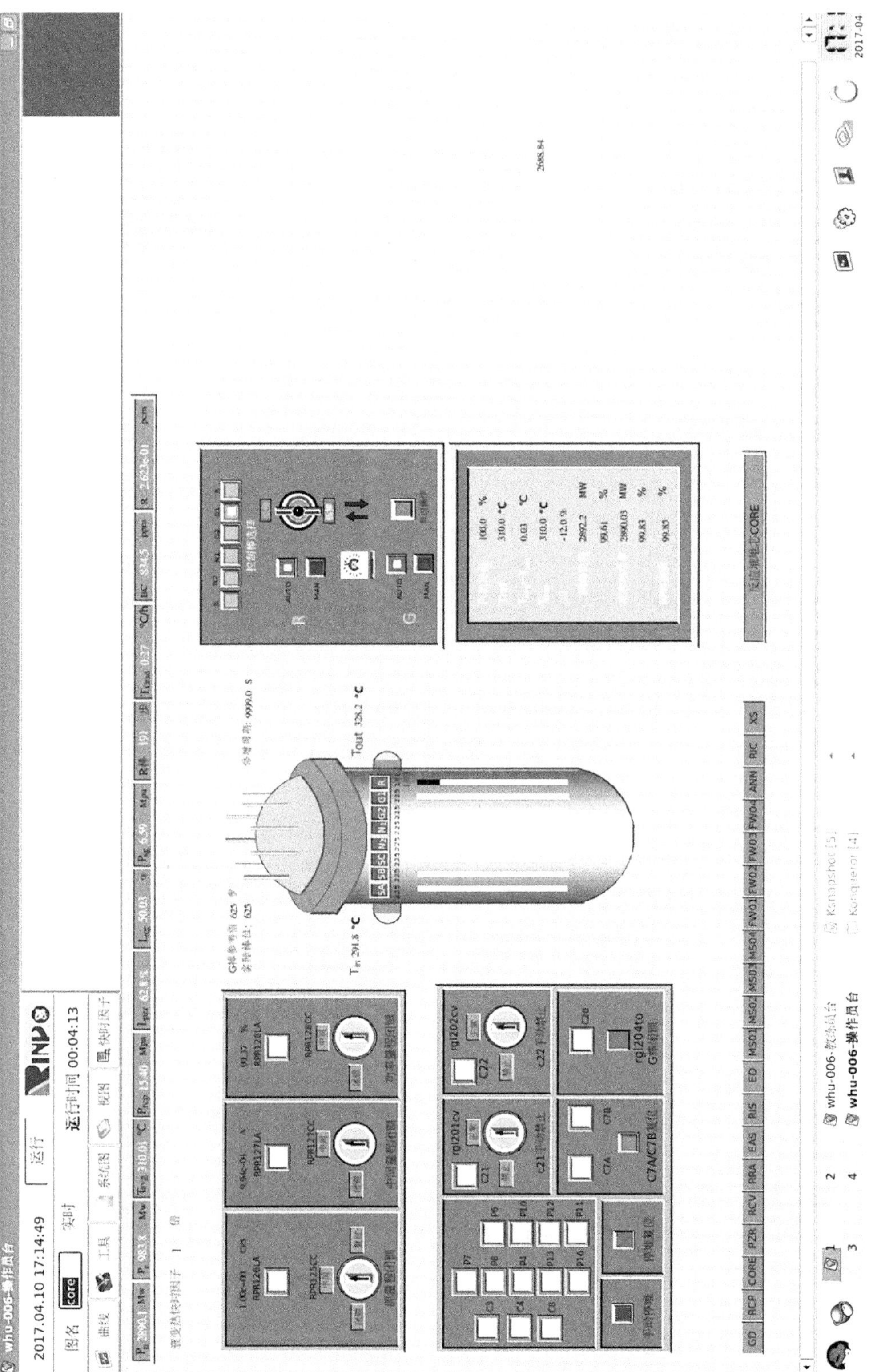
whu-006-操作员台
2017.04.10 17:14:49
运行时间 00:04:13
反应堆堆芯CORE
GD
RCP
CORE
PZR
RCV
RRA
EAS
RIS
ED
MS01
MS02
MS03
MS04
FW01
FW02
FW03
FW04
ANN
RIC
XS

图 2-4　反应堆堆芯

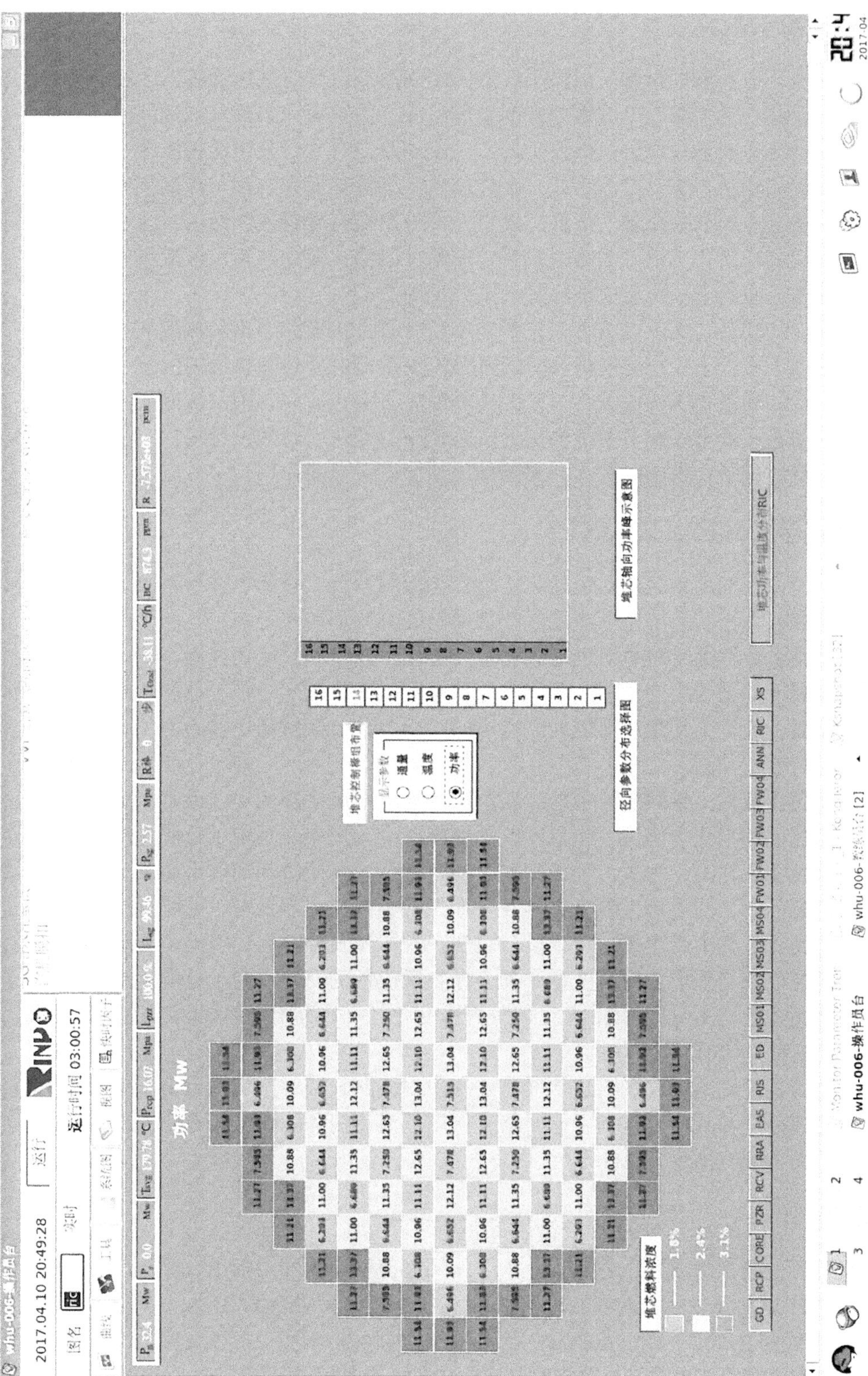

图 2-5 堆芯分布

2.2.2　主冷却剂系统

反应堆冷却剂系统也叫作一回路系统。一回路系统由反应堆压力容器、控制棒传动机构、稳压器、蒸汽发生器、反应堆冷却剂泵等组成。系统由三条冷却剂环路组成，每条环路设置有一台冷却剂泵和一台蒸汽发生器，三条环路设有一台公用的稳压器。同时，反应堆的化学和容积控制系统、安注系统、余热排出系统等辅助系统都与冷却剂系统相连。在一回路中，通过冷却剂的流动，从堆芯燃料元件带出核裂变释热，然后经过蒸汽发生器与二回路的工质进行换热，把一回路的热量传递给二回路，带动汽轮发电机组发电，再经主冷却剂泵升压返回反应堆。反应堆冷却剂系统见图 2-6。

反应堆冷却剂系统除了在核电厂正常功率运行时，将堆芯导出的热量通过蒸汽发生器传递给二回路工质，还能在停堆后及时通过蒸汽发生器的换热器将堆内的衰变热带走。同时，反应堆冷却剂系统还构成了一个压力边界屏障，阻止反应堆中的裂变产物释放到环境中。系统中的稳压器可以调节系统的压力，防止压力变化引起的设备损伤。反应堆冷却剂还可以作为可溶化学毒物硼的载体，起到慢化剂和反射层的作用。

2.2.3　化学和容积控制系统

核电厂一回路辅助系统主要包括化学与容积控制系统、硼和水补给系统、堆余热排出系统。化学和容积控制系统是反应堆冷却剂系统的主要辅助系统，它是一个封闭的加压的系统，在正常运行工况时对系统进行容积控制、化学控制和反应性控制。

当一回路冷却剂温度变化、一回路冷却剂泄漏引起冷却剂体积波动和加硼或者减硼导致容积波动时，为了弥补稳压器因此而造成的容积变化，保持稳压器的液位和压力，需要对一回路进行容积控制。

当燃料包壳破损，导致燃料中的裂变产物进入一回路冷却剂中，或者水中含有的杂质使金属产生化学和电化学腐蚀，生成的腐蚀物质在冷却剂中受到中子辐照生成活化产物导致冷却剂水化学变化时，为了清除冷却剂中的各种杂质，使冷却剂的水质及放射性指标维持在规定的范围内，同时最大限度控制各个部件的腐蚀，就需要对一回路进行化学控制。

在功率运行过程中产生的有毒物质、裂变产物积累及燃耗、燃料的多普勒效应和慢化剂的温度效应以及启停堆或负荷变化等都会导致反应性的变化。为了核电厂正常运行，通过调节冷却剂的硼质量分数来补偿反应性的慢变化，并在运行过程中保证足够的停堆深度，需要对一回路进行反应性控制。

化学与容积控制系统实现上述功能需要相应的线路，因此系统主要由下泄回路、净化回路、上充回路、轴封水及过剩下泄回路、低压下泄管线和除硼管线 6 个回路组成。每个回路在系统图中都有体现，见图 2-7。

1. 下泄回路

正常下泄是两次降温降压的过程，主要作用是使下泄流降温降压。

下泄流自 RCP 的 2 号机组的 2 环路或 1 号机组的 3 环路冷段引出，其压力和温度分别为 15. 5MPa 和 292℃，经过 RCV003VP 气动隔离阀进入再生式热交换器 001EX 壳侧，使下泄流的温度降至 140℃。与此同时，管侧内的上冲流温度上升，然后下泄流经过三组

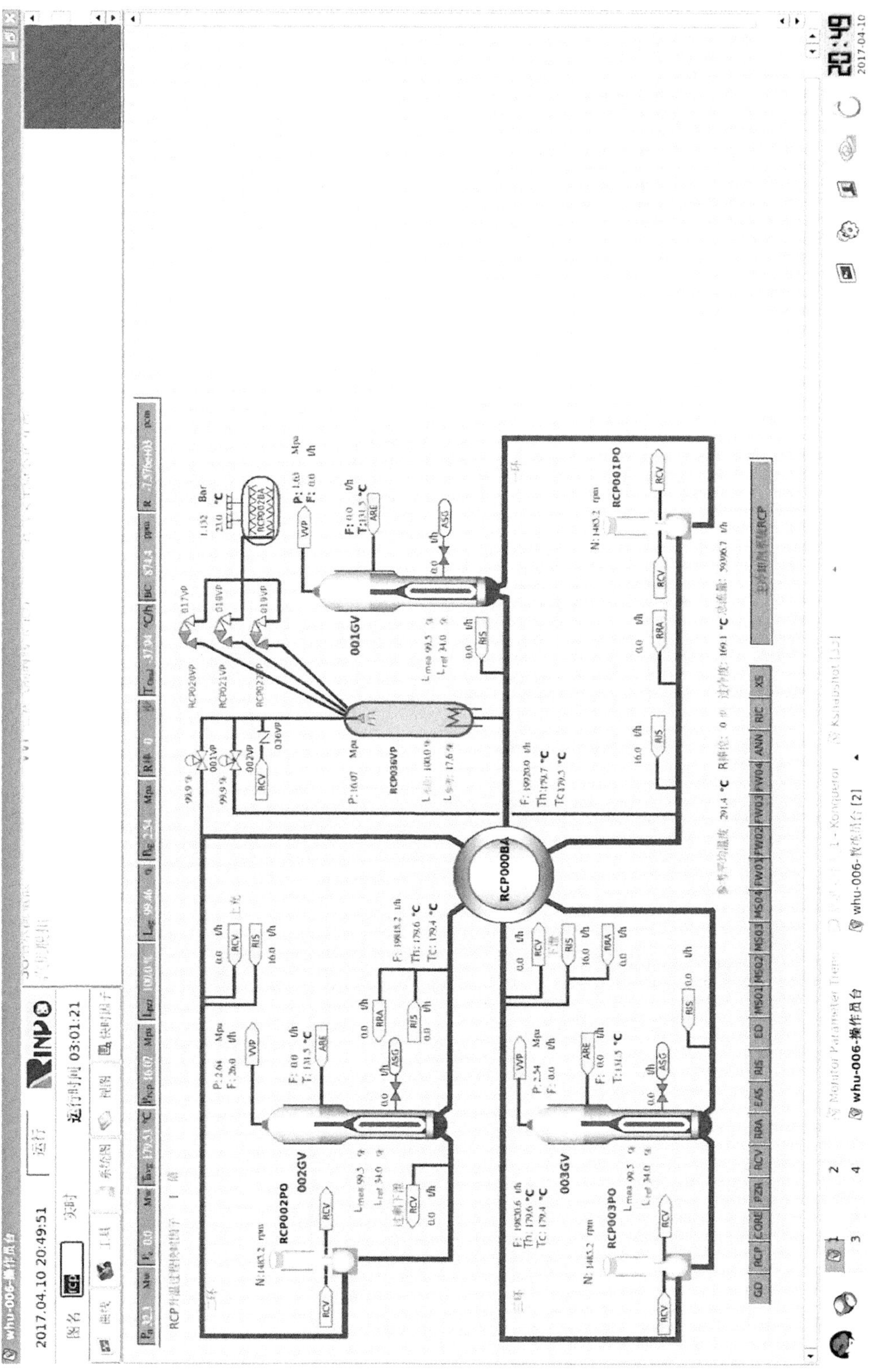

图 2-6 反应堆冷却剂系统

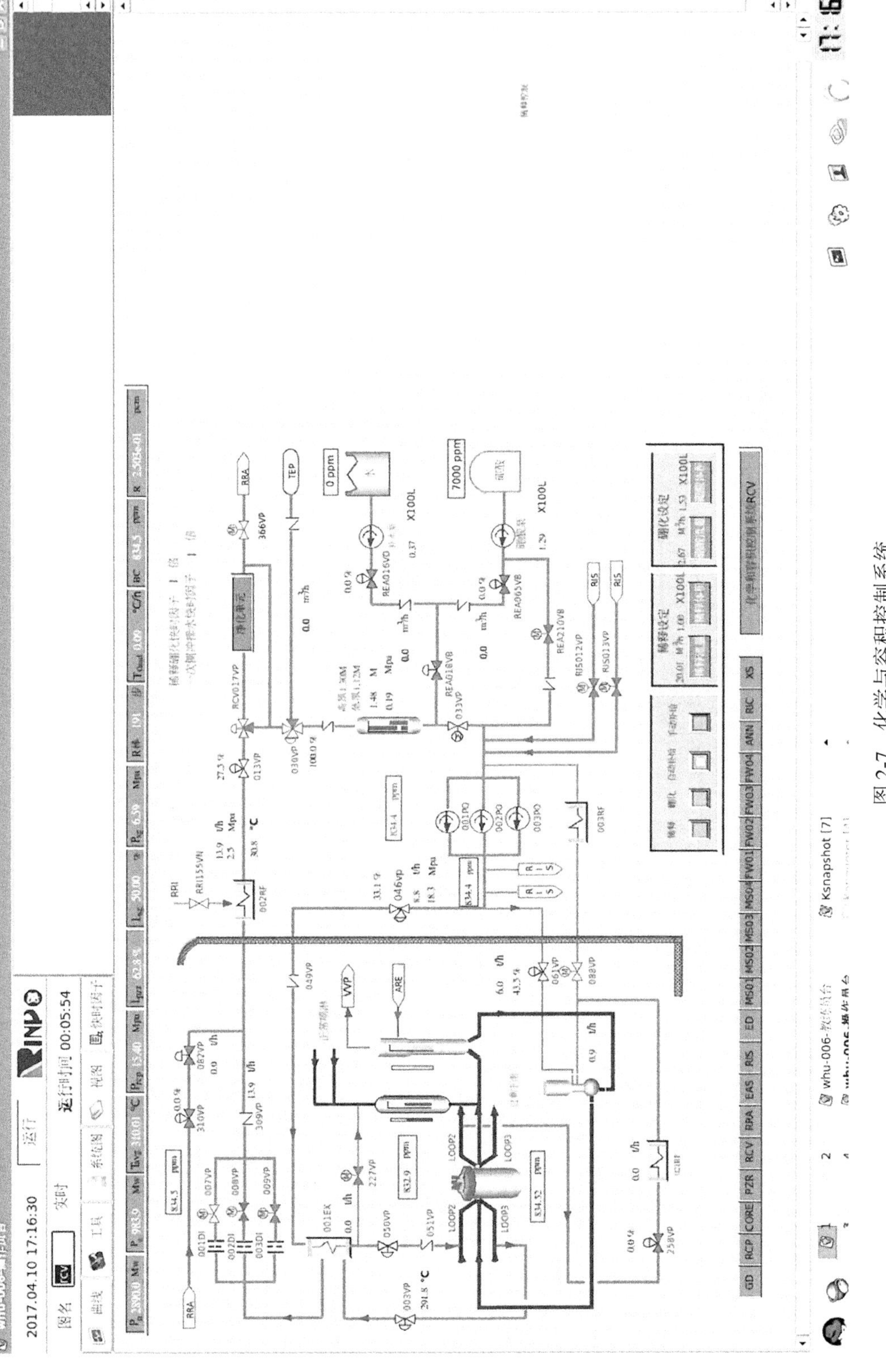

图 2-7　化学与容积控制系统

并联的降压孔板 RCV001DI、RCV002DI 和 RCV003DI(正常运行时只有一组开启)，此时，下泄流的压力降低到 2.4MPa，然后再经过气动隔离阀进入下泄热交换器 RCV002RF 的管侧，在热交换器壳侧的冷却水给下泄流继续降温，之后下泄流经下泄控制阀 RCV013VP 在此降压至 0.2~0.3MPa 进入净化单元。

2. 净化回路

净化回路的主要作用是净化水质。

下泄流经三通阀 RCV017VP 进入并联的两台混床除盐器中的一台除去大多数多余的硼，然后再进入阳床除盐器除去铯、钼和锂离子，使水质得到净化。在这之后，下泄流再经过滤器后进入容控箱。当下泄流温度高于 57℃时，三通阀 RCV017VP 将下泄流导向旁路管线，经过 RCV030VP 或进入容控箱，流进硼回收系统，来避免离子交换树脂受到高温而破坏。同时，当容控箱液位较高时，RCV030VP 便将下泄流的一部分或全部导向硼回收系统。

3. 上充回路

上充泵采用卧式多级离心泵，上充回路从容控箱吸水，升高水压到一回路压力以上。当上充泵将下泄流的绝对压力提高至一定数值时，冷却剂流动方向主要分为三路。第一路经上充流量调节阀 RCV046VP 进入主系统 1 环路或者 2 环路的冷端；第二路经轴封水流量调节阀 RCV061VP 进入轴封水回路；第三路当主泵停止运行、稳压器无法正常喷淋时，关闭 RCV050VP 隔离阀，上充管线则经手动隔离阀 RCV227VP 提供辅助喷淋水。

4. 轴封水及过剩下泄回路

轴封水回路是上充泵流量的一部分，轴封水流经过两台并联过滤器中的一台，除去部分杂质后进入主泵 1 号轴封。轴封水回流经过滤器除去固体颗粒，再经轴封回流热交换器 RCV003RF 冷却后返回上充泵的入口。

过剩下泄在正常回流和正常下泄不可用时从 2 环路过渡段引出，使注入的主泵轴封水流出来维持主系统的总水量。过剩下泄流经过剩下泄热交换器 RCV021RF 冷却，经隔离阀降压后由三通阀控制或与轴封水回流混合，或者流入疏水系统和核岛排气系统。

5. 低压下泄管线

当一回路系统压力较低时，便会从余热排出系统的出口引出一条下泄流，经 RCV310VP 及 RCV082VP 进入下泄回路，这一条管线就叫作低压下泄管线。

6. 除硼管线

当一回路系统硼浓度过高时，需要进行除硼操作，此时，由下泄流经三通阀进入硼回收系统的除硼单元，经过处理后，再返回容积控制箱，这条管线就叫作除硼管线。

2.2.4 余热排出系统

余热排出系统又叫作停堆冷却系统。反应堆停堆后，裂变碎片及衰变热不能通过蒸汽发生器正常排出，为了确保堆芯的安全，同时通过冷却剂循环泵有效地带出堆内结构的显热，便设置了余热排出系统。余热排出系统还用来排出一回路冷却剂和设备的显热以及主冷却剂泵在运行中产生的热量。余热排出系统如图 2-8 所示。

余热排出系统设有两台余热排出泵、两台余热排出热交换器以及一些相应的阀门和管道。余热排出系统从一回路 2 环路的热管段吸水，进入设有泄压阀的母管，水流经两台余热排出泵 RRA001PO、RRA002PO 进入两台余热排出热交换器 RRA001RF、RRA002RF 及一个带有隔离阀 RRA013VP 的旁路管线后汇合。在汇合出口引出的三条管线中，第一条管线通过泵的最小流量管线连接到泵的入口处，第二条连接到化学与容积系统的低压下泄管线，第三条管线与 PTR 系统连接，然后通过中压安注系统的管线分别回到一回路 1、3 环路的冷管段。

2.2.5　稳压器

稳压器是反应堆冷却剂系统的压力控制和保护装置。稳压器在运行中有如下功能：

- 压力控制；
- 压力保护；
- 作为一回路冷却剂的缓冲箱，稳定 RCP 水容积；
- RCP 升压和降压；
- 除气。

反应堆冷却剂系统是一个充满高温高压水的封闭回路。当正常功率运行时，稳压器内的水由加热器加热处于饱和状态。这时系统内任何温度变化都可能引起水密度的变化，体积跟随密度变化而使系统压力产生巨大的变化。当稳压器内的电加热器加热水时，稳压器的压力就发生了巨大的变化，稳压器通过吸收系统巨大的体积变化来维持系统的压力，避免事故发生时一回路设备的损坏。

稳压器系统主要包括稳压器本体结构、稳压器喷淋系统、电加热器、超压保护装置和稳压器卸压箱等。如图 2-9 所示。

- 喷淋系统

喷淋系统主要由主喷淋、连续喷淋、辅助喷淋管线组成。

主喷淋：主喷淋系统由两条接到 1、2 环路冷管段的喷淋管线组成，每条喷淋管线上设有一个自动控制的主喷淋阀，分别为 RCP001VP、RCP002VP，系统由 RCP 系统冷管段引入水通过主喷淋阀以及稳压器顶部的喷嘴进入稳压器空间。

连续喷淋：保持一个小流量连续喷淋来降低喷淋阀开启时对稳压器各管道的热应力，同时保持稳压器内的水温和化学性质的一致性。

辅助喷淋：辅助喷淋管线与 RCV 系统的上充管线相连，通过一个止回阀 RCP36VP，在喷淋阀的下游与喷淋管路相连，用于在反应堆冷却剂泵停运期间由上充泵提供辅助喷淋降低稳压器压力。

- 电加热器

60 根电加热器共分为 6 组，分别为 RCP001RS~RCP006RS。其中，第 3、4 组为比例组，其余四组为固定组。

RCP003RS、RCP004RS 两组比例式加热器以可调方式运行，主要补偿散热损失。RCP001RS、RCP002RS、RCP005RS、RCP006RS 四组通断式加热器以通断方式运行，功率不可调，当稳压器压力降低时投入运行，加热稳压器中的水来补充压力的变化。

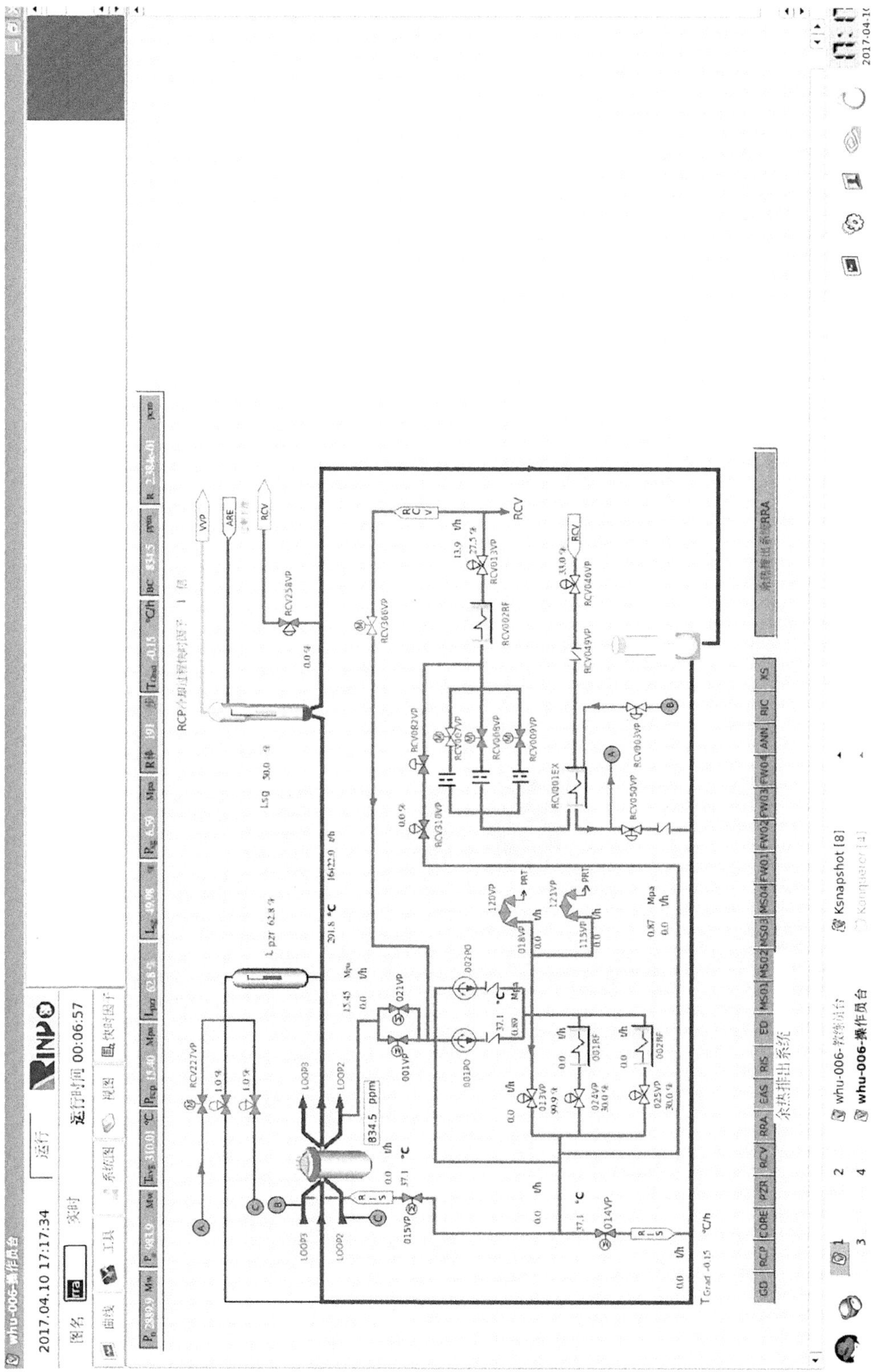

图 2-8 余热排出系统

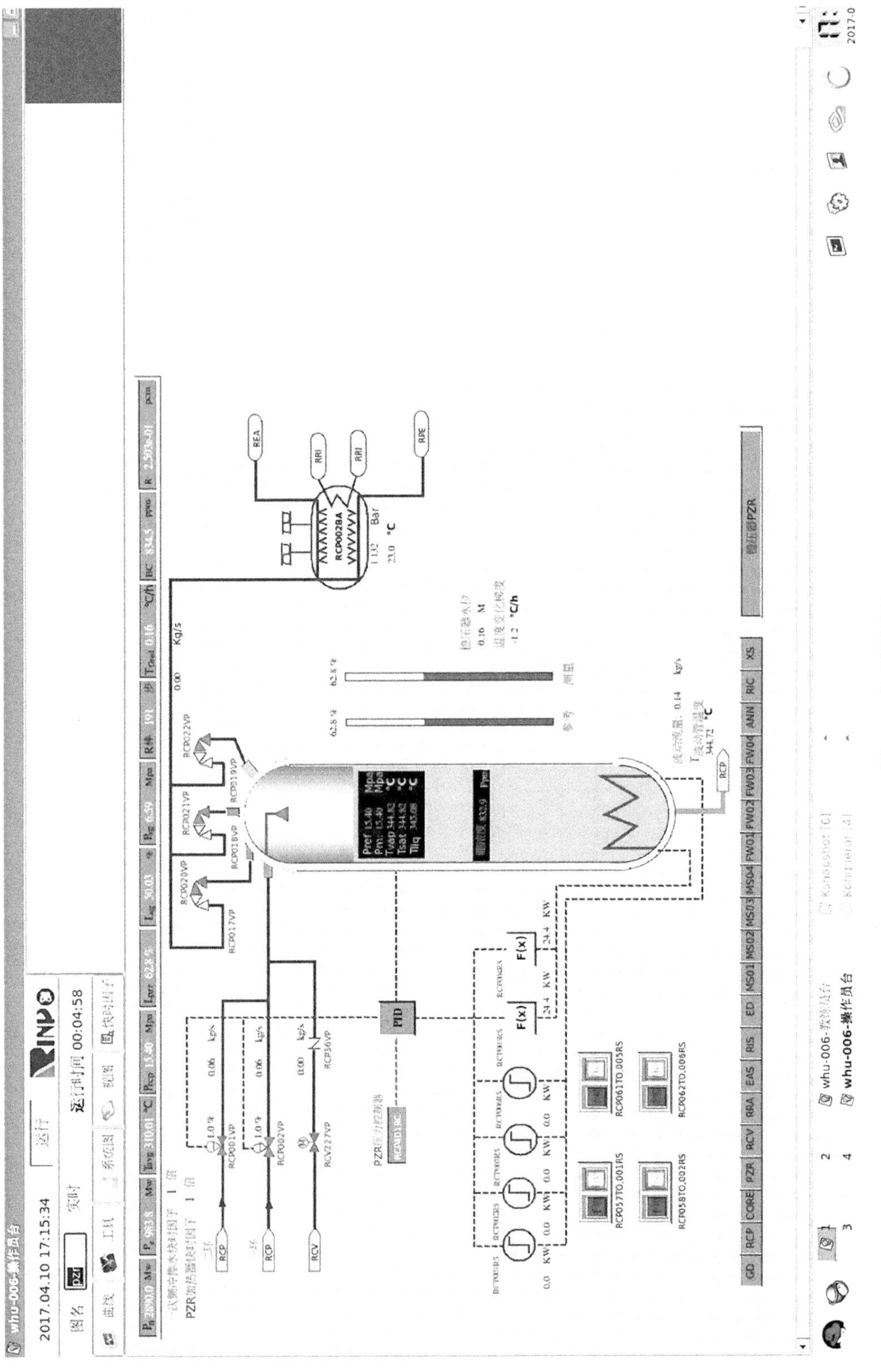

图 2-9　稳压器系统

- 超压保护装置

稳压器汽空间有三条安全阀泄压管线，三个保护阀 RCP020VP、RCP021VP、RCP022VP，三个隔离阀 RCP017VP、RCP018VP、RCP019VP，每条安全阀管线由一个保护阀和一个串联的隔离阀组成。在正常运行时，保护阀处于关闭状态，而隔离阀处于开启状态。当 RCP 压力升高时，保护阀自动开启排出蒸汽使系统压力降低至一定压力，之后保护阀自动关闭停止蒸汽输出。如果保护阀发生故障不能自动关闭，则操作员可以手动操作关闭与其相连的隔离阀来阻止蒸汽进一步排放可能导致的泄漏事故。

- 稳压器卸压箱

卸压箱主要用于收集稳压器、余热排出系统、化容控制系统的安全阀以及一回路其他系统的阀杆排放或者泄漏的冷却剂，防止一回路系统中有放射性的冷却剂对周围设备的污染。

2.2.6 蒸汽发生器

蒸汽发生器是压水堆核电厂一回路、二回路的枢纽，它将反应堆产生的热量传递给蒸汽发生器二次侧，产生的蒸汽推动汽轮机做功。蒸汽发生器又是分隔一次侧、二次侧介质的屏障，它对于核电厂的安全运行十分重要。

蒸汽发生器可按工质流动方式、传热管形状、安放形式及结构特点分类。按二回路工质在蒸汽发生器中的流动方式，可分为自然循环蒸汽发生器和直流（强迫循环）蒸汽发生器；按传热管形状，可分为 U 形管、直管、螺旋管蒸汽发生器；按设备的安放方式，可分为立式和卧式蒸汽发生器；按结构特点，还可分为带预热器和不带预热器的蒸汽发生器。尽管核电厂采用的蒸汽发生器形式繁多，但在压水堆核电厂使用较广泛的只有 3 种，分别是立式 U 形管自然循环蒸汽发生器、卧式自然循环蒸汽发生器和立式直流蒸汽发生器。其中，尤以立式 U 形管自然循环蒸汽发生器应用最为广泛，它由壳体、封头、自然循环立管式蒸汽段管束（给水加热汽化）以及双极机械干燥器（新蒸汽机械除湿）组成，主要功能有：

- 利用冷却剂从反应堆一回路带走热量，加热二回路给水使之汽化产生饱和蒸汽，干燥之后供给汽轮机；
- 作为一、二回路之间的枢纽（隔离作用、热力联系）；
- 作为反应堆压力边界的一部分（管板和 U 型管）。

典型压水堆核电厂蒸汽发生器如图 2-10 所示。

2.2.7 冷却剂泵

压水堆冷却剂泵（简称主泵）是在高温高压情形下驱动带有放射性的冷却剂的装置，使冷却剂形成强迫循环。冷却剂泵是压水堆冷却剂环路系统中唯一高速运转的机械设备，也是压水堆核电厂的关键设备之一。

反应堆冷却剂泵采用立式单级轴封泵，从底部到顶部可以分为三个部分：

- 水利机械部分：包括吸入口和出水口接管、泵壳、叶轮、扩压器和导流管、泵轴、水泵轴承与热屏等部件；
- 轴密封组件部分：包括三个轴密封等部件；
- 电动机部分：包括电动机、止推轴承、上下径向轴承、顶轴油泵系统和惯性飞轮等部件。

压水堆冷却剂泵结构如图 2-11 所示。

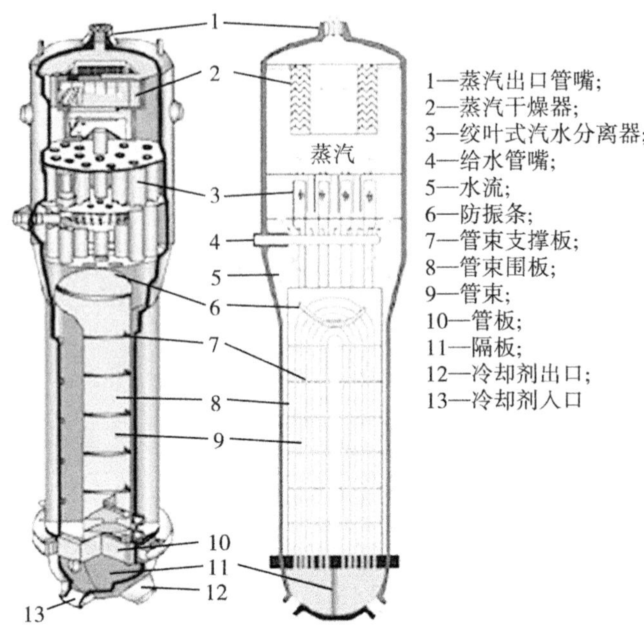

图 2-10　典型压水堆核电厂蒸汽发生器

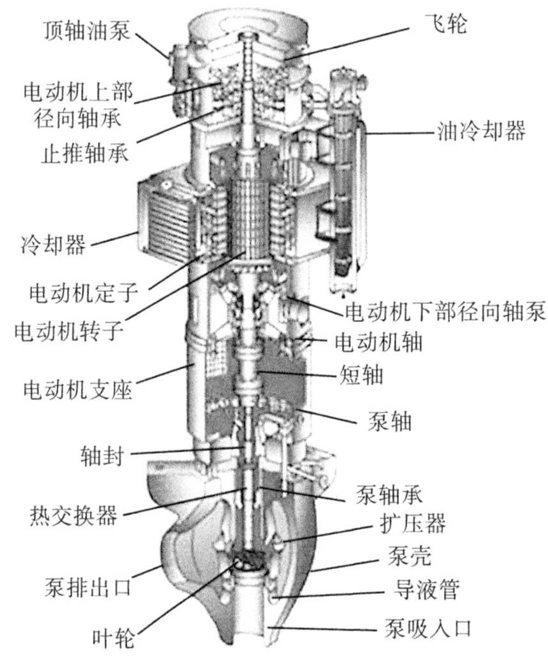

图 2-11　压水堆冷却剂泵结构

2.3 热力系统仿真建模基本介绍

2.3.1 系统建模与仿真的基本理论

在进行热力系统建模与仿真之前，需要对系统建模与仿真的概念有一个清晰的认识。

1. 系统

古希腊哲学家德谟克利特在其《世界大系统》一书中第一次提到了“系统”的概念。

系统真正作为一个科学概念进入科学领域是在20世纪40年代，在美国工程设计中应用了这一概念。到了20世纪50年代以后，系统概念的科学内涵才逐步得到明确，并在工程技术系统的研究和管理中得到广泛的应用。所谓系统，就是由一些具有特定功能的、相互间以一定规律联系着的物体(又称子系统)所构成的有机整体，其组成要素分别为实体、属性和活动，具有整体性、相关性和隶属性三个特性。下面介绍系统的组成要素和特性。

1)组成要素——实体、属性、活动

实体就是存在于系统中的具有确定意义的物体，例如电力拖动系统中的执行电动机和热力系统中的控制阀；属性即实体所具有的任何有效特征，例如温度、控制阀的开度、传动系统的速度等；活动可分为内部活动与外部活动，系统内部发生的任何变化过程都称为内部活动，反之则称为外部活动。例如，控制阀的开启为热力系统的内部活动，电网电压的波动为电力拖动系统的外部活动(即外部扰动)。

2)特性——整体性、相关性、隶属性

整体性，即系统各部分(子系统)不能随意分割的特性，例如任何一个闭环控制系统的组成中，对象、传感器及控制器缺一不可；相关性，即系统各部分(子系统)以一定规律和方式联系，由此决定系统的特性，例如电动机调速系统是由电动机、测速机、PI调节器、功率放大器等组成，形成电动机可调速的性能；隶属性，即系统内部与外部的界限随不同研究目的而变化的重要特性，分清系统的隶属界限往往可使系统仿真问题得以简化，有效提高系统仿真工作的效率。

系统是一个整体，是由两个以上的要素(部分、环节)组成的集合，具有不同于各个组成部分的新功能。世界上一切事物、现象、概念，都可以构成系统。作为构成系统的要素可以是单个事物，也可以是由一群事物所组成的小系统。单个要素不能构成系统，同时没有统一功能的要素集合体也不能构成一个系统。例如，机器零件的杂乱堆积不能构成一个系统，只有当它们被按照一定关系装配起来，完成一些特定功能的时候，才构成一个系统。因此，系统是处于一定的相互关系中的要素的集合，与环境交互完成特定功能。我国科学家钱学森主张“把极其复杂的研究对象称为系统，即相互作用和相互依赖的若干部分合成的具有特定功能的有机整体，而这个系统本身又是它所属的一个更大系统的组成部分”。

系统是一个涉及面广泛、内涵丰富的概念。不同的学科和领域所研究的系统的侧重点也有所不同。正因为如此，人们根据不同的出发点、目的、角度和思维方式，给系统确定了不同的界限，下了不同的定义。根据这些定义，系统可分为三类。第一类是把系统看作数学模型的一类，如系统是用来表达动态现象模型的数学抽象；第二类是通过“元素”“关系”“联系”“整体”和“整体性”这些概念给系统下定义，如系统是各个实体连同它们之间的关系和它们属性之间的关系的集合；第三类是借助“输入”“输出”“信息加工”“管理”这些概念给系统下定义，如系统是本质或事物、有生命或无生命物体的集合体，它接受某种输入并按照输入而产生某种输出，而其目的则在于使特定的输入和输出功能得到最佳的发挥。有些大系统是由这三类系统集合的系统，即含有前三类系统中任意两个或三个的子系统，如核电系统，其中的动力子系统、管理子系统和计算机子系统就分别属于第一、二、三类。

系统仿真是基于系统模型的活动，系统是研究的对象，模型是对研究对象本质的描述，因此仿真的关键是建模。模型，通常就是原型的模板，是对系统的描述和模仿。系统的模型是依据对系统的内部结构和外部环境的分析，按照系统的目标要求，用一组数学的或逻辑的表达式或框图，从整体上反映系统的主要部分和各部分的相互作用、系统与环境的相互关系。运用模型来描述系统及其行为，要对系统做某种简化，突出主要部分，略去次要部分，集中反映系统最本质的特征，或者反映人们最关心的系统的功能要求。在考虑模型这种简要性的同时，还得考虑模型的精确性。所谓精确性，是指系统的模型要充分反映系统的基本特征。这两方面的要求，有时会有冲突：为模型的精确性，就要把许多关系不大的因素纳入模型，使模型复杂起来；为简要性，又会忽略有些重要因素，降低精确性。建立一个好的系统模型，应当同时兼顾其精确性和简要性，把两者有机地结合起来。在实际过程中，人们一般先考虑模型的简要性，然后再逐步细化，在此基础上逐步构造出一个精确的模型。

2. 建模

建模，即建立系统模型，是把现实或假想的系统的各要素之间的相互关系和相互作用、局部功能和系统总体功能、系统与环境的关系和相互作用、特征和变化规律等转化为计算机能接受的逻辑模型，是一个用模型代替原型的抽象过程。

必须明确建模的目标和要求，目标不同，模型的选择也就不同。其包括两方面内容：第一是建立模型结构，第二是提供数据。在建立模型结构时，要确定系统的边界，还要鉴别系统的实体、属性和活动。提供数据则要求能够包含在活动中的各个属性之间有确定的关系。

在选择模型结构时，要满足两个前提条件：一是要细化模型研究的目的，二是要了解有关特定的建模目标与系统结构性质之间的关系。

一般来说，系统模型的结构具有以下性质：

(1) 相似性。模型与所研究系统在属性上具有相似的特征和变化规律，这就是说，真实系统的“原型”与“替身”之间具有相似的物理属性或数学描述。

(2) 简单性。从实用的观点来看，由于在模型的建立过程中，忽略了一些次要因素和某些非可测变量的影响，实际的模型已是一个被简化了的近似模型。一般而言，在实用的前提下，模型越简单越好。

(3)多面性。对于由许多实体组成的系统来说，由于其研究目的不同，就决定了所要收集的与系统有关的信息也是不同的，所以用来表示系统的模型并不是唯一的。由于不同的分析者所关心的是系统的不同方面，或者由于同一分析者要了解系统的各种变化关系，对同一个系统可以产生相应于不同层次的多种模型。

建模时，必须遵循以下两条最基本的原则：

(1)数据的可靠性。为了对系统进行准确的描述，建模时，收集的数据和有关的信息必须准确可靠，否则会造成很大偏差。

(2)系统的相似性。模型必须与被模拟系统有某种程度的相似性，即相似性原理，这是建模的基础。许多模型之所以失效，就是因为缺乏同实际系统的相似性，可信度差。

在建模关系中，建模者最关注的是模型的有效性，它反映了建模关系正确与否，即模型如何充分地表示实际系统。模型的有效性可用实际系统数据和模型产生的数据之间的符合程度来度量，它可分三个不同级别的模型有效：

(1)复制有效(Replicatively Valid)。建模者把实际系统看作一个黑箱，仅在输入与输出行为水平上认识系统。这样，只要模型产生的输入与输出数据与从实际系统所得到的输入与输出数据是相匹配的，就认为模型复制有效。实际上，这类有效的建模只能描述实际系统过去的行为或试验，不能说明实际系统将来的行为，所以是低水平的有效。

(2)预测有效(Predictively Valid)。建模者对实际系统的内部运行情况了解清楚，也就是掌握了实际系统的内部状态及其总体结构，可预测实际系统将来的状态和行为变化，却对实际系统内部的分解结构尚不明了。在实际系统取得数据之前，能够由模型看出相应的数据，就可以认为模型预测有效。

(3)结构有效(Structurally Valid)。建模者不但搞清了实际系统内部之间的工作关系，而且还了解了实际系统的内部分解结构，可把实际系统描述为由许多子系统相互连接起来而构成的一个整体。结构有效是模型有效的最高级别，不但能重复被观察的行为，而且能反映实际系统产生这个行为的操作过程。

系统综合模型初步建好后，可根据此模型编写计算机程序，转换成仿真模型。然后将仿真模型输入仿真系统运行，并对实验结果是否符合真实目的和要求做出评价。在此基础上对模型反复实验，分析比较实验结果，不断修改，直到满意为止。

3. 仿真

仿真是利用模型复现实际系统的运行，并研究存在的或设计中的系统的过程。当所研究的系统造价昂贵、实验的危险性大或需要很长的时间才能了解系统参数变化所引起的后果时，仿真是一种很有效的研究手段。“仿真”一词译自英文 simulation。在 1978 年出版的《系统连续仿真》一书中，科恩(Korn)给出了系统仿真的技术性定义，即“用能代表所研究的系统的模型做实验”。1982 年，斯普瑞特(Spriet)又对系统仿真的内涵进一步补充，把系统仿真定义为“所有支持模型建立与模型分析的活动”。1984 年，奥伦(Oren)建立了系统仿真的基本概念框架，即“建模-实验-分析”。“系统”“模型”“仿真”三者之间联系密切。系统是研究的对象；模型是系统的抽象，是实际系统的替代物或模仿品；仿真则是基于系统建模和实验分析研究系统的过程。事实上，系统仿真就是通过对替代物或模仿品的实验分析对与之相似的原型系统进行研究的过程。

根据被研究的实验系统的特点和仿真的目的与要求，系统仿真可分为三类：

1) 逻辑仿真

此类仿真系统只包括计算机软硬件设备，无须各种物理实物设备。这类仿真主要建立系统与逻辑模型(包括数学模型)，在计算机上反复做实验，再现和评价系统或分系统的特性。逻辑仿真适用于研究开发、方案论证和产品设计。

2) 实物仿真或半实物仿真

仿真系统除了计算机外，还要求有相应的物理设备与计算机连接起来构成回路进行仿真试验。被控制对象的动态特性仍通过建立数学模型在计算机上运行。此类仿真必须实时进行。

3) 有人仿真

操作人员或培训人员在系统回路中进行操纵的仿真试验。它要求有相应的形成人感觉环境的多种物理设备。被控对象的动态特性仍通过建立的数学模型在计算机上运行。这种仿真试验能对模拟器性能、回路中的操作人员的技能和素质，或对人-机系统做出评价，必须实时进行。人员培训的仿真系统一般称为模拟器。前两类仿真都属于无人仿真。在前两类仿真的基础上，这类仿真构成的系统有人的直接参与，人与计算机和各种物理设备组成回路，通过各种信息输入、输出以及信息加工和管理进行培训，让人掌握必要的操作技能。

现在，仿真的主要工具是计算机，计算机从诞生之日起就一直为人类服务，如今已经深入各个行业和领域当中。目前，在世界范围内大多采取系统仿真技术当中的程序仿真方法来进行核电站热力系统的特性研究，也就是基于各类守恒方程和描述系统特性的函数，对其进行转化，通过编程的方法完成仿真建模，对模型进行编译和运行，经过反复调试和校正达到足够的计算精度，便可以用来进行实验。仿真系统可以用于机组运行的仿真实验，通过对负荷运行以及各类常见故障发生的模拟，来验证或预测设备在实际工程中的参数响应特性，对实际系统过程或装置结构的优化进行辅助研究。

2.3.2　系统建模与仿真的应用

系统建模与仿真技术的突出优点在于能够在一个系统实际运行之前对它的运行性能进行模拟，并在不干扰实际系统的情况下比较各种方案的优劣，为决策提供科学依据。应用系统建模与仿真技术，人们可以用较小的投资大幅度降低决策风险。应用上的可靠性和经济性以及计算机技术的突飞猛进，推动系统建模与仿真技术的广泛和大规模应用。尤其是对投资大、风险大的大型项目，如航空航天、战略武器系统、计算机集成制造、并行工程等领域，应用效益非常显著。1992 年，美国政府便将系统建模与仿真技术确定为影响美国国家安全及繁荣的 22 项关键技术之一。

1. 航空航天

由于航空航天领域产品十分复杂且造价昂贵，具有投资大、风险大的大型项目的典型特征。人们正是在经历沉痛的失败和教训之后才开始认识到系统仿真实验体系的重要性。

例如，美国航空宇航局1958年进行了四次人造卫星发射，全部以失败而告终；1959年发射成功率仅为57%。通过不断总结经验教训，为有效化解风险，提高项目成功概率，美国航空宇航局逐步建立起一套发射系统仿真实验体系，使发射成功率迅速提高。20世纪60年代发射成功率已达79%，到70年代已达91%。随着空间发射系统仿真实验体系的逐步完善，美国的空间发射计划失败的情形近年来已经很少发生了。据测算，飞机研制项目采用系统仿真技术，通常可使研制投入减少20%左右，同时研制周期缩短10%以上。为保证飞行器研制项目从设计到定型生产全过程的经济性、安全性、可靠性，继西方主要发达国家之后，我国航空航天工业也建立了自己的仿真实验机构，并形成了三级仿真实验体系。专门用于飞行员训练的模拟驾驶系统和用于宇航员训练的太空飞行仿真模拟器的投入使用，使飞行员和宇航员培养的效率得到大大提高。

2. 电力工业

随着单元发电机组容量的不断增加，电力系统成为一个高度复杂的系统，人们对电力系统运行安全性、稳定性的要求也越来越高。因此，电站仿真系统已成为电站建设和运行管理中必不可少的配套装备，同时系统仿真技术也是优化电力系统负荷配制、实现瞬态稳定性控制、确保系统安全运行的主要手段。

3. 原子能工业

能源紧张的局势使得和平利用原子能成为人们缓解能源危机的重要选择。核电站运行的安全性、稳定性、可靠性则是人类和平利用原子能过程中首先要解决的问题。核电站运行仿真系统伴随着核电站的出现而问世，为确保核电站安全运行发挥了重要作用。

4. 石油、化工、冶金工业

由于石油、化工、冶金工业生产过程十分复杂，产品设计、工艺流程规划、生产计划安排、生产过程控制、产品性能分析和质量检验、原材料和产品的物流与库存管理等，涉及的因素众多，系统仿真技术在提高石油、化工、冶金工业生产和管理效率方面发挥了重要作用。

5. 政策仿真

政策仿真是信息时代多学科交叉的产物，已被广泛应用于国家发展政策、地方社会经济政策和企业发展政策制定等。人们通过建模、仿真辅助决策部门完成政策方案的制定和政策效果的评估，起到对历史发展政策进行反思、对现实发展过程进行监测预警、对未来发展前景进行预测分析的功效。美、澳、加、日、德等西方国家都曾投入大量资金建立了具有一定规模的仿真系统，对进出口、投资、消费、汇率、利率、能源、环境、就业、住房、技术变化、财政、税收、人口政策、社会福利、农业政策等进行仿真分析，为政府决策提供支持。近年来，我国学者和政府决策咨询机构在政策仿真系统研究开发领域也开展了富有成效的工作。

6. 气候、环境变化

20 世纪 80 年代，国际上兴起了全球变化的研究。该研究把地球的各个部分(大气、水、冰雪、陆地、生物)作为一个整体，研究其中各种过程的相互作用，从而进行包括气候在内的全球环境演变研究。在欧盟科学家研究工作的基础上，联合国成立了一个旨在研究气候变化的科学研究机构——政府间气候变化专门委员会(IPCC)。IPCC 的气象学家在通过模型来模拟最近的气候变化时，他们会考虑到地球轨道、太阳能量、火山爆发等变化。IPCC 发布的第四次评估报告指出：大部分温度上升，有很大的可能性与人类活动产生的温室气体排放相关。并提出 2℃(相对于 1860 年)是人类可容忍的最高升温。我国符淙斌院士领导的研究组发展了一个区域环境系统集成模型，成为区域环境变化预测的一个重要工具。该模型初步实现了大气动力过程与辐射过程、化学过程和水文过程的耦合，可以较好地描写季风环境系统中水、土、气的相互关系，而且还具有模拟东亚季风气候的能力。

2.3.3　核动力装置仿真技术的发展趋势

核动力装置仿真技术的涉及范围随着核动力装置技术水平的提高而扩大。当前已提出基于仿真的设计、基于仿真的工程、全生命周期的仿真和分布仿真等方面的任务要求，即对全部设计任务、全部工程项目、核动力装置的整个生命周期都能进行高度逼真的仿真，从而达到做出正确决策，指导科学研究、系统开发与生产实践，培训操作人员和决策人员的目的。

随着对仿真理论、方法研究的深入与涉及范围的扩大以及相关学科的发展，当前发展核动力装置仿真技术主要有以下趋势：

1. 向多维度发展

核动力装置涉及反应堆物理、热工水力、控制、化工、燃料、机械等多门学科，存在复杂的运行工况和物理过程。核动力装置的设计、运行对时空一致、任务协同、实时性和实用性等方面要求很高，因而在这类复杂仿真系统中有很多复杂、艰巨的技术问题亟待解决。近几年出现的数字化反应堆技术是对反应堆多物理场、多维度耦合问题的有效解决方法。

2. 向快速、高效与海量信息通道发展

对大型复杂系统、分布系统和综合系统进行实时仿真，由于信息量庞大，必须进行快速、高效传输、变换和处理。为了解决此类问题，近年来出现了并行计算、分布计算及模块化建模等先进仿真方法，并且有些已形成了较成熟的软件，在今后的仿真实践中应该注意综合使用以提高计算效率。

3. 向规模化模型校对与确认技术发展

数学模型与仿真模型建立后，如果没有规模化模型校对与确认来检验、评价模型的正

确性和置信度，仿真的精度和可靠性是无法得到保证的。目前，仿真模型的校对与确认方法是分析系统模型可信性和提高仿真结果可信度的主要方法，已经引起仿真学界的高度重视。

4. 与虚拟现实技术相结合

虚拟现实是一种可以创建和体验虚拟世界的计算机仿真系统，可将真实环境、模型化物理环境和用户融为一体，为用户提供逼近真实的视觉、听觉和嗅觉感官，使人有身临其境的感觉。目前，已提出了基于三维数字化设计和虚拟仿真技术的数字化核电站概念，并在核电站设计、虚拟建设、运行、培训、管理和维修模拟中获得初步应用。

5. 向高水平的一体化、智能化仿真环境发展

开展仿真科学研究，需要一体化、智能化仿真环境这样有效的支撑工具。经过多年的发展，目前的仿真支撑软件的功能不断增强，已具备模型运行和调试、数据库管理及自动建模等功能，界面设计更加人性化，使用也更为便捷。新一代核动力装置仿真支撑软件将是多功能、多用途的集成仿真应用平台，能够提供多种仿真工具，全面支撑网络环境下的实时分布式仿真设计、开发多种应用软件，能够支持实时信息传输、访问、控制和异构环境下的并行仿真设计。

6. 向更广泛的应用领域扩展，与其他有关学科融合

由于核动力装置仿真对象越来越广泛和复杂，仿真技术的应用领域也越来越广泛，相关学科不断增多，而且学科之间的联系日趋密切。仿真技术研究人员应该敏锐地洞察这一趋势，抓住机遇，使系统仿真向更广泛的应用领域扩展，并及时与相关学科融合，协同开拓新的研究领域。

第 3 章　核电站启动过程实验

核电站启动是指核电站从维修冷停堆状态到满功率运行状态的过程，这是一个非常复杂的过程。在这个过程中，反应堆的各项参数会有较大的变化，阀门的开闭和泵的启停操作非常频繁。在这样的情况下，使用核电模拟机对整个过程进行模拟仿真具有经济、方便、快捷的优点。

为方便实验分阶段进行，将上述过程分为四个实验：

- 实验一　从正常冷停堆向热备用状态过渡
- 实验二　RRA 隔离至热停堆状态
- 实验三　反应堆趋近临界和热备用
- 实验四　汽机同步并网

这四个实验的相关内容、实验要求、实验时数等见表 3-1。

表 3-1　　**核电站启动过程实验**

<table>
<tr><th>序号</th><th>实验名称</th><th>内容提要</th><th>实验要求</th><th>实验时数</th><th>所在实验室</th><th>备注</th></tr>
<tr><td>1</td><td>从正常冷停堆向热备用状态过渡</td><td>启动准备，RCP 升温，建汽腔</td><td></td><td>2</td><td rowspan="4">核电仿真实验室</td><td></td></tr>
<tr><td>2</td><td>RRA 隔离至热停堆状态</td><td>RRA 隔离，热停堆</td><td></td><td>2</td><td></td></tr>
<tr><td>3</td><td>反应堆趋近临界和热备用</td><td>达临界，热备用</td><td></td><td>2</td><td></td></tr>
<tr><td>4</td><td>汽机同步并网</td><td>并网，升功率</td><td></td><td>2</td><td></td></tr>
</table>

3.1　从正常冷停堆向热备用状态过渡

3.1.1　启动准备

在启动时首先应该核对下列条件已经满足：

- 至少一台 RCP 泵在运行；
- RCP 压力由 RCV013VP 自动控制在 2.5MPa；
- 冷却剂温度控制在 60~90℃；
- S 和 R 棒组完成提出；

- 硼浓度为2100ppm；
- 稳压器安全阀RCP020VP、RCP021VP、RCP022VP关闭；
- SG水位保持零负荷工况的参考水位(34%)。

在正常冷停堆下，这些条件都很容易满足。启动准备时主要需注意的是SG的水位，如果其值低于34%，则用ASG补水，否则不需调整。

3.1.2 将RCP升温到80℃

操作流程如下：

(1)在RCP里启动第二、三主泵(RCP002PO/RCP003PO)以加热一回路。

(2)通过操作RRA阀(RRA024VP/RRA025VP)调节流过RRA的流量，控制一回路升温速率。在RRA里减小流过RRA024VP/RRA025VP的流量，升温速率将会变大；反之，其升温速率将会变小。

(3)开启所有的稳压加热器，在PZR中将通断式电加热器置手动并将其打开，并通过PZR压力控制器调整压力设定值高于当前值，2.5MPa→2.7~2.9MPa。

(4)在PZR中，把稳压器喷淋阀(RCP001VP/RCP002VP)压力控制置手动，完全打开，以便冷却剂通过稳压器循环。

(5)在升温期间，监视温度变化速度，不能使其超过28℃/h。此过程较慢，可用快时因子，可设5~10倍的快时。

(6)在RCV里把硼浓度稀释到热停堆硼浓度，约为1200ppm。稀释过程也比较缓慢，可用快时因子。但是操作时快时因子不能设置太大，否则稀释时间过短会引起压力降至警戒线外。

3.1.3 将反应堆冷却剂系统升温到177℃

1)准备投入SG

(1)在FW01里核对通向ASG003PO的蒸汽隔离阀ASG137VV关闭；

(2)在MS01里打开每条蒸汽管线上的GCT-A隔离阀(VVP127VV、VVP128VV、VVP129VV)；

(3)保持蒸汽发生器的水位在零功率水位(34%)，如果蒸汽发生器水位高于参考水位，则在RCP里开启APG进行排污。

2)开始建立汽腔

(1)当RCP温度达到120℃时关闭喷淋阀(RCP001VP和RCP002VP至零)，以允许稳压器独立于反应堆冷却剂加热；

(2)监视RCP升温速率；

(3)监视稳压器升温速率，不能使其超过56℃/h。

注意：在升温到120℃的过程中，需将RRA中的024/025VP调节到0.24~0.25。

3.1.4 稳压器中形成汽腔

(1)当稳压器中温度达到RCP压力下的饱和点(2.5MPa.g，226℃)时，稳压器中开始形成气泡。如果下述参数变化说明气泡已经形成：

①在 RCV 中上充和下泄流量不匹配；

②PZR 中波动管线温度增加；

③RCP 压力保持不行。

(2)通过调节 RCV 中的 RCV046VP 手动减少上充流量到约 3.4m³/h，此时需 RRA 中的 RRA024VP 和 RRA024VP 开度调节至 0.1~0.2，以确保稳压。

(3)调整加热器功率维持稳压器压力，在 PZR 中关闭通断式电加热器，并把稳压器压力设定为 2.5~2.7MPa 有利于稳压。

(4)当稳压器水位指示器上读出水位正在下降时，在 RCV 里将 RCV013VP 的控制模式由 RCP 切换至 RCV，此后进入窄量程测量范围。

(5)RCP 压力控制由稳压器的喷淋器和加热器控制：

①关闭 RRA-RCV 连接管上的控制阀 RCV310VP；

②调节 RCV013VP 的整定值，使下泄流量为 5m³/h；

③逐渐打开 RCV310VP，以获得 28.55m³/h 的下泄流量。

(6)观察稳压器水位，逐渐降低。在此过程中，关小上充流量，加大下泄流量，把 PZR 水位调节到 17.6%(PZR 最低水位)。

3.2　RRA 隔离至热停堆状态

3.2.1　RRA 隔离

(1)气泡形成以后，当 T_{avg} 超过 160℃时，准备隔离 RRA。最好将 RCP 的温度调节到 160~180℃，可以用 GCT 大气排放阀来控制 RCP 温度，并隔离 RRA。在隔离 RRA 之前，执行下列操作：

①调整 GCT-A 的整定值到 SG 当前值，以维持一回路温度在 180℃之内；

②当稳压器水位接近零负荷整定值时，在 RCV 里调节 RCV046VP 将上充流量控制转为自动，以保证稳压器水位稳定；

③调节 RCV013VP 的压力整定值为 1~1.5MPa；

④在 RCV 里关闭 RRA310VP；

⑤待 RRA 热交换器上游的温度小于 50℃时，依次关闭 RRA 出口、进口阀 RRA001 VP 和 RRA021VP；

⑥开启 RCV366VP。

(2)RRA 隔离后，及时提升一回路压力，调整 PZR 压力设定值。

3.2.2　继续对 RCP 升温加压至热停堆状态

1)继续对 RCP 升温和加压，从 180℃到 291.4℃。

(1)通过主泵加热继续增加 RCP 温度，在升温过程中监测 RCP 温度及其梯度；

(2)在 RCP 压力上升期间(接近 85bar 时)隔离一个下泄孔板，在到达热停堆工况前隔离另一个下泄孔板，以保持下泄流量低于 $27m^3/h$；

(3)适时调整压力整定值，通过自动控制，使主系统(压力、温度)保持在 P-T 图范围内；

(4)通过调节 GCT-A 整定值保持 RCP 温度；

(5)通过主泵继续使 RCP 升温；

(6)将 GCT-A 整定值设定到零负荷下的蒸汽压力(约 7.4MPa)；

(7)当 RCP 压力达到 154bar(g)时，将 PZR 压力控制器整定值控制置自动，然后由主泵继续加热 RCP 系统，直至 291.4℃。

2)热停堆工况

核对稳压器压力控制处于自动控制状态，这一点必须确认；

(1)在 RCP 里打开 APG 阀进行连续操作排污；

(2)VVP、GSS 系统暖管，首先在 MS01 里核对 VVP143VV/VVP144VV/VVP145VV 关闭；然后 VVP140VV/VVP141VV/VVP142VV 开启，最后逐渐开启 VVP143VV/VVP144VV/VVP145VV，VVP 暖管时间较长；

(3)暖管完成后，在 MS01 里打开主蒸汽隔离阀 VVP001VV、VVP002VV、VVP003VV；

(4)将 R 棒插到第 5 步。

3.3 反应堆趋近临界和热备用

根据停堆时间长短及准备达临界时间计算反应性平衡，选择达临界方案(这里取不需作 I.C.R 曲线提棒达临界的情况)。

首先在 CORE 里将 R 棒提升至调节带中部，180 步左右。

然后提升 G 棒，G 棒的位置必须在零功率棒位与允许的上限之间。G 棒为一个棒组，包括四个棒束 G1、G2、N1、N2，在调整插入步数时，系统会给出一个预设值，约 270 到 280，根据系统的状态而有所不同。之所以有这么大的步数，就是由于是四个棒束的和。

每提升 50 步或计数率增加一倍时稍停，倍增周期保持大于 18 秒。如果小于这个值，系统会很难控制。

当控制棒不移动，而有一个正的稳定的倍增周期时，反应堆就处于超临界状态。此时控制棒试探性地插回，维持临界。

一旦出现 P6 信号，则闭锁源量程中子通量高紧急停堆。当出现“停堆通量高”警告信号后，手动将其闭锁，确认出现“通道 1 通量高警告信号闭锁”和“通道 2 通量高警告信号闭锁”报警信号。当中间量程测量超过 P6 时，手动闭锁源量程紧急停堆信号，这个闭锁同时切断了源量程探测器的高压电源并除去“通道 1 通量高警告信号闭锁”和“通道 2 通量高警告信号闭锁”报警信号。当功率量程测量超过 P10 时，手动闭锁中间量程通量高紧急停堆信号和功率量程低定值紧急停堆信号。

RCP 温度为 290.8℃，压力为 15.5MPa，反应堆功率 $<2\% P_n$ 以下的临界状态称热备用状态。

3.3.1　反应堆处于临界，功率低于额定功率 2%

(1)在 CORE 里使功率补偿棒组 G1，G2，N1 和 N2 处于手动控制下；

(2)温度控制棒组 R 处于手动控制下，此时可在 CORE 里观察到红灯亮，并位于调节带内，调节带为 180~204 步；

(3)停堆棒组 S 完全提出；

(4)汽机进汽阀 GRE001-010VV 关闭。

3.3.2　将 GCT-A 切换到 GCT-C

首先在 MS04 中将 GCT401RC 设定为当前主蒸汽压力值，把 GCT501CC 和 GCT502CC 打到正常位置，并把 GCT-A 设定到 7.6MP；其次在 MS04 中调整 GCT503CC 以及 GCI1401Rc，如果 GCT 排冷凝器可用，要及时将 GCT 从排大气转排冷凝器运行，并置 GCT 为压力控制模式-低负荷；最后通过 GCT-C 将反应堆冷却剂平均温度调整到零负荷整定值左右(291.40℃)。

3.3.3　稳压器压力

通过加热器和喷淋阀的自动控制保持在整定值 15.4MPa；然后调节 RCV 里的 RCV404RC 为自动控制，通过自动控制上充流量将稳压器水位保持在整定值。

3.3.4　蒸汽发生器水位

保持蒸汽发生器水位在其零负荷整定值上。

3.3.5　改 SG 供水由 ASG 切换至 ARE

(1)在 FW02 里投运 APP 或 APA 泵。水位难以控制：正常时由主给水流量调节系统(ARE)供水，启动、热/冷停堆的某阶段及主给水系统发生故障时由辅助给水系统(ASG)提供紧急给水。

(2)在 FW01 里检查以下主阀和旁阀关闭：ARE031VL/ARE242VL、ARE032VL/ARE243VL、ARE033VL/ARE244VL。

(3)开启旁阀的电动隔离阀：ARE054VL、ARE058VL、ARE062VL。

(4)将旁阀 ARE403RC、ARE406RC、ARE409RC 置自动控制。

(5)逐渐关闭 ASG 流量控制阀，核对 SG 水位为零负荷工况的参考水位，如果自动控制失灵，则将 ARE 调节切至手动。

(6)如果水位符合要求，则停运 ASG 泵，并将控制阀全开；如果 ARE 的水质符合要求，可启动 APA 泵，将 SG 的供水由 ASG 切换到主给水系统。这一切换必须在堆功率小于 2%PN 时进行。ASG 的供水流量有限，因此 ASG 供水时堆功率不能大于 2%PN。

3.4　汽机同步并网

3.4.1　功率提升到 C20 闭锁点(10%额定功率)

(1)手动提升 G 棒，将堆功率提升到 10%FP 水平，并且在升功率期间通过 GCT-C 调整 T_{avg}，使其与 T_{ref}相同。

(2)当反应堆功率稍高于 C20 时，二回路系统压力和一回路温度比在该反应堆功率上的正常值高。

(3)确认 P10 信号出现：

①手动闭锁中间量程停堆保护；

②闭锁功率量程低定值停堆保护。

(4)通过在 MS04 中手动降低蒸汽压力整定值来减小 T_{avg} 和 T_{ref} 之差，大概降至 7.26MPa。这一通道是非常灵敏的，必须小心操作。当从指示器上读出的温度偏差近似为零时，将 R 棒组由手动方式转换到自动方式。

(5)手动逐步使 G 棒组处于与二回路系统负荷对应的棒位(由 GCT 压力整定值来确定)。注意观察 R 棒的移动，它必须保持在调节带，即在 180~204 步内。

(6)如果在 G 棒插入期间，R 棒有达到提棒极限(C11 连锁)的危险，则暂停插入 G 棒，进行稀释；如果在 G 棒提升的过程中，R 棒有达到插入极限的危险，则暂停提升 G 棒，进行硼化，然后将 G 棒的控制方式由手动转为自动。

(7)核对 FW01 里的主阀 ARE031VL、ARE032VL、ARE033VL 处于自动方式并关闭，同时打开主阀的电动隔离阀 ARE052VL、ARE056VL、ARE060VL。

(8)观察 SG 水位。

3.4.2　汽轮机同步并网

将汽轮机同步并网，使汽轮机具备投运条件。

(1)在 MS04 里投入汽轮机，投入盘车，然后使汽轮机脱扣信号复位，最后预置汽轮机。

(2)打开通向下列给水加热器的抽气隔离阀：FW02 里的 3#低加 ABP402VV 和 ABP502VV，4#低加 ABP404VV 和 ABP504VV，除氧器 ADG002VV；FW01 里的 6#高加 AHP101VV 和 AHP201VV，7#高加 AHP103VV 和 AHP203VV。

3.4.3　启动

(1)在 MS04 里将汽轮机负荷调节置手动，然后设定汽轮机目标转速为 3000rpm，汽轮机升速速率设定为 60~600rpm，注意观察汽轮机升速。

(2)在 MS01 里检查 MSR 温度控制器，使再热器投运：MSR 新蒸汽备用预热旁路阀 GSS162VV 关闭，MSR 新蒸汽预热 GSS156VV 关闭，MSR 新蒸汽供应控制入口隔离阀 GSS 151VV 开启。

(3) 如果一级再热器管板温度低于 130℃，则 MSR 蒸汽隔离阀 GSS108VV 和 GSS208VV 开启，MSR 新蒸汽备用隔离阀 GSS116VV 关闭；如果一级再热器管板温度高于 130℃，则 GSS108VV 和 GSS208VV 关闭，GSS116VV 开启。

(4) 在汽轮机转速接近 2975rpm 时，手动合上发电机励磁控制开关 AVR。然后把 GSY031CC 置 GSY001JA 位置，GST032CC 置手动。最后手动调节励磁，使发电机电压到 26kV。

(5) 在 MS04 里手动调转速，先按下“允许”按钮，然后按住“增”按钮，使汽轮机转速升为 3000r/min 左右，随后在 ED 里手动合上负荷开关。

(6) 在 MS02 里确认 MSR A 疏水泵 GSS110PO/GSS210PO 已启动。此时在 MS04 里设定目标负荷为 980MW，升荷速率最大设为 50MW/min，然后自动释放使其升负荷。

(7) 确认汽轮发电机以要求的速率开始升负荷。通过按下“暂停”按钮可以在任何时候使负荷暂停上升，按下“释放”按钮又可继续升负荷。在升负荷过程中维持发电机励磁电压不低于 26kV。

(8) 打开梯形图，在升负荷过程中监视轴向功率偏差 ΔI，防止超越运行图。如果 ΔI 接近运行图左限线，则通过硼化，使 R 棒上抽若干步，让 ΔI 右移；如果 ΔI 接近运行图右限线，则通过稀释，使 R 棒下插若干步，让 ΔI 左移。

(9) 随着汽轮机负荷增加，把 FW03 里的 GCT 阀门逐步关小。当汽轮机负荷达 10%FP 时，出现 P13 信号 signal；当汽轮机负荷达 15%FP 左右时，确认主给水阀已开启。

(10) 在 FW03 里核实蒸汽排放阀 GCT113VV、GCT117VV、GCT121VV 已关闭。

(11) 当汽轮机负荷约为 25%FP 时，确认 $|T_{avg}-T_{ref}|<3℃$，然后将 GCT 控制切换到温度方式。运行两台汽动给水泵，并使电动给水泵处于自动备用状态。反应堆功率自动地跟随汽轮机负荷，汽轮机负荷以自动方式增加功率补偿棒组 G1、G2、N1、N2，随着汽轮机负荷的变化而提升，温度控制棒组 R 必须保持在其调节带(180~204 步)内，这一阶段要注意 R 棒的棒位。

(12) 当负荷为 350MW 时，则须确认：MS01 里的 GSS116VV 关闭、GSS108VV 开启、GSS109VV 开启、GSS208VV 开启、GSS209VV 开启。

(13) 当负荷达 750MW 时，须确认：蒸汽再热器 15% FP 的排汽阀 GSS101VV、GSS201VV、GSS106VV、GSS206VV 已关闭。

(14) 监视 R 棒的棒位，防止超越调节带。如果 R 棒往上运行，且有超出高极限的危险，则进行稀释，使 R 棒回插，必要时暂停汽机升荷。注意：稀释流量应小于上充流量。

(15) 如果 R 棒往下运行，且有超出调节带的危险，则进行硼化，使 R 棒回抽。通过监视 $T_{avg}-T_{ref}$，预测 R 棒上抽或下插的趋势，可以保持适当的稀释流量，避免 R 棒向上运动。(注意：硼化效果很显著，要小心操作 R 棒下插。)

(16) 当汽轮机负荷升至 940MW 时，将压力控制功能释放。汽轮机负荷逐步上升，直至 100%FP，反应堆随之达到满功率，所有功率补偿棒全抽出堆外，R 棒位于调节带中部。ΔI 位于运行图限制线内。一回路各主要参数稳定，此时观察：汽机负荷、反应堆功率、功率棒位、R 棒位、ΔI、PZR 压力、水位、SG 压力、水位，均应至满功率，且稳定运行。

3.5 注意事项

3.5.1 热停堆时系统的运行状态

- 至少有一台主泵运行；
- 稳压器压力，水位设为自动；
- RCP 温度由 GCT 控制；
- SG 补水由 ASG 或 ARE 来完成；
- RCV、REA 投入运行。

3.5.2 临界以前遵守的条件

- 压水堆随着核燃料或慢化剂的温度变化而改变其反应性，应在慢化剂温度系数为负时启动反应堆达临界；
- 稳压器已建立汽腔，水位控制已投入运行；
- 化学和容积控制系统至少有两台上充泵、两台硼酸泵投入运行，并且至少有一条管道可向反应堆供应硼酸；
- 冷却剂系统的临界硼浓度值随燃料的燃耗而降低。

3.5.3 临界时注意事项

- 源量程和中间量程指示面板上，中子倍增周期必须大于 30s；
- 逼近临界时，采用单一反应性控制，即不可采用两种或两种以上的方式向堆芯引入正反应性；
- 避免使冷却剂温度突然变化的操作；
- 硼浓度变化时，同一点的三次硼浓度差应小于 20ppm；
- 慢化剂温度系数为正时，不可以进行临界操作；
- 不能用稀释法使反应堆达临界。

3.5.4 监视轴向功率偏差

在升负荷过程中监视轴向功率偏差 ΔI，防止超越运行图。如果 ΔI 接近运行图左限线，则通过硼化，使 R 棒上抽若干步，让 ΔI 右移；如果 ΔI 接近运行图右限线，则通过稀释，使 R 棒下插若干步，让 ΔI 左移。

3.5.5 稳压器水位

若稳压器水位太高，则有可能使压力调节失效(无汽腔或汽腔太小)；若稳压器水位过低，则会使电加热器裸露在蒸汽空间而烧毁，所以要保证稳压器水位在整定值。

稳压器水位整定值曲线如图 3-1 所示。

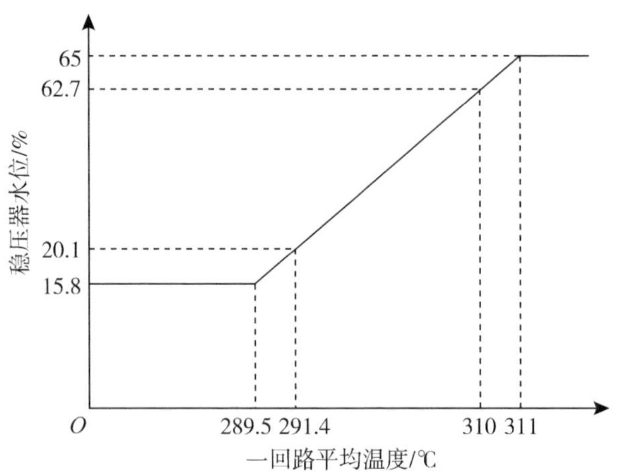

图 3-1　稳压器水位整定值曲线

3.5.6　蒸汽发生器水位

在反应堆运行过程中，蒸汽发生器水位高低直接影响出口蒸汽的品质和蒸汽发生器的安全。如果蒸汽发生器水位过低，就会引起蒸汽进入给水环，使管束传热恶化，或引起蒸汽发生器的管板热冲击；反之，如果水位过高，就会影响汽水分离效果，造成蒸汽品质恶化，影响汽轮机正常工作和安全。故要维持蒸汽发生器二次侧的水位在需求的整定值上。蒸汽发生器水位整定值随负荷而变，如图 3-2 所示。

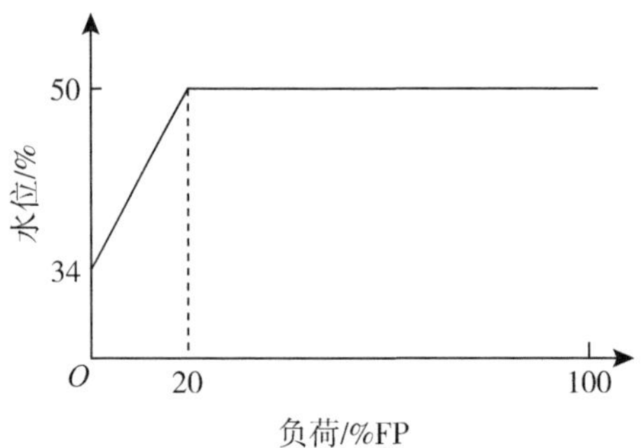

图 3-2　蒸汽发生器水位整定值曲线

3.6　思考题

(1)在对 RCP 升温期间，快时因子一般设为 5~10 倍。为什么要设置快时因子呢？快时因子可设置更高吗？

(2)热停堆时稳压器压力、水位为什么都要设为自动？

(3)为什么要保持蒸汽发生器水位在整定值?

(4)功率运行时，冷却剂系统压力必须保持在一定的范围内，为什么?

(5)在启动过程中，蒸汽发生器水位为什么一定要保持正常的水位?如果水位异常会有什么危害?

第 4 章　核电站停堆过程实验

压水堆核电站停堆过程可以分为：降负荷到 20%，降负荷到汽机跳闸，降低核功率到热备用状态，从热备用到热停堆，降温、降压和硼化，RRA 系统投入运行，稳压器汽腔淹没，由 RRA 冷却至冷停堆 8 个过程。

为方便实验分阶段进行，可将上述过程分为四个实验：

- 实验一　降负荷到汽机跳闸
- 实验二　降低核功率到热停堆
- 实验三　降温、降压和硼化
- 实验四　RRA 系统投入运行到冷停堆

核电站停堆过程实验见表 4-1。

表 4-1　　核电站停堆过程实验

序号	实习内容安排		时间安排（课时）
1	具体操作	降负荷到 20%、降负荷到汽机跳闸	2
2		降低核功率到热备用状态、从热备用到热停堆	1
3		降温、降压和硼化	3
4		RRA 系统投入运行	2
5		稳压器汽腔淹没	2
6		由 RRA 冷却至冷停堆	1
7		总结	1
总计			12

4.1　降负荷到汽机跳闸

4.1.1　实验要求

- 熟悉核电站教学模拟机各系统，掌握阀门、水泵等设备的操作；
- 将反应堆从满功率状态降负荷至汽机跳闸，其间注意按照操作规程核对各信号，思考信号出现的原因；

- 确保降功率过程中 ΔI 在梯形图限制线内。

4.1.2　实验过程

(1)进入 MS04 界面，按下“暂停”键，设定目标负荷为 200MW，降负荷速率为 50MW/min；按下“释放”键，观察负荷下降，确保降负荷过程中 ΔI 在梯形图限制线内。

(2)当负荷降至 700MW 时，核对 MSR 新蒸汽和抽汽再热器向凝汽器的 15%排汽阀开启。

(3)当堆功率降至 40%以下时，核对 P16 消失。

(4)当负荷降至 350MW 时，核对 MSR 新蒸汽备用控制隔离阀开启，核对抽汽隔离阀关闭，电动给水泵置 off，手动停运 APP101PO 或 APP201PO 中的一台汽动给水泵。

(5)当堆功率降至 30%以下时，核对 P8 消失。

(6)当负荷为 300MW 时，核对 MSR 新蒸汽温度控制隔离阀已开启，核对 MSR 新蒸汽温度控制阀旁路已关闭。

(7)当堆功率降到 20%Pn 时，调节 GCT 整定值为 7.4MPa，从“温度模式”到“压力模式”。进入 MS04 界面，按下“暂停”键，设定目标负荷为 0，降负荷速率为 50MW/min；按下“释放”键，观察负荷下降，确保降负荷过程中 ΔI 在梯形图限制线内。

(8)当汽机负荷降至 18%FP 时，观察主给水调节阀是否关闭，当主给水调节阀关闭后，关闭其隔离阀 ARE052VL、ARE056VL 和 ARE060VL。

(9)当汽机负荷低于 10%时，核对 P13 信号消失。

(10)当堆功率降到低于 10%时，核对 P10 消失、P7 消失、C20 出现；当 C20 出现后，将 R 棒与 G 棒转为手动控制。重新开始降低汽机负荷，核对向凝汽器排放蒸汽阀开启。

(11)当电功率降到 10MW 以下时，按下正常停机按钮，汽机停机，核对所有汽机阀门已关闭，核对汽机已从 3000r/min 降速，核对发电机负荷断路开关已断开，核对通向给水加热器的抽汽隔离阀已自动关闭，核对 MSR 汽水分离器疏水泵已自动停运。

(12)汽机转速自然下降，到转速降至约 200r/min，投入顶轴油系统；降至约 37r/min 时，盘车自动投入。

4.2　降低核功率到热停堆

4.2.1　实验要求

- 掌握热备用与热停堆的概念；
- 了解 RCV 系统流程图，掌握硼化和稀释的方法；
- 能熟练掌握蒸汽发生器水位调节的方法。

4.2.2　实验过程

(1)通过硼化或插入 G 棒，降低核功率到 2%Pn 以下；将 SG 的供水从 ARE 切换到 ASG，保持蒸汽发生器水位在零负荷整定值，手动调节阀门在相应开度。必须手动调节 ASG012VD、ASG013VD、ASG014VD、ASG015VD、ASG016VD、ASG017VD 六个阀门的相应开度，调节辅助给水流量稍大于蒸汽发生器蒸汽流量。同时需要注意辅助给水箱 ASG001BA 的水位，不能太高或者太低，如图 4-1 所示；

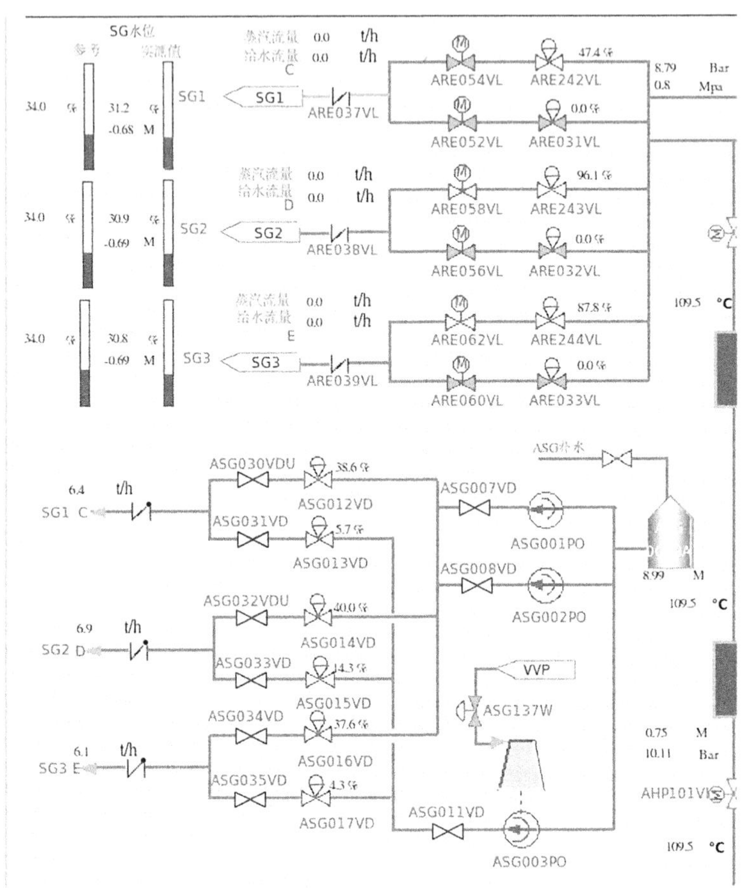

图 4-1　蒸汽发生器水位调节

(2)切换到辅助给水后，停止运行主给水泵，由 GCT-c 或 GCT-a 排出热量，机组进入热备用状态；

(3)手动将 R 棒插入到 5 步，再手动将 G1、G2、N1 和 N2 插入到 5 步；

(4)打开 RCV 系统硼酸泵，调节适当的硼化设置，将一回路硼化到热停堆硼浓度 1200ppm 左右，机组进入热停堆状态。硼化调节如图 4-2 所示。

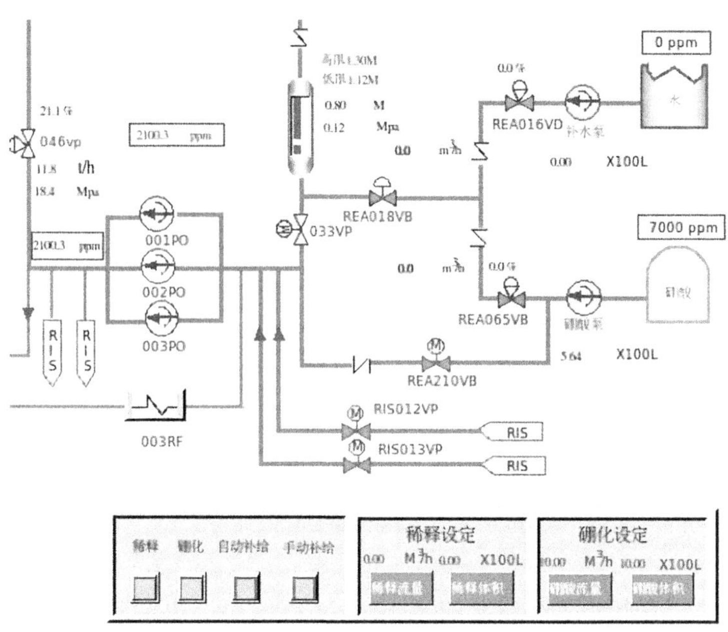

图 4-2　硼化调节

4.3　降温、降压和硼化

4.3.1　实验要求

- 熟练掌握降温、降压的方式，并确保降温降压过程中各参数不超出 *P-T* 图各限制线；
- 理解 GCT 系统的工作原理，理解其在核电站中的作用；
- 理解稳压器的工作原理，熟练掌握稳压器水位控制的方法。

4.3.2　实验过程

（1）将一回路硼化到正常冷停堆硼浓度约 2100r/min，将 R 棒完全抽出。降温降压过程中注意：控制蒸发器水位在 34%左右，控制下泄流量在 13. 6m^3/h 左右，控制轴封注入流量为 1. 8m^3/h，控制一回路压力温度在 *P-T* 图限制线内。

（2）降低 GCT401RC 整定值，开始降温（GCT 可用），核对排放阀开启。手动开大 GCT 排放阀的开度（注意不要一次性将阀门全开，每次增加 0. 2%开度，观察通过旁排的蒸汽流量和温度梯度的变化，防止出现温度梯度的突变和振荡，一般打开到 5%左右能够得到较为平稳的温度梯度），开始降温，控制温度梯度值保持稳定在-25℃/h 左右，以保证降温过程平稳进行。

（3）降低 GCT403RC/GCT406RC/GCT409RC 整定值，开始降温，核对排放阀开启。冷凝器旁排控制界面如图 4-3 所示。

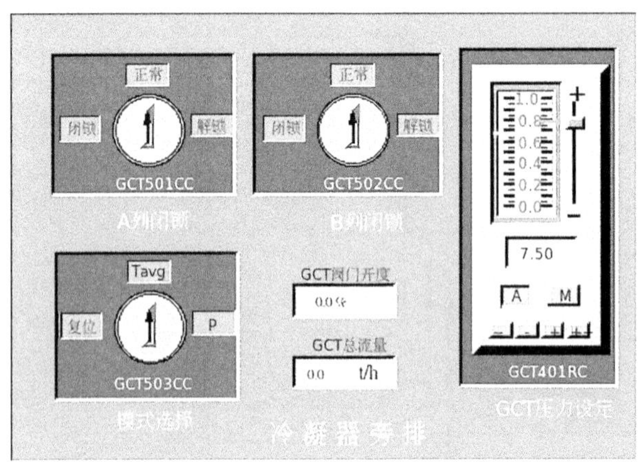

图 4-3　冷凝器旁排控制界面

(4)关掉“开-关”稳压器加热器 RCP001RS、RCP002RS、RCP005RS 和 RCP006RS，用 RCP401RC 控制喷淋阀开度，调整降压速率。注意控制稳压器水位，通过控制下泄控制阀 RCP013VP 调节下泄流量，通过上充控制阀 RCV046VP 调节上充流量，即可完成稳压器水位调节。当停堆过程使用喷水减温时，注意综合调节上充、下泄流量和喷淋控制阀 RCP001VP、RCP002VP 的喷水量，维持稳压器在一个相对稳定的水位。

(5)当一回路平均温度降低到 284℃时，P12 信号出现，要闭锁相应的安注信号；验证所有蒸汽对凝汽器排放阀正确地关闭，将选择开关置于解除闭锁位置使凝汽器排放阀解除闭锁，核对凝汽器排放阀开启。

(6)当一回路压力降到 13. 8MPa. g 时，P11 信号出现，要闭锁相应的安注信号；如果反应堆冷却剂表压增大到 143bar 以上(P11 信号+滞后)，信号自动解除闭锁。因此，当反应堆冷却剂压力又下降时，这一信号一定要重新闭锁。核对稳压器安全隔离阀 RCP017VP、RCP018VP 和 RCP019VP 已关闭。

(7)当一回路压力下降到 8. 5MPa 时，打开第二个下泄孔板，保持下泄流量正常。

(8)当一回路压力下降到 7. 0MPa 时，关闭中压安注箱隔离阀 RIS001BA、RIS002BA、RIS003BA。

4. 4　RRA 系统投入运行到冷停堆

4. 4. 1　实验要求

- 理解 RRA 系统的工作原理，掌握 RRA 系统各阀门与水泵的操作方法；
- 掌握淹没稳压器汽腔的方法；
- 思考 RRA 系统与 RCV 系统在停堆过程中的联系。

4.4.2 实验过程

(1)用运行中的二回路系统将反应堆冷却剂平均温度保持在160℃~180℃，手动整定到约0.7MPa。用压力控制器使喷淋阀和比例加热器工作，将反应堆冷却剂压力调整在2.5~2.7MPa。

(2)当一回路平均温度低于180℃、压力低于2.7MPa.g时，开始投入RRA(一般选170℃，2.6MPa)，关闭RCV366VP，核对三个孔板RCV007VP、RCV008VP和RCV009VP开启，调节下泄孔板下游压力至1.5MPa，关闭温度调节阀RRA024VP和RRA025VP。

(3)打开RRA与RCV连接管线；开RCV310VP，开RCV082VP，观察RRA系统升压。

(4)当RRA压力与RCV相近时，关闭RCV310VP，开启RRA001VP、RRA021VP，使RRA与RCP压力相同。起动第1台泵RRA001PO，逐渐加大RCV310VP开度，直到下泄流量达到约$28m^3/h$；每当RRA热交换器上游温度升高60℃左右时，切换RRA泵。一回路以最大速率(28℃/h)冷却，其间压力的控制由喷淋控制阀RCP001VP、RCP002VP和加热器综合控制，使压力下降和温度下降相互匹配不超过*P-T*图控制线。

(5)当一回路与RRA之间温差小于60℃时，打开出口阀RRA014VP/RRA015VP。置RRA013VP于自动控制状态；手动或自动调整RRA控制阀，调节一回路降温速率。在反应堆冷却剂系统由RRA降温期间，使蒸汽排放退出运行，关闭蒸汽管线隔离阀。

(6)减小下泄流量，约为$10m^3/h$，手动控制RCV046VP增加上充流量到$27m^3/h$，核对稳压器水位上升、稳压器波动管线和稳压器液相温度下降。

(7)当水位指示器达到3.8m时，调节RCV413RC整定值等于RCP压力，将低压下泄阀的控制从RCV压力控制切换到RCP压力控制，将RRA-RCV控制阀完全打开，调整上充流量到稍高于下泄流量。在调控稳压器水位的过程中，注意使用控制阀RCV030VP调节流向废液处理系统(TEP)的水量，一次调控储水箱RCV002BA的水位，使其维持正常。

(8)当下泄流量突然增加时，表明稳压器汽腔已淹没。逐渐打开泵在运行的那个环路上的喷淋阀。稳压器降温速率应不超过56℃/h。如果压力下降，则重新关闭喷淋阀后逐渐开大喷淋阀，以便稳压器温度均匀。注意当稳压器汽腔淹没时，由化学和容积控制系统低压下泄阀RCV013VP控制其压力。

(9)当监测出下列情况时，稳压器中水循环已建立并且可以确认稳压器中气泡消失，稳压器液相温度下降，稳压器波动管温度下降。关掉比例加热器RCP003RS和RCP004RS，手动关闭稳压器隔离阀RCP017VP/RCP018VP/RCP019VP。

4.5 思考题

(1)压水堆核电站反应堆和沸水堆核电站反应堆在功率下降过程中有何不同?

(2)为什么要确保降功率过程中ΔI在梯形图限制线内?

(3)热备用状态与热停堆状态有什么不同?

(4)为什么要维持蒸汽发生器水位稳定?

(5)容控箱在一回路硼化过程中起到了什么作用?

(6)为什么要在停堆过程中保持稳压器水位稳定?

(7)在“降温、降压和硼化”阶段是如何分别实现降温、降压和硼化的?

(8)为什么有时候在降温降压过程中会出现温度振荡?

(9)为什么要在核电站中设置 RRA 系统?

(10)RRA 系统的工作原理是什么? 一旦失效会出现什么情况?

(11)为什么在降温过程中要控制温度下降的速率?

第5章　核电站故障过程实验

本章主要是为了帮助学生掌握武汉大学核电教学模拟机启动的操作方法，记录重要参数，并在掌握正常启动和运行方法后，进一步学习插入模拟故障的方法。在故障运行过程中，记录RCP、RCV、RRA、VVP等系统主要参数的变化。根据各系统中重要单元的工作原理和相互作用关系，分析各项数据变化的内在联系，给出各项故障报警的分析报告，并尽量做出预测。

5.1　RCP系统故障

5.1.1　实验原理

RCP故障见表5-1。

表5-1　**RCP故障**

名　称	位　置
SG蒸发器传热管破裂	1#、2#、3#蒸汽发生器传热管
环路热段破口	一、二、三环路热段
环路冷段破口	一、二、三环路冷段
稳压器喷雾阀泄漏	稳压器喷雾阀1、2
反应堆冷却剂泵跳闸	RCP001PO、RCP002PO、RCP003PO
稳压器隔离阀卡死	RCP020VP、RCP021VP、RCP022VP
蒸汽发生器传热管污垢	1#、2#、3#蒸汽发生器传热管

本实验以RCP001PO的跳闸运行作为代表故障，进行故障分析。主要以堆芯参数、一回路温度、稳压器(PZR)参数、蒸汽发生器参数、安注流量、上充流和下泄流主参数作为主要检测数据。

(1)堆芯参数包括核功率、堆芯功率、堆芯反应性、控制棒位等。

核功率、堆芯功率主要由堆芯反应性的变化决定，而堆芯的反应性可以由两种方式控制：①依靠控制棒组件的插入或提升；②依靠RCV系统调整溶解于冷却剂中硼的浓度来控制反应性。

另外，由于压水堆冷却剂的负温度效应，一回路温度的变化也会对堆芯反应性产生一定影响。

(2)PZR 参数包括 PZR 压力、安全阀开闭、PZR 水位、PZR 参考液位、比例式加热器功率、冷段喷淋流量等。

正常运行时，一回路压力保持在整定值附近允许限制内，压力整定值不受运行功率和一回路平均温度影响，保持恒定。降低反应堆冷却剂系统的压力由连续喷淋实现。冷却剂系统冷管段引入冷却水，保持稳压器内部水温度与化学成分的均匀性，并在喷淋阀开启时降低热冲击造成的局部热应力。

在稳态工况下，比例式加热器功率应等于稳压器散热功率与补偿连续喷淋流量的热功率之和。当压力降低时，比例式加热器的功率自动增大；当压力升高时，则自动降低比例式加热器的功率。通断式加热器在反应堆启动及反应堆冷却剂压力下降较大时投入工作。

稳压器安全阀提供对冷却剂系统的超压保护，安全阀组由保护阀和隔离阀串联组成，隔离阀可在保护阀故障无法回落时起隔离作用，防止冷却剂系统压力失控。

稳压器水位随一回路平均温度变化而变化。稳压器水位整定值是在 RCV 没有下泄流量和当反应堆功率从 0 变到 100%的条件下，使稳压器能承受一回路水容积的变化而计算确定的。水位整定值与一回路的平均温度呈线性关系，如图 5-1 所示。

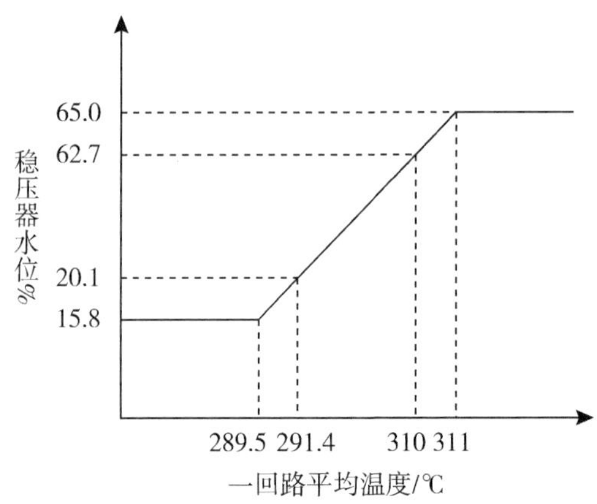

图 5-1　水位整定值与一回路的平均温度关系

水位相对于参考水位的正常变化控制着化学和容积控制系统上充回路的调节阀。对于某给定功率，调节系统计算出水位整定值，并且用调节化学和容积控制系统上充流量的方法保持水位在整定值。

若水位超过整定值(从+5%开始)，则通断式加热器投入运行，用以蒸发一部分水；若稳压器水位大于稳压器 86%而功率又超过额定功率的 10%，则由反应堆保护系统发出紧急停堆信号。

若稳压器水位低于整定值(从−5%开始)，则发出红色报警信号。稳压器水位在 14%时，加热器全部断开，通向化学和容积控制系统的下泄阀关闭。当稳压器水位在 5%时，稳压器低水位兼低压，安注系统动作。

- 蒸汽发生器参数包括：蒸汽发生器压力、蒸汽发生器水位、蒸汽流量等。

蒸发器水位指蒸发器筒体和管束外套间环形水位，即冷柱水位。调节其水位是依靠控制给水流量调节系统的进水流量阀门实现的，可以通过改变汽动给水泵转速来调整给水母管和主蒸汽管间压力差，而与测的压差与负荷变化的整定值比较。在启动阶段蒸发器应充水，正常工况下由给水流量调节系统供给。在其故障时由辅助给水系统供给

- 上充流和下泄流。

RCV 中的调节阀 RCV046VP、RCV013VP 和 RCV061VP 分别为上充、下泄和密封注入调节阀。阀门 RCV013VP 为下泄管路中的调节阀，与上游的压力表相连，其目的是防止下泄流在管道中汽化。RCV046VP 的开度与一回路稳压器液位关联。

- 安注信号由下列信号引发：

①PZR 水位和压力低；

②安全壳内压力高；

③SG 间蒸汽压力不一致；

④两台 SG 蒸汽流量高，同时出现蒸汽压力底或者一回路平均温度低。

- 安注信号发出同时会引发下列操作：

①反应堆紧急停堆；

②安全壳隔离和停止通风；

③汽机脱扣；

④二回路 SG 正常给水隔离；

⑤辅助给水(ASG)投入。

5.1.2 操作步骤

(1)启动模拟机，正常启动反应堆(见启动操作规程)，保持 TEP 流量为 4%，以保持容控箱水位恒定。

(2)在教练员机选择：故障—故障列表—RCP—RCP001PO 跳闸；在延时时间栏输入 00：00：30，即 30s 插入故障。

(3)打开检测曲线，观测堆芯参数、一回路温度、PZR 参数、比例式加热器功率、冷段喷淋流量、SG 参数、安注流量等。

(4)将操作员台切为 RCV 系统图，记录各项报警信号。参考：

①操作带低位；

②AVG MAX/TEM REF 温度偏差；

③停堆；

④蒸汽管线流量高或压力低；

⑤汽机脱扣；

⑥R 棒 LO-LO-LO 行程限值；

⑦稳压器压力低；

⑧稳压器水位低于设定值；

⑨蒸汽发生器水位异常；

⑩环路平均温度偏差高；
⑪上充管线温度低；
⑫安注启动；
⑬主给水隔离；
⑭RCP 温度低；
⑮VVP 主给水隔离阀未全开；
⑯SG 给水流量低；
⑰ASG 泵启动；
⑱主泵轴封水流量低；
⑲上充管线流量异常；
⑳下泄管线温度高；
㉑稳压器水位高；
㉒蒸发器高水位；
㉓ASG001BA 水位低；
㉔蒸汽管线压力低；
㉕稳压器水位高于设定值；
㉖RCV002BA（容控箱）水位异常。

(5)在操作员台 RCV 操作界面记录上充和下泄参数，如图 5-2 所示。

(6)在给水系统(FW01)操作界面 ASG001BA 水位变化，如图 5-3 所示。

(7)打开截图软件，做出如下记录：
①对 5s 内的堆芯参数做出记录；
②对 20s 内的汽机功率和电功率做出图像记录；
③对 1min 内的上充和下泄流量做出图像记录；
④对 9min15s 内的汽轮机转速做出图像记录；
⑤对 30s 内的主阀和 GCT 阀开度及开度信号、汽机旁通流量、主蒸汽流量、堆芯流量做出图像记录。

PZR 压力见图 5-4。

(8)对 2min 内的一回路参考均温、一回路平均温度、温度偏差和 2min 内的棒位、通断式加热器功率做出图像记录。

(9)对 2min 内的 PZR 水位设定值、20min 内的 PZR 水位、30min 内的 PZR 压力、9min 到 10min 和 50min 后的比例式加热器功率与冷段喷淋流量做出图像记录，代表性参考图如图 5-5 所示。

(10)对 30s 内的 SG 给水流量和蒸汽量、40s 内的 SG 辅助给水、2min 内的给水温度和高压缸排汽压以及凝汽器压力、10min 内的蒸汽压力、34min 内的 SG 测量液位、40～80min 的 SG 蒸汽流量和压力做出图像记录，代表性参考图如图 5-6 所示。

(11)在 2h 后选择一个 5s 的时间段，对安注流量、冷段喷淋、比例加热器、PZR 压力、SG 蒸汽流量和主蒸汽流量进行周期性分析，参考图如图 5-7 所示。

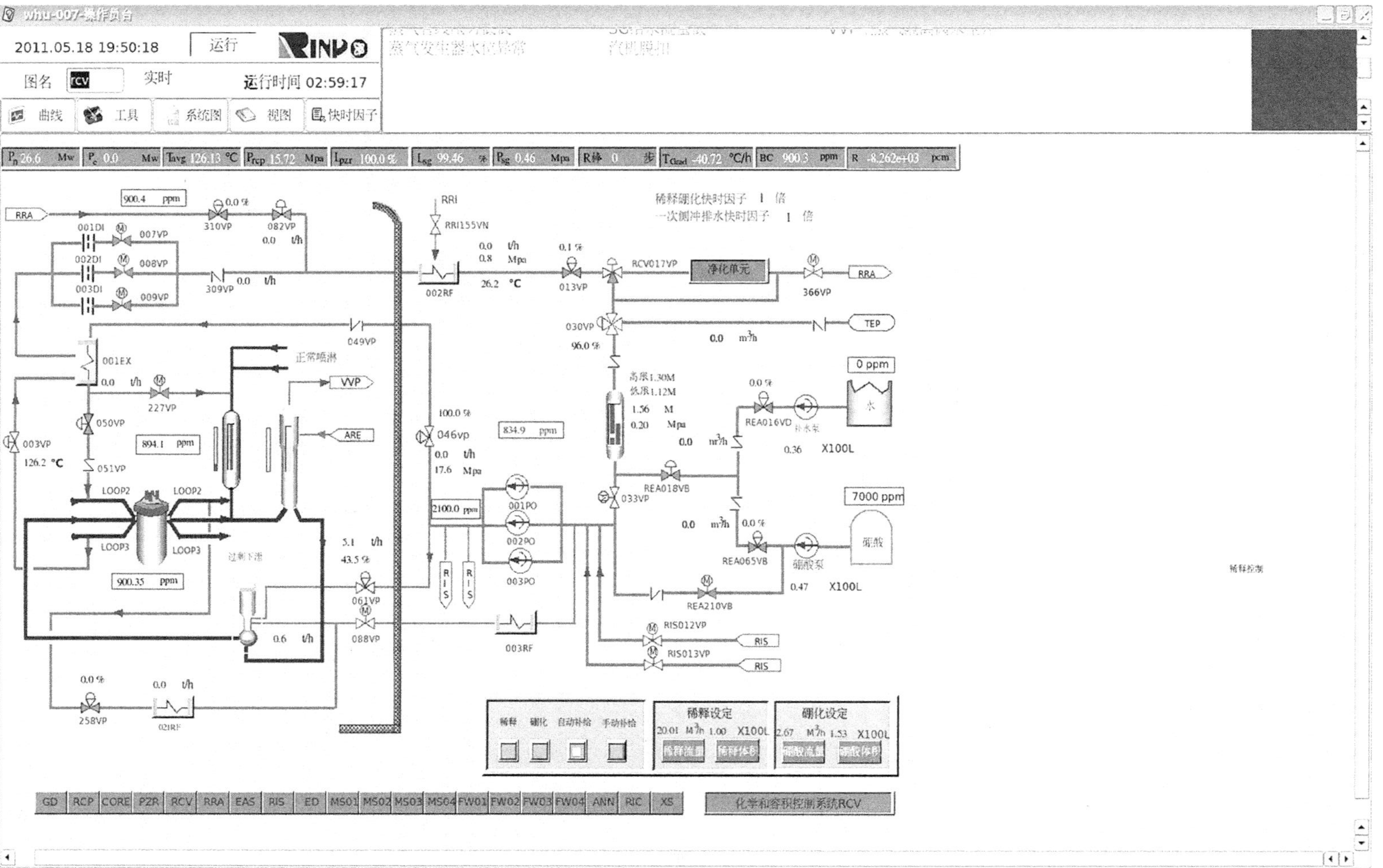
whu-007-操作员台
2011.05.18 19:50:18
运行
RINPO
图名 RCV
实时
运行时间 02:59:17
曲线
工具
系统图
视图
快时因子
RRA
900.4 ppm
0.0 %
310VP
082VP
0.0 t/h
001DI
007VP
002DI
008VP
003DI
009VP
309VP
0.0 t/h
RRI
RRI155VN
0.0 t/h
0.8 Mpa
26.2 °C
002RF
0.1 %
013VP
RCV017VP
净化单元
366VP
RRA
稀释硼化快时因子 1 倍
一次侧冲排水快时因子 1 倍
030VP
96.0 %
TEP
0.0 m³/h
049VP
001EX
正常喷淋
0.0 t/h
227VP
VVP
ARE
050VP
003VP
126.2 °C
051VP
894.1 ppm
100.0 %
046vp
0.0 t/h
17.6 Mpa
834.9 ppm
高限1.30M
低限1.12M
1.56 M
0.20 Mpa
0.0 %
REA016VD
补水泵
0 ppm
水
0.36 X100L
0.0 m³/h
REA018VB
033VP
7000 ppm
LOOP2
LOOP3
2100.0 ppm
001PO
002PO
003PO
0.0 m³/h
0.0 %
REA065VB
硼酸泵
硼酸
0.47 X100L
900.35 ppm
5.1 t/h
43.5 %
061VP
088VP
0.6 t/h
003RF
REA210VB
RIS012VP
RIS013VP
RIS
0.0 %
258VP
0.0 t/h
021RF
稀释
硼化
自动补给
手动补给
稀释设定
20.01 M³/h 1.00 X100L
稀释流量
稀释体积
硼化设定
2.67 M³/h 1.53 X100L
硼酸流量
硼酸体积
GD
RCP
CORE
PZR
RCV
RRA
EAS
RIS
ED
MS01
MS02
MS03
MS04
FW01
FW02
FW03
FW04
ANN
RIC
XS
化学和容积控制系统RCV

图 5-2 RCV 系统面板

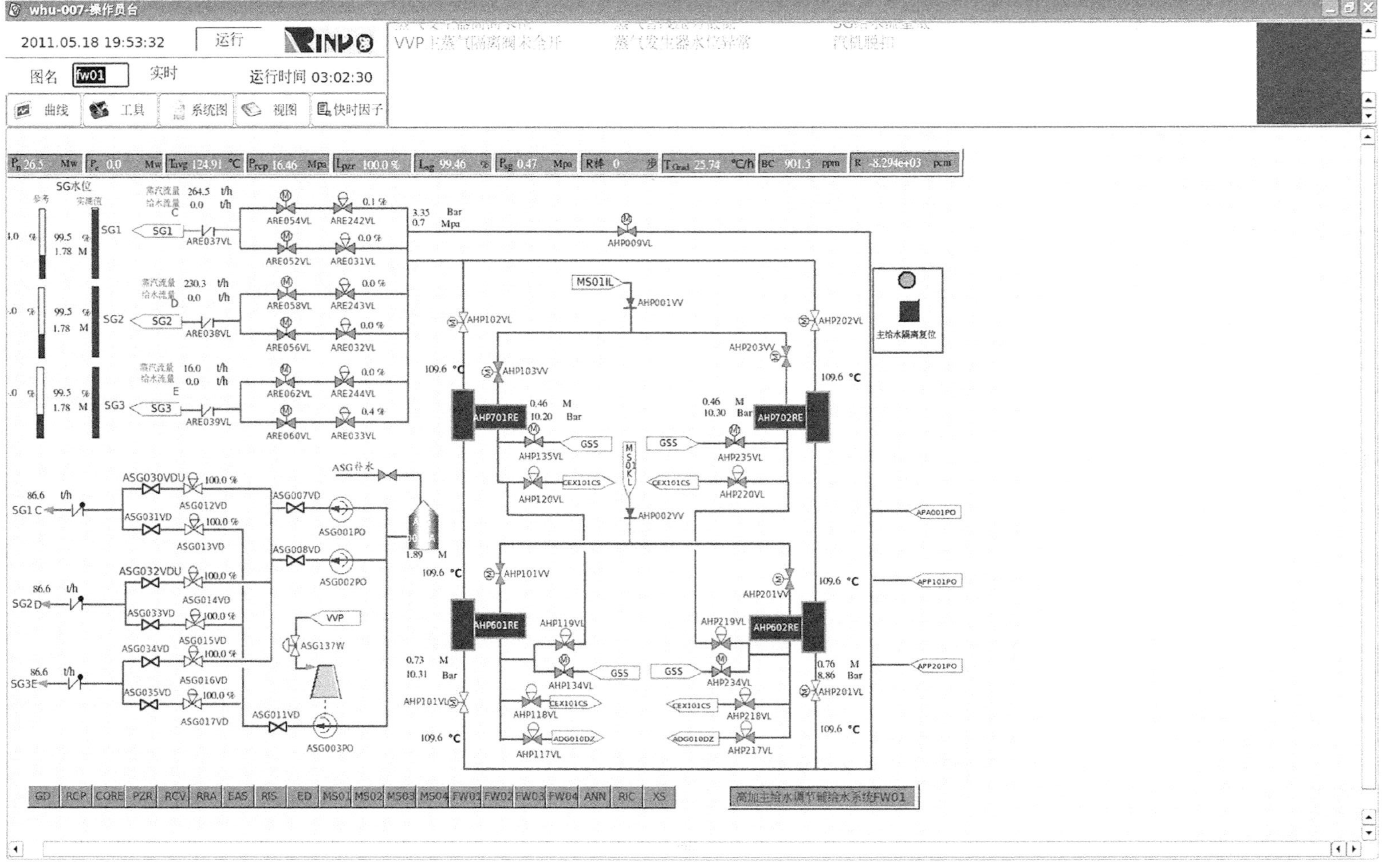
whu-007-操作员台
2011.05.18 19:53:32
运行
图名 fw01
实时
运行时间 03:02:30
曲线
工具
系统图
视图
快时因子
SG水位
主给水隔离复位
ASG补水
GD RCP CORE PZR RCV RRA EAS RIS ED MS01 MS02 MS03 MS04 FW01 FW02 FW03 FW04 ANN RIC XS

图 5-3　给水系统面板

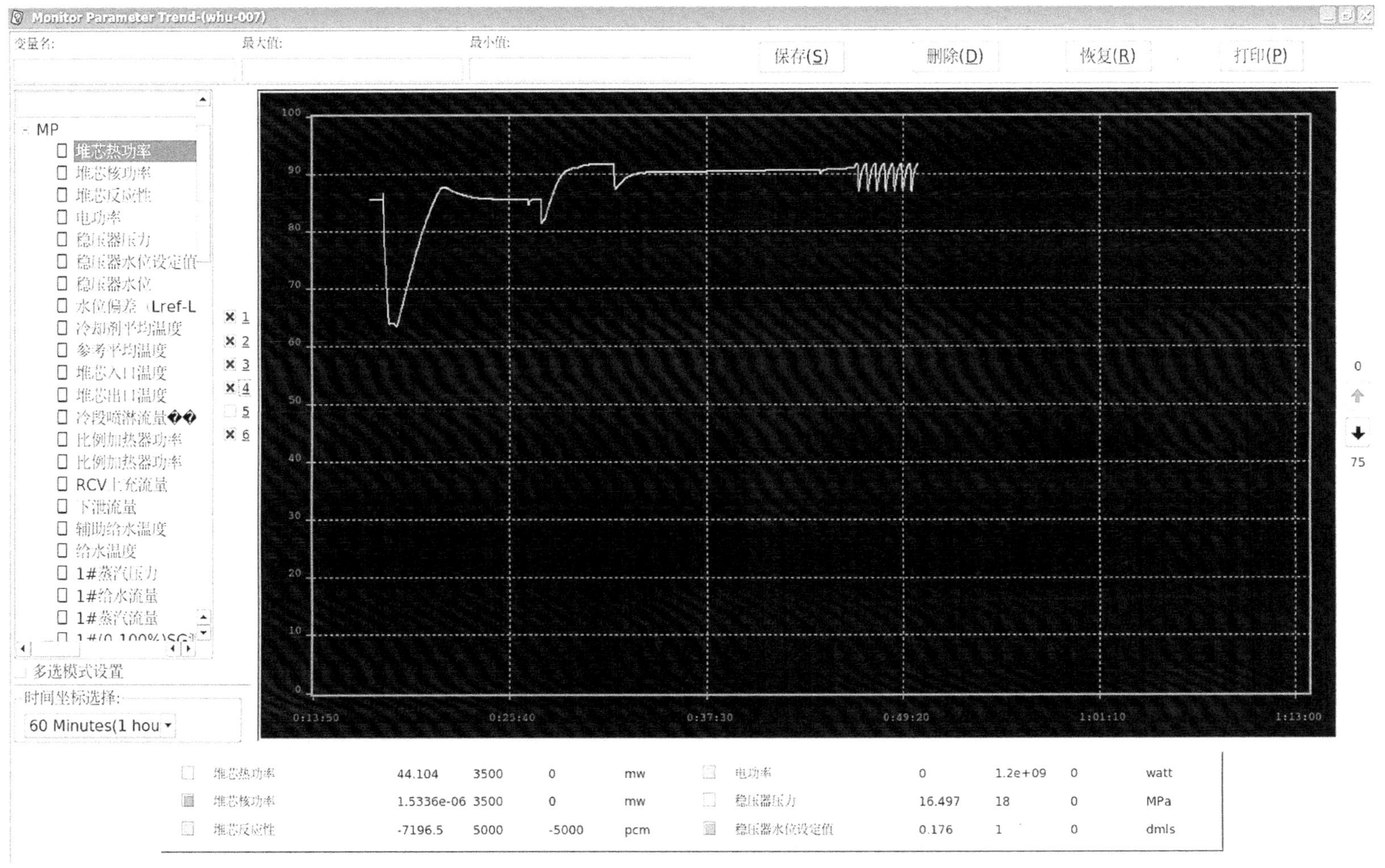
Monitor Parameter Trend-(whu-007)
变量名:
最大值:
最小值:
保存(S)
删除(D)
恢复(R)
打印(P)
MP
堆芯热功率
堆芯核功率
堆芯反应性
电功率
稳压器压力
稳压器水位设定值
稳压器水位
冷却剂平均温度
参考平均温度
堆芯入口温度
堆芯出口温度
比例加热器功率
RCV上充流量
下泄流量
辅助给水温度
给水温度
1#蒸汽压力
1#给水流量
1#蒸汽流量
多选模式设置
时间坐标选择:
60 Minutes(1 hou
0:13:50
0:25:40
0:37:30
0:49:20
1:01:10
1:13:00
堆芯热功率 44.104 3500 0 mw
堆芯核功率 1.5336e-06 3500 0 mw
堆芯反应性 -7196.5 5000 -5000 pcm
电功率 0 1.2e+09 0 watt
稳压器压力 16.497 18 0 MPa
稳压器水位设定值 0.176 1 0 dmls

图 5-4 PZR 压力

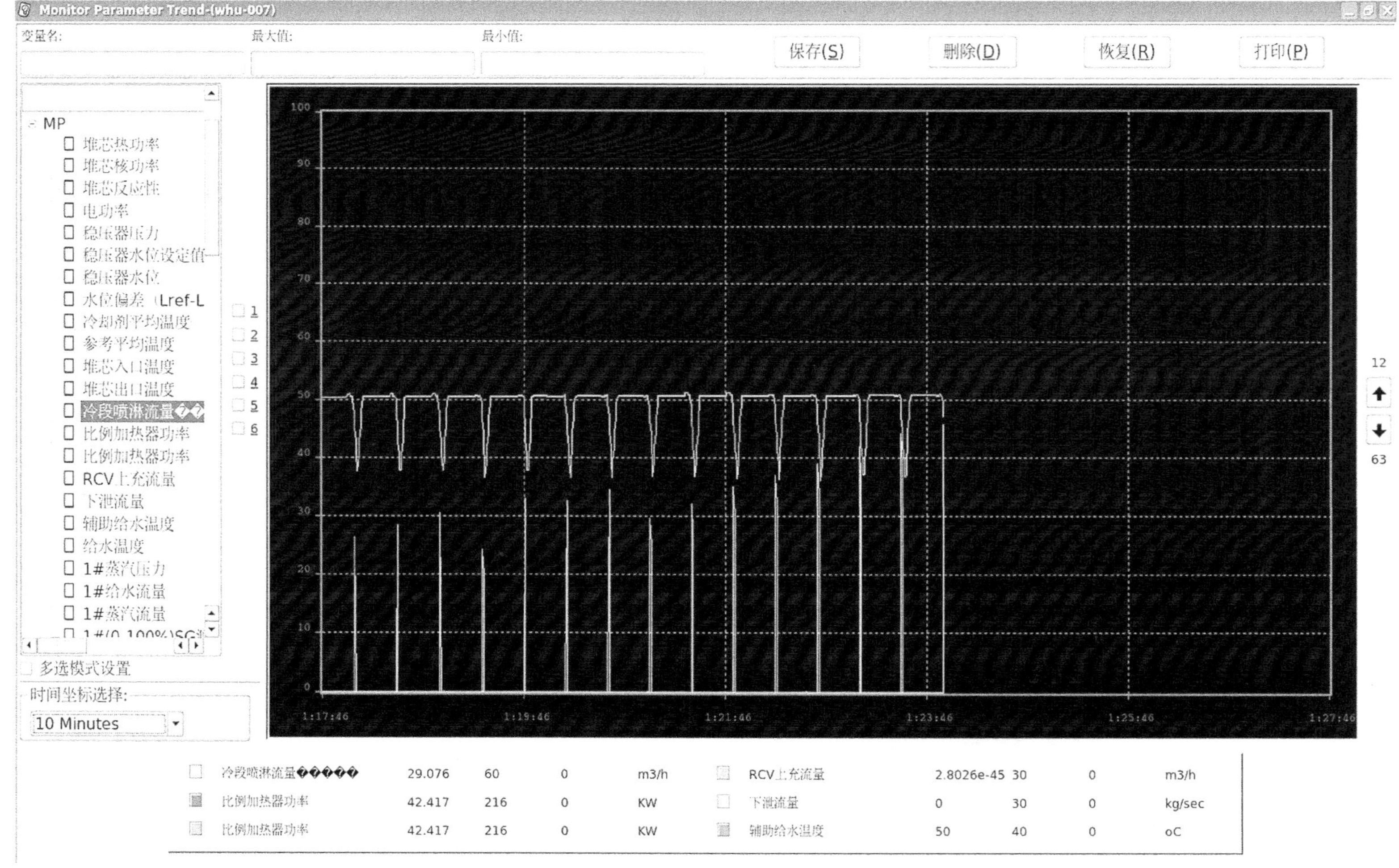

图 5-5　冷段喷淋和比例式加热器功率

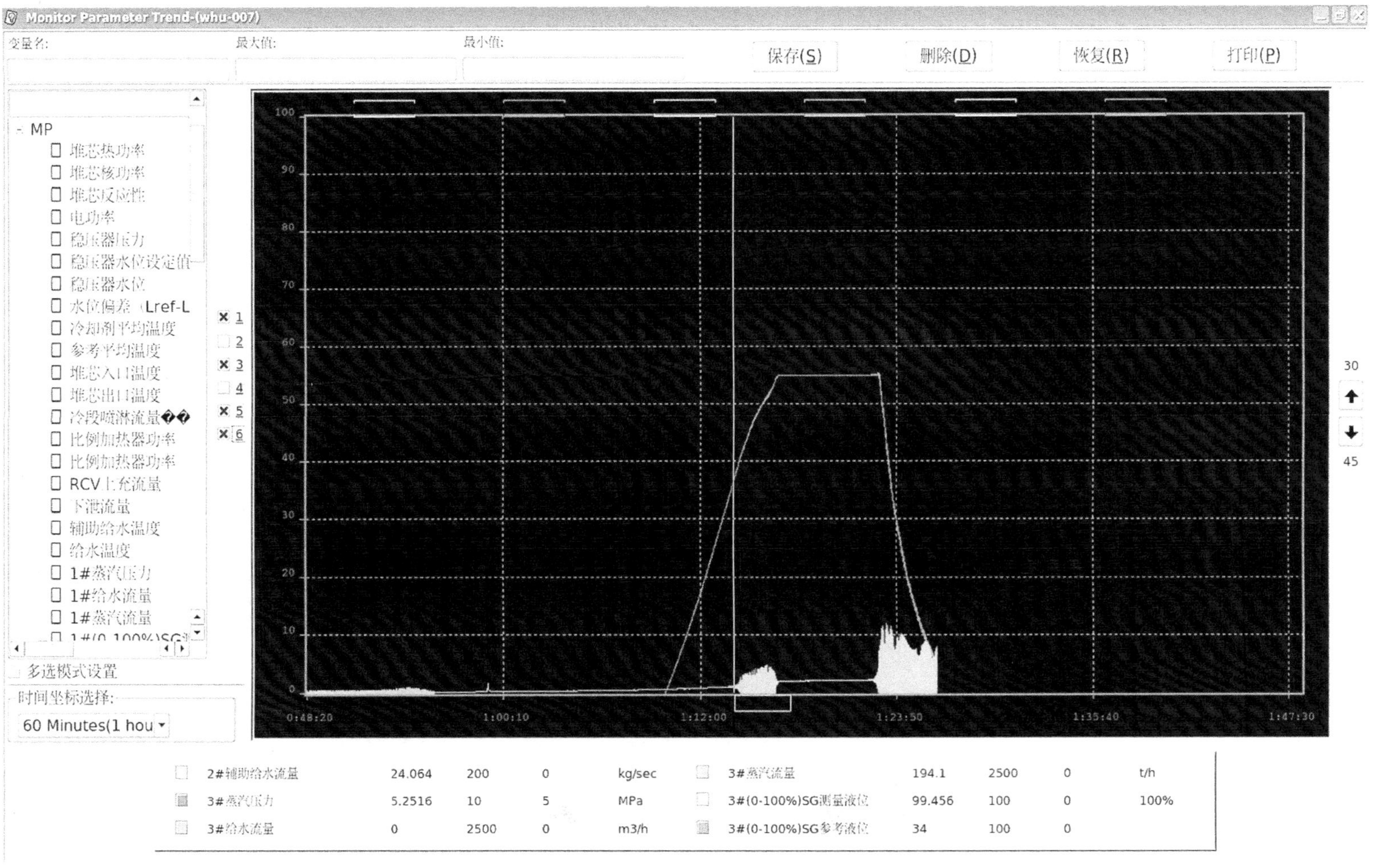

图 5-6 SG 蒸汽压力和流量

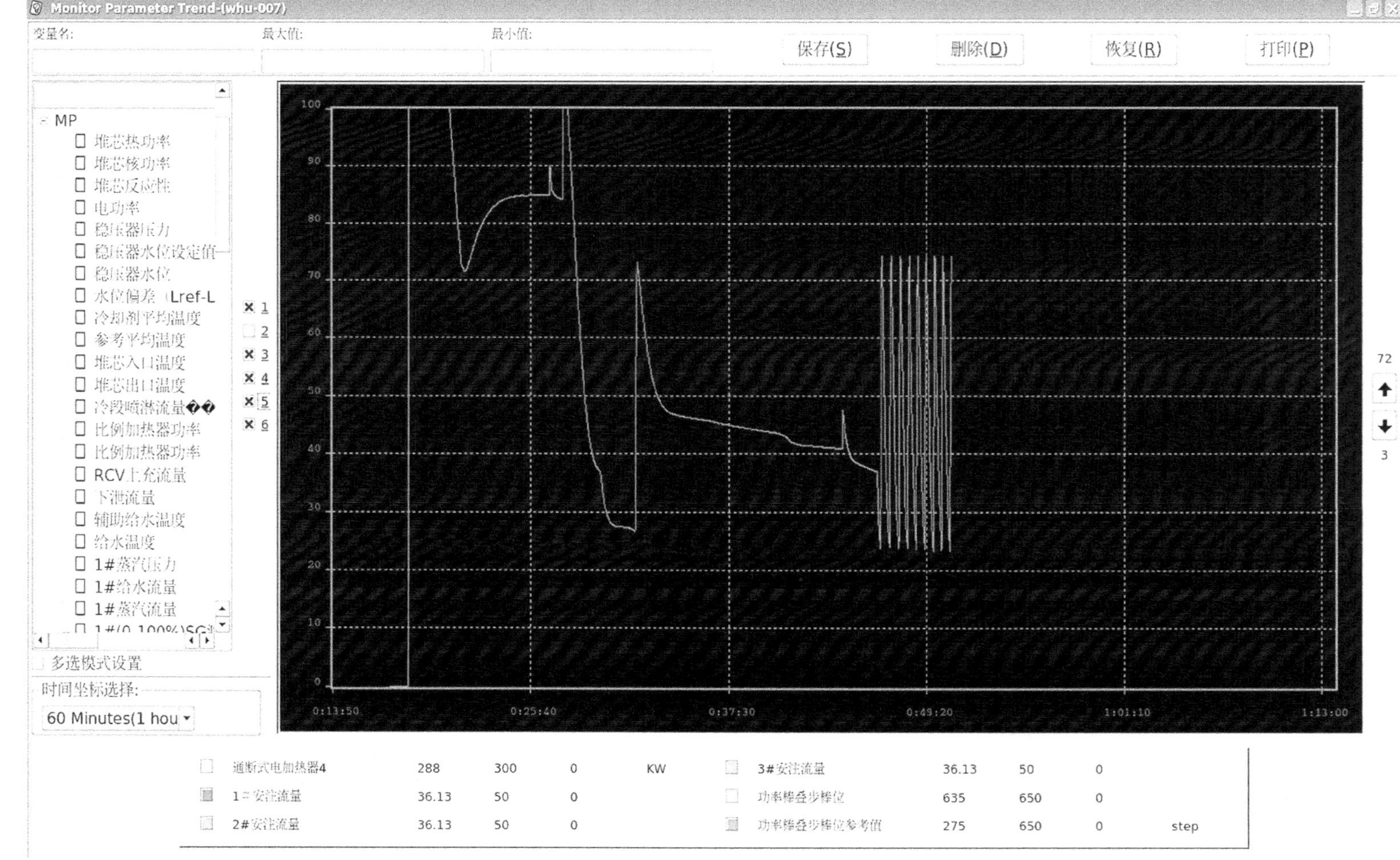
Monitor Parameter Trend-(whu-007)
变量名:
最大值:
最小值:
保存(S)
删除(D)
恢复(R)
打印(P)
MP
堆芯热功率
堆芯核功率
堆芯反应性
电功率
稳压器压力
稳压器水位设定值
稳压器水位
水位偏差（Lref-L
冷却剂平均温度
参考平均温度
堆芯入口温度
堆芯出口温度
冷段喷淋流量
比例加热器功率
比例加热器功率
RCV上充流量
下泄流量
辅助给水温度
给水温度
1#蒸汽压力
1#给水流量
1#蒸汽流量
多选模式设置
时间坐标选择:
60 Minutes(1 hou
100
90
80
70
60
50
40
30
20
10
0
0:13:50
0:25:40
0:37:30
0:49:20
1:01:10
1:13:00
72
3
通断式电加热器4　288　300　0　KW
1#安注流量　36.13　50　0
2#安注流量　36.13　50　0
3#安注流量　36.13　50　0
功率棒叠步棒位　635　650　0
功率棒叠步棒位参考值　275　650　0　step

图 5-7　安注流量

(12)稳定运行 3h 后记录数据，与正常工况做比较。

(13)分析各项报警信号与参数变化的关系，分析各参数变化的内在联系。

5.1.3 注意事项

- 在 RCP001PO 跳闸故障中，上充阀 046VP、下泄阀 013VP 以及自动补给流量在插入故障初始会出现快速变化，要注意冻结并在 RCV 操作板上进行记录。
- 在 RCP001PO 跳闸故障中，要注意记录报警信号的出现和消失。
- 在 RCP001PO 跳闸故障中，堆芯反应性和汽机功率都降为负值，在检测曲线上无法显示，要予以注意。
- 在 RCP001PO 跳闸故障中，温度偏差在一些区段超出监测曲线范围，可通过在监测上点击鼠标右键定位数据，找出变化转折点。
- 在 RCP001PO 跳闸故障中，SG 蒸汽压力在 10min 到 50min 之间数据会超出监测曲线范围，此段中的变化为先降后升，可以用鼠标定位数据，观测并找出变化转折点。

5.1.4 结果分析

- 分析一回路功率、反应性和控制棒位的变化关系。
- 分析一回路冷却剂温度和温差的变化规律。
- 分析二回路汽机功率、汽机转速和蒸发主阀门、GCT 开度的关系。
- 分析上充流和下泄流的变化关系。
- 分析 PZR 各参数的变化规律。
- 分析 SG 各参数的变化规律。
- 结合安注、冷段喷淋和比例式加热器的功率变化，进行安注流量、冷段喷淋、比例加热器、PZR 压力、SG 蒸汽流量和主蒸汽流量的周期性随动变化分析。
- 分析海水温度、氙毒反应性变化原因，并做出预测。

5.1.5 思考题

(1)PZR 压力开始为何出现短时间增加？随后在 9min 左右的升幅突增是何原因？

(2)REA-RCV 自动补给为何投入？投入几秒后又为何消失？其间的变化对于安注流量和冷段喷淋有何影响？

(3)比例式加热器和冷段喷淋的周期性变化对 PZR 压力和水位有何影响？

5.2 RCV 系统故障

5.2.1 实验原理

RCV 系统主要故障见表 5-2。

表 5-2　**RCV 系统故障**

名　称	位　置
上充泵跳闸	RCV001PO、RCV002PO、RCV003PO
上充流量调节阀卡死	046VP
流量计上游上充管线泄漏	RCV018MD 上游
再生热交换器与 050VP 间管线泄漏	RCV001EX～RCV050VP 之间
再生热交换器管束破裂	RCV001EX
容控箱液相泄漏	RCV002BA
低压下泄阀下游与三通阀上游的下泄管线泄漏	RCV013VP～RCV017VP
误稀释	REA
误硼化	REA
容控箱液位漂移	RCV002BA
下泄孔板后压力漂移	RCV001DI、RCV002DI、RCV003DI

本次实验以 RCV002PO 跳闸为代表故障进行故障分析。主要针对：堆芯参数、一回路温度、稳压器(PZR)参数、上充流和下泄流主参数作为主要检测数据。

(1)堆芯参数包括：核功率、堆芯功率、堆芯反应性、控制棒位等。

核功率、堆芯功率主要由堆芯反应性的变化决定，而堆芯的反应性可以由以下两种方式控制：

①依靠控制棒组件的插入或提升；

②依靠 RCV 系统调整溶解于冷却剂中硼的浓度来控制反应性。

另外，由于压水堆冷却剂的负温度效应，一回路温度的变化也会对堆芯反应性产生一定影响。

(2)PZR 参数包括：PZR 压力、PZR 水位、PZR 参考液位、比例式加热器功率、冷段喷淋流量等。

正常运行时，一回路压力保持在整定值附近允许限制内，压力整定值不受运行功率和一回路平均温度的影响，保持恒定。降低反应堆冷却剂系统的压力由连续喷淋实现。冷却剂系统冷管段引入的冷却水保持稳压器内部水的温度与化学成分的均匀性，并在喷淋阀开启时降低热冲击造成的局部热应力。

在稳态工况下，比例式加热器功率应等于稳压器散热功率与补偿连续喷淋流量的热功率之和。当压力降低时，比例式加热器的功率自动增大；当压力升高时，则自动降低比例式加热器的功率。通断式加热器在反应堆启动及反应堆冷却剂压力下降较大时投入工作。

PZR 水位相对于参考水位的正常变化控制着化学和容积控制系统上充回路的调节阀。对于某给定功率，调节系统计算出水位整定值，并且用调节化学和容积控制系统上充流量的方法保持水位在整定值。

若水位超过整定值(从+5%开始)，通断式加热器投入运行，用以蒸发一部分水；若稳压器水位大于稳压器 86%而功率又超过额定功率的 10%，则由反应堆保护系统发出紧急停堆信号。

若稳压器水位低于整定值(从-5%开始)，则发出红色报警信号。当稳压器水位在 14%时，加热器全部断开，通向化学和容积控制系统的下泄阀关闭。当稳压器水位在 5%时，稳压器低水位兼低压，安注系统动作。

(3)上充流和下泄流。

RCV 中的调节阀 RCV046VP、RCV013VP 和 RCV061VP 分别为上充、下泄和密封注入调节阀。阀门 RCV013VP 为下泄管路中的调节阀，与上游的压力表相连，其目的是防止下泄流在管道中汽化。RCV046VP 的开度与一回路稳压器液位关联。

5.2.2 操作步骤

(1)启动模拟机，完成反应堆正常启动(见启动操作规程)，保持 TEP 流量为 4%。

(2)在教练员机选择：故障→故障列表→RCV→RCV002PO 跳闸；在延时时间栏输入 00：00：10，即 10s 插入故障。

(3)打开检测曲线，观测上充流量、下泄流量。

(4)监测 PZR 水位、比例加热器功率、容控箱压力。

(5)将操作员台切为 RCV 系统图，监测上充压力、下泄阀出口参数、下泄阀开度。

(6)记录报警信号，参考如下：

①下泄管线温度高(开始有 41.5℃，18min 左右后无)；

②上冲管线压力低；

③上冲管线流量异常；

④主泵轴封水流量低；

⑤随后出现上充管线温度低，稳压器水位低于设定值。

(7)打开截图软件，对 20s 内的上充流量做出图像记录。

(8)对 20s 内的下泄流量做出图像记录。

(9)对 20s 内比例式加热器功率的变化曲线进行记录并与上充流和下泄流变化做出时间相关性比较，参考图如图 5-8 所示。

(10)对 25min 内比例式加热器功率变化做出记录，参考图如图 5-9 所示。

(11)对 1h 内的容控箱和 PZR 参数做出图像记录，参考图如图 5-10 和图 5-11 所示。

(12)运行 200min 左右记录各主要数据，做出表格，与正常工况做比较。

(13)分析各项报警信号与参数变化的关系，分析各参数变化的内在联系。

5.2.3 注意事项

- 在 RCV002PO 跳闸故障中，要在开始阶段迅速记录下泄热交换器 RCV002RF 的出口参数，注意报警信号中下泄关系温度高在 18min 左右的消失。
- 在 RCV002PO 跳闸故障中，要关注上充管线温度低、稳压器水位低于设定值报警信号出现的时间以及出现时相应的 PZR 水位。
- 在 RCV002PO 跳闸故障中，要在开始阶段关注下泄阀 RCV013VP 开度变化。

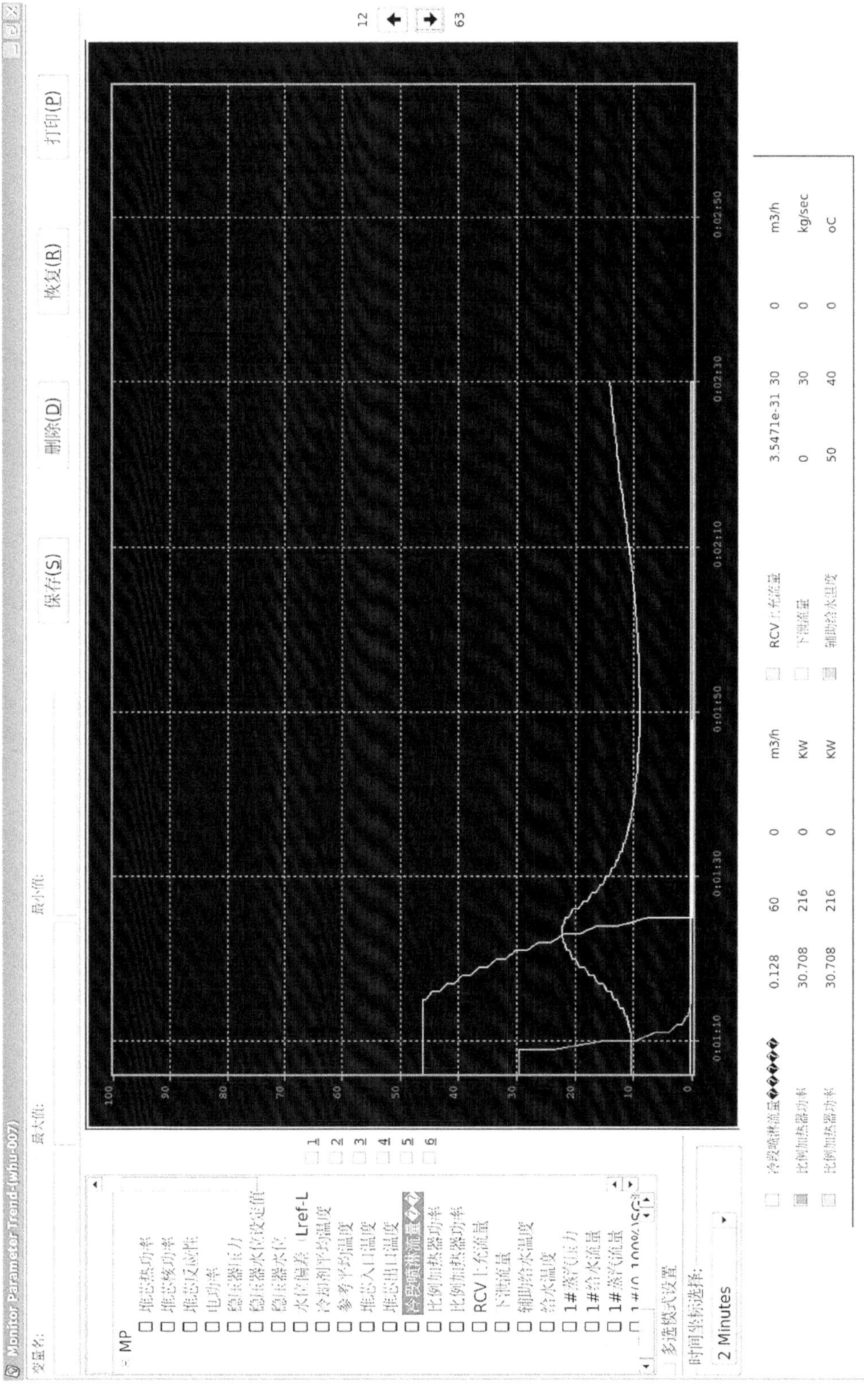

图 5-8 上充、下泄和比例式加热器功率

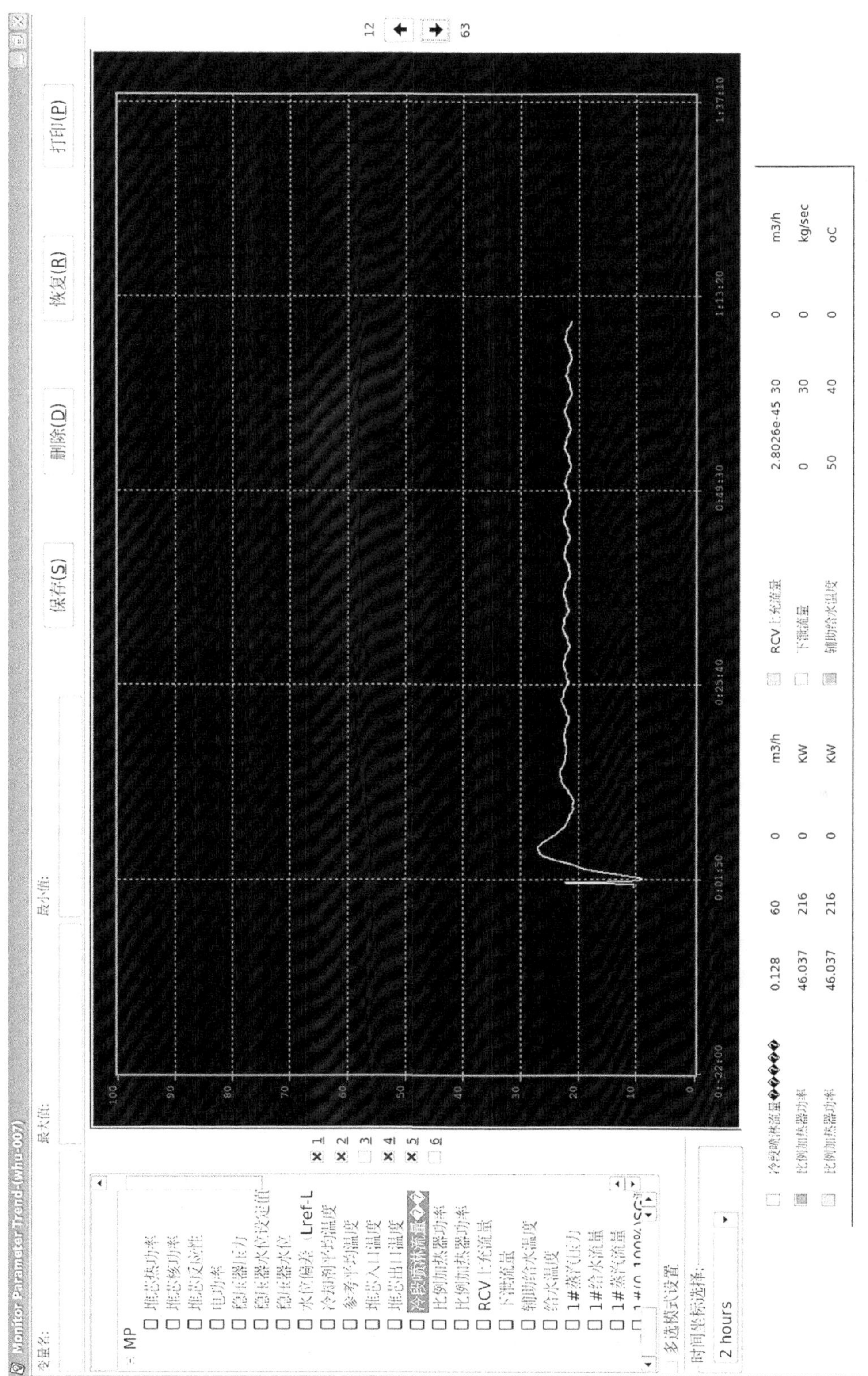

图 5-9 比例式加热器功率

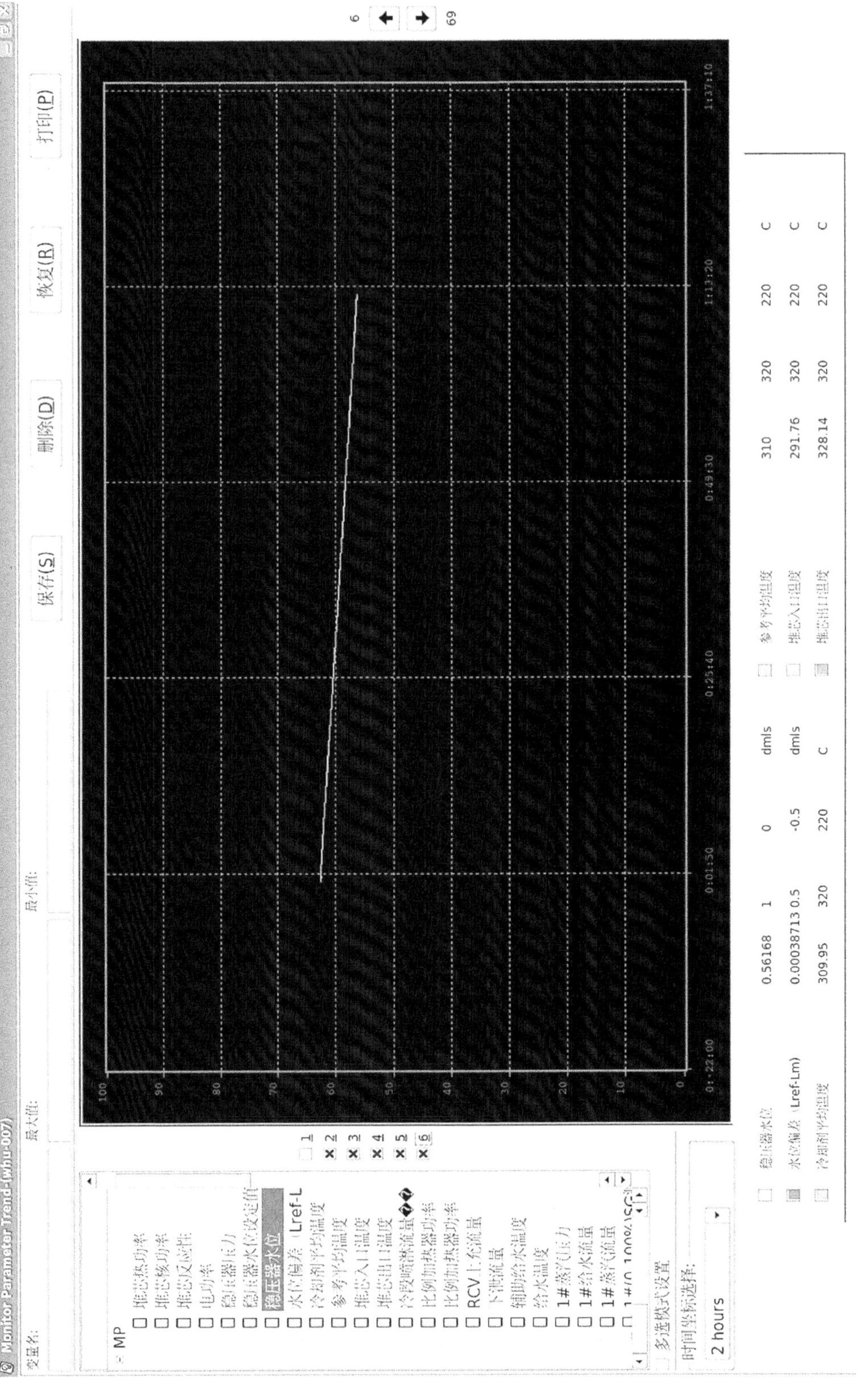

图 5-10　容控箱压力和水位

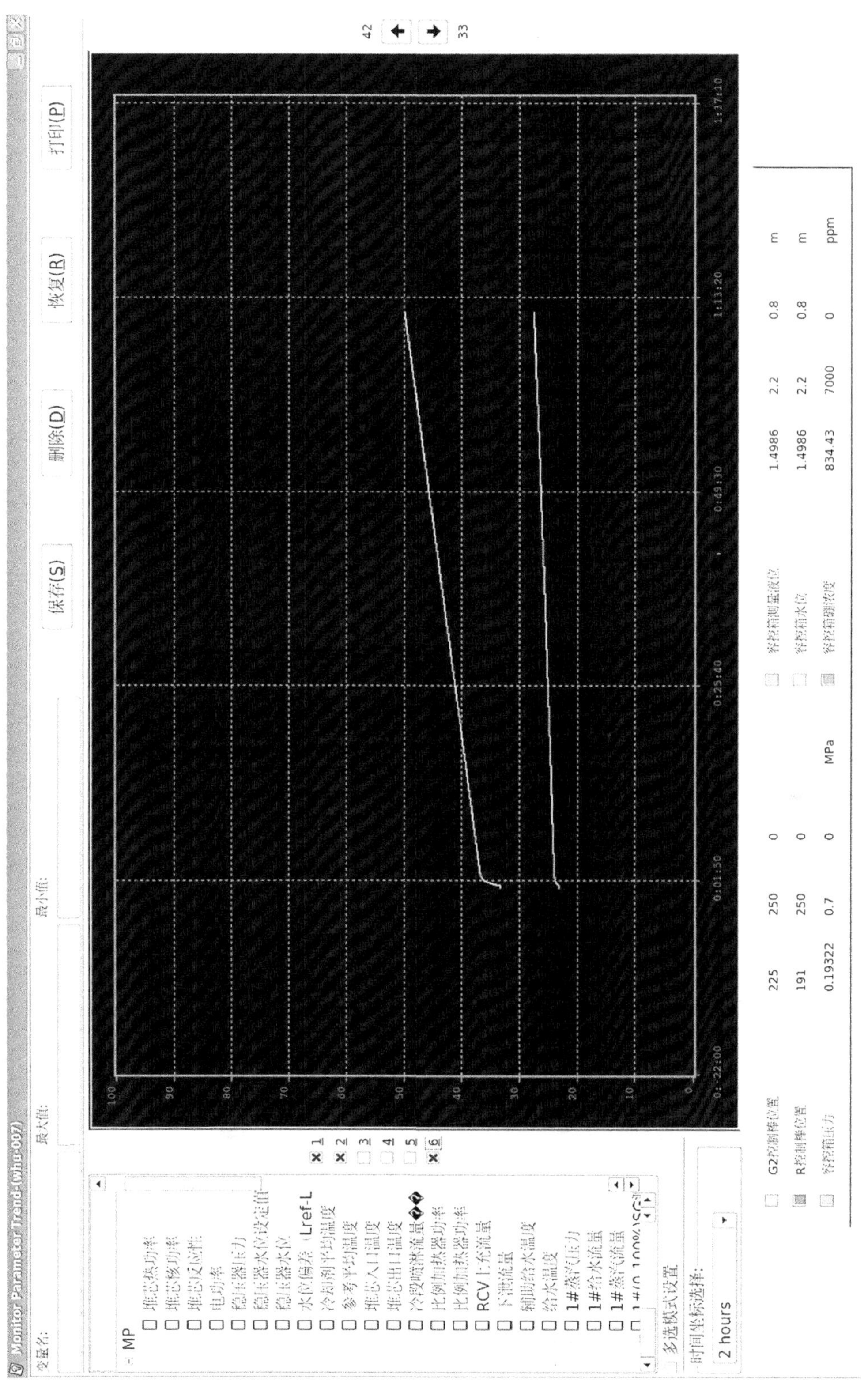
Monitor Parameter Trend-(whu-007)
保存(S)
删除(D)
恢复(R)
打印(P)
G2控制棒位置 225 250 0
R控制棒位置 191 250 0
容控箱压力 0.19322 0.7 0 MPa
容控箱测量液位 1.4986 2.2 0.8 m
容控箱水位 1.4986 2.2 0.8 m
容控箱硼浓度 834.43 7000 0 ppm
2 hours

图 5-11　稳压器水位

5.2.4　结果分析

- 分析上充流量和下泄流量及其阀门开度的变化关系。
- 分析堆芯反应性的变化原因。
- 分析上充和下泄流量变化与比例式加热器功率变化的关系。
- 分析 PZR 水位和比例式加热器功率的关系。

5.2.5　思考题

(1)013VP 何时关闭？为何会关闭？

(2)046VP 的变化是怎样的？为什么？

(3)下泄管线的温度如何变化？为什么？

5.3　RRA 系统故障

5.3.1　实验原理

压水堆核电厂反应堆运行时，核反应产生的能量由反应堆冷却剂系统通过蒸汽发生器的二次回路传热导出。反应堆停堆后，堆芯内由裂变产物产生的剩余功率发热在很长一段时间内仍需要导出。停堆初期几个小时内堆芯余热仍由蒸汽发生器通过二回路以蒸汽形式排放，而此后则由余热排出系统来承担。因此，反应堆余热排出系统又称停堆冷却系统。余热排出系统导出的堆芯热量将通过设备冷却水系统、安全重要厂用水系统传递到最终热阱。余热排出系统通常在反应堆冷却剂系统冷却剂温度降至 180℃、压力降至 30bar 后投入，将堆芯余热导出。除导出余热的功能之外，余热排出系统还可承担反应堆换料水池水的传输、联合化容系统下泄对冷却剂进行净化过滤以及在低温运行时为反应堆冷却剂系统提供超压保护等辅助功能。

RRA 系统基本流程图如图 5-12 所示。

RRA 系统由两台热交换器(RRA001RF、RRA002RF)、两台余热排出泵(RRA001PO、RRA002PO)及有关管道、阀门和运行控制所必需的仪器仪表组成。余热排出系统的进水管连接到反应堆冷却剂系统(RCP 系统)2 号环路的热段，回水管连接到 RCP 系统 1 号和 3 号环路的冷段。这两根回水管也连接中压安注系统的安注管线。余热排出泵与 2 号环路热段接管间并列布置有双管线，每条管线上设有两个隔离阀(RCP212VP、RRA001VP 和 RCP215VP、RRA021VP)。每条通向 1 号和 3 号环路冷段的回水管上，各设置一个电动隔离阀和一个止回阀(RRA014VP、RCPl21VP 和 RRA015VP、RCP321VP)。余热排出泵从 RCP 系统 2 号环路热段吸入冷却剂，并将冷却剂打入泵出口母管。母管上设置有两个卸压阀组，用于 RCP 系统低温运行时的超压保护。卸压阀组卸压时排向 RCP 系统卸压箱。余热排出泵出口冷却剂经母管进入两台热交换器，通过热交换器将热量传给设备冷却水系统(RRI 系统)冷却水。热交换器进出口两端设有一条旁路管线。冷却剂经热交换器后汇总，然后一分为二，分别与 1 号和 3 号环路冷段的中压安注管线相接，一起进入 RCP

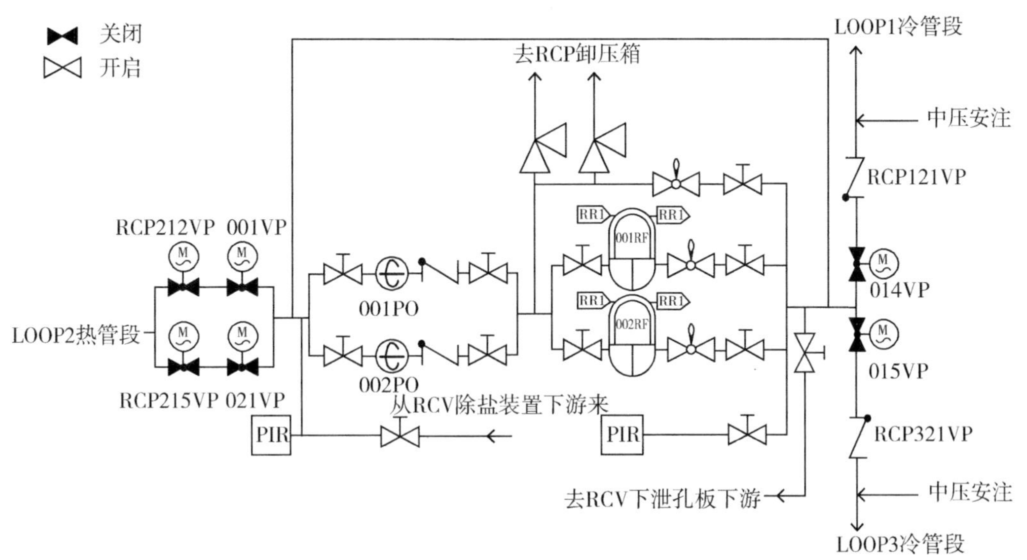

图 5-12 RRA 系统基本流程

系统。

在热交换器出口总管上引出一条泵的最小流量循环管线，用于保护余热排出泵，防止泵体过热和丧失吸入的流量，管线上无任何阀门。热交换器所在管线调节阀用于调节通过热交换器的冷却剂流量，以达到控制 RCP 系统冷却剂升温、降温速率和控制冷却剂温度的目的。而旁路管线调节阀则用来调节总流量并使其保持流量恒定。另外，在余热排出泵出口总管上还引出一条到化容系统(RCV 系统)下泄孔板下游的低压下泄管线，一条到反应堆和乏燃料水池冷却与处理系统的连接管线。在泵吸入口母管上同样有一条来自 RCV 系统净化回路下游的回水管线和一条来自 PTR 系统的连接管线。

RRA 系统故障包括如表 5-3 所示内容：

表 5-3 **RRA 系统故障**

名　　称	位　　置
RRA 破口泄漏	RRA006MD 下游及 RRA014VP/RRA015VP/RRA114VP 上游
RRA 泄压阀全开位置卡住	RRA001VP、RRA021VP
余热排出泵跳闸	RRA001PO、RRA002PO
安注泵跳闸	RIS001PO、RIS002PO
RRA 热交换器泄漏	RRA001RF、RRA002RF

5.3.2 操作步骤

本实验以 RRA 泄漏为代表故障。

(1)启动模拟机，选择初态→冷停堆工况，稳定运行 5min，记录主要参数的数据。

(2)在教练员台选择故障→故障列表→RRA→RRA 泄漏，选择 0.1 小破口，延时 20s 插入。

(3)在操作员面板记录报警信号。

(4)打开操作员台界面的监测曲线，打开截图软件。

(5)在初期关注 RRA 流量、堆芯冷却剂温度、堆芯流量，做出图像记录。

(6)随后对稳压器水位、稳压器压力、比例式加热器功率、冷段喷淋、蒸发器流量、安注流量做出图像记录。

(7)对安全壳压力、安全壳温度以及容控箱水位、压力、下泄流量做出图像记录。

(8)故障运行一段时间后，在表格中记录数据。

(9)进行结果分析。

5.3.3 注意事项

- 破口大小可任意设置，可分为大破口和小破口分别实验，参考值：0.1~0.3 小破口；0.4~0.6 大破口。
- 注意观测 PTR 系统数据。
- 注意 REA 自动补给的动作状态，并做好记录。

5.3.4 结果分析

- 分析堆芯流量与堆芯冷却剂温度、PZR 压力、PZR 水位的变化关系。
- 分析 PZR 压力、比例式加热器功率、冷段喷淋、REA 自动补给流量、安注流量和蒸汽流量的变化关系。
- 分析下泄流量、容控箱水位、压力的变化原因。
- 分析安全壳压力、温度变化的原因。

5.3.5 思考题

(1)分析 AP1000 与 M310 堆型余热排出系统的差异，说明非能动 RRA 系统的优势。(参见：王建伟. AP1000 与 M310 堆型余热排出系统的差异分析[J]. 核动力工程，2009，30(6).

(2)在大破口泄漏与小破口泄漏中，堆芯冷却剂温度变化梯度有什么相同或不同?(参考：陈巧艳，汪俊，王世民. 岭澳二期工程维修冷停堆工况余小破口严重事故分析 . 第十届全国反应堆热工流体力学会议论文集.)

5.4 VVP 系统故障

5.4.1 实验原理

主蒸汽系统将蒸汽发生器产生的新蒸汽输送到主汽轮机及其他用汽设备和系统，这些系统和设备如下：

- 主汽轮机高压缸(GPV)

- 汽轮机轴封系统(CET)
- 汽水分离再热器系统(GSS)
- 蒸汽旁路排放系统(GCT)
- 主给水泵汽轮机(APP)
- 辅助给水泵汽轮机(ASG)
- 除氧器(ADG)
- 蒸汽转换器(STR)

每根主蒸汽管道装有七个安全阀，分成两组。第一组 3 个，为动力操作安全阀，压力整定值为 8.3MPa.a。第二组 4 个，为常规弹簧加载安全阀，压力整定值为 8.7MPa.a。大气排放系统接头和辅助给水泵汽轮机供汽接头接在主隔离阀上游，保证当主蒸汽隔离阀关闭时大气排放系统和辅助给水系统能正常工作。

在蒸汽母管两端引出的延伸管接有 GCT 的 12 个通往冷凝器的蒸汽排放控制阀以及去主给水泵汽轮机、除氧器、蒸汽转换器、汽水分离再热器和轴封系统的供汽管。

在电站正常运行期间，主蒸汽隔离阀开启，在事故紧急情况下阀门会在 5s 内自动关闭。主蒸汽安全阀是防止一、二回路超压的安全保护措施，具体功能如下：

- 为蒸汽发生器二回路侧和主蒸汽系统提供超压保护。
- 防止一回路过热和超压。
- 限制蒸汽释放流量以防止堆芯过冷。

VVP 系统可能遇到的故障和现象有：

- 一只主蒸汽隔离阀意外关闭，发生故障的蒸汽发生器中压力升高，而未受影响的蒸汽发生器蒸汽流量迅速增加，压力下降，引起保护系统动作。
- 三只主蒸汽隔离阀意外关闭，导致主蒸汽系统的压力和温度升高，安全阀动作防止系统超压，有关保护信号触发反应堆紧急闭停。
- 一只蒸汽发生器安全阀意外开启，引起蒸汽失控释放，蒸汽大量流失，反应堆冷却剂迅速冷却，稳压器低水位和低压信号触发安注系统动作。
- 蒸汽管道破裂：主蒸汽系统中一根蒸汽管道破裂，导致蒸汽失效排放，反应堆冷却剂系统迅速冷却，反应堆因超功率而紧急停闭，安注系统投入运行。

VVP 系统主要故障见表 5-4。

表 5-4　**VVP 系统主要故障**

名　　称	位　　置
主蒸汽管道安全壳内破裂	一回路蒸汽管道
主蒸汽向冷凝器排放阀卡死	冷凝器
高压缸进汽阀卡死(卡在当前位置)	高压缸
蒸发器安全阀卡开	蒸发器安全阀
主蒸汽隔离阀故障关闭	主蒸汽隔离阀
旁排压力定值漂移	GCT

5.4.2 操作步骤

本实验以 1#主蒸汽管道安全壳内破裂为代表故障。

(1)启动模拟机，正常启动反应堆，稳定运行，记录主要数据。

(2)在教练员台选择故障→故障列表→VVP→1#主蒸汽管道安全壳内破裂，选择大破口(0.45)，延时 20s 插入，无渐变。

(3)打开监测曲线。

(4)在操作员台记录报警信号。

(5)打开截图软件，对监测曲线上的反应堆芯功率、反应性、堆芯核功率做出图像记录。

(6)对冷却剂平均温度、SG 蒸汽压力、蒸汽流量、主阀门和 GCT 开度、PZR 压力做出图像记录。

(7)对比例加热器、冷段喷淋、上充流量、下泄流量做出记录。

(8)对安注流量、安全壳温度、安全壳压力做出图像记录。

(9)对控制棒位、凝汽器压力、高压缸压力做出图像记录。

(10)稳定运行一段时间后，记录故障运行数据，与正常数据比较，做出结果分析。

5.4.3 注意事项

- 注意堆芯反应性的变化，并与安注投入结合。
- 注意自动补给系统的流量变化。
- 不同大小的破口故障现象不同，建议进行多次实验，注意尝试找到最大破口值。
- 不同初始功率下，故障现象会有不同变化，建议进行分次实验。

5.4.4 结果分析

- 分析堆芯参数和控制棒位变化的原因。
- 分析 PZR 参数变化的原因，结合冷段喷淋、比例式加热器功率和安注流量，分析上充流和下泄流的变化原因。
- 分析安全壳温度和压力变化的原因。
- 分析 SG 参数、主蒸汽流量、各蒸汽阀门开度变化的关系。
- 分析凝汽器和高压缸排汽压力变化的原因。

5.4.5 思考题

(1)故障运行中堆芯可能重返临界，反应性出现回升恢复功率，这是为什么？

(2)电厂初始功率对故障现象存在影响，为什么？(参考：张渝. 安全壳内 MSLB 事故下的质能释放与安全壳行为分析[J]. 核动力工程，2002，23(5).)

(3)破口大小对故障现象影响较大，但存在一个极限大破口，大于该值的破口大小，都不能引起更大的破口流，为什么？(参考：张渝. 安全壳内 MSLB 事故下的质能释放与安全壳行为分析[J]. 核动力工程，2002，23(5).)

5.5 ARE 系统故障

5.5.1 实验原理

由于压水堆主给水系统设计上的脆弱性，主给水丧失瞬变是较易发生的故障，其发生原因可能是给水泵或增压泵或凝结水泵停运，也可能是给水管道破裂。

ARE 系统主要故障见表 5-5。

表 5-5　**ARE 系统主要故障**

名　称	位　置
主给水丧失	主给水泵、凝结水泵
给水管道安全壳内破裂	1#、2#、3#主给水管道
辅助给水丧失	辅助给水系统
蒸发器参考液位漂移	1#、2#、3#蒸发器

单纯的主给水丧失或流量降低事件一般没有严重后果。主给水流量减少使蒸汽发生器产生低水位信号和给水—蒸汽流量失匹信号触发停堆、停汽轮机。此后，辅助给水自动投入，蒸汽被旁路排放到主冷凝器，或通过主蒸汽管线卸压阀与安全阀直接排入大气，反应堆可以安全地转入冷停堆工况。由于二次侧排热减少，主系统温度及稳压器液位会有所上升，然而稳压器不会满溢，因而不会有冷却剂流失。蒸汽发生器水位虽有所下降，但仍有足够的余热排出能力，因而不会有元件损伤。

主给水丧失瞬变之所以引起关注，主要不是瞬变本身的后果，而是主给水丧失后失去全部给水(如三里岛事故)或不能紧急停堆(ATWS)所引起的潜在威胁。

主给水管道隔离阀以内(蒸汽发生器一侧)的破裂属于主给水管道破裂事故，事故不但导致丧失给水能力，而且破损蒸汽发生器二次侧原有存水也会从破口处迅速流失，该台蒸汽发生器二次侧压力不可控下降，这是一个相对来说后果最不严重的极限 DBA 事件。由于主给水故障或管道破口造成一次侧冷却不足，一次侧会产生压力峰值。就给水管道破裂事故的保守分析而言，为了得到高的压力峰值，必须对破口大小作敏感性分析，找到极限破口尺寸。研究发现，较迟的紧急停堆、较少的二次侧初装水量、较低的给水焓，将引起较高的峰值压力。

5.5.2 操作步骤

本次实验以 1#主给水管道安全壳内破裂为代表故障。

(1)启动模拟机，正常启动反应堆，稳定运行，记录主要参数。

(2)在教练员台选择故障→故障列表→ARE→1#主给水管道安全壳内破裂，选择小破口(0.1)，延时 20s 插入，无渐变。

(3)打开监测曲线。

(4)在操作员台记录报警信号，并注意各给水系统阀门开度变化。操作界面如图 5-13 所示。

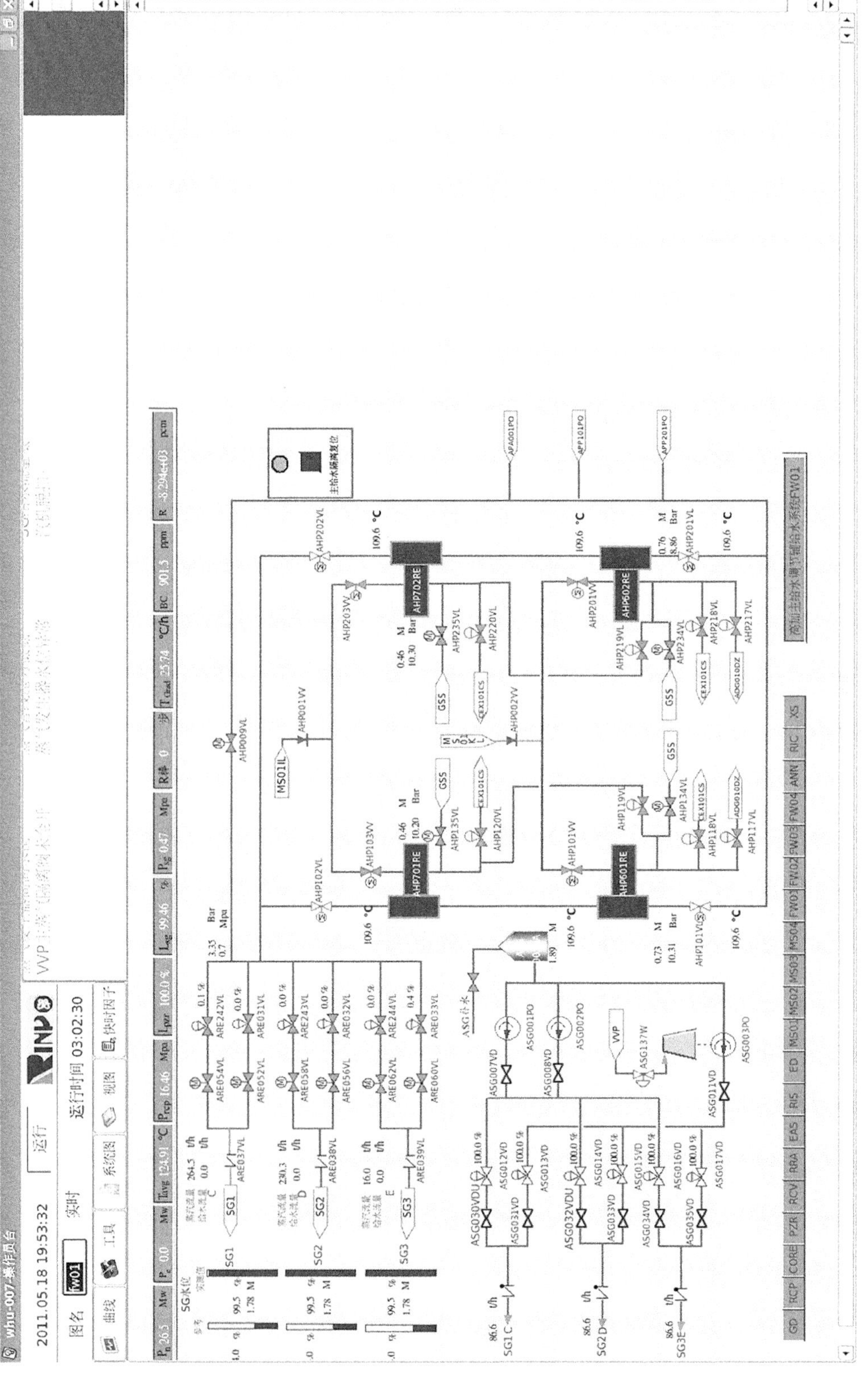

图 5-13　给水系统操作界面

(5)打开截图软件，对监测曲线上的控制棒位、反应堆芯功率、反应性、堆芯核功率和 SG 水位做出图像记录。

(6)对冷却剂平均温度、SG 蒸汽压力、蒸汽流量、主阀门和 GCT 开度、PZR 压力做出图像记录。

(7)对比例加热器、冷段喷淋、上充流量、下泄流量做出记录。

(8)对辅助给水流量做出图像记录。

(9)对安全壳内温度和压力做出图像记录。

(10)稳定运行一段时间后，记录故障运行数据，与正常数据比较，做出结果分析。

5.5.3 注意事项

- 注意记录 PZR 的压力峰值，并与 PZR 安全阀组动作整定值(17.25MPa)做出比较。
- 注意安全壳喷淋系统是否投入。
- 注意非故障的蒸汽发生器最小给水流量。

5.5.4 结果分析

- 分析 SG 水位、冷却剂均温、堆芯反应性与辅助给水流量的变化关系。
- 分析 PZR 参数与冷段喷淋、比例式加热器功率、安注流量的变化关系。
- 分析安全壳内压力、温度与安全壳喷淋量的变化关系。
- 分析堆芯功率、控制棒位与 PZR 压力和 SG 水位的关系。

5.5.5 思考题

(1)PZR 安全阀是否会打开？为什么？

(2)通过模拟机实验，分析三里岛核事故的原因及过程。

第 6 章　核电站虚拟换料过程实验

6.1　实验目的

- 了解并掌握压水堆核电站的换料过程。
- 了解并熟悉虚拟仿真系统中的虚拟换料系统。
- 利用虚拟换料系统，参照实验指导书能够独立自主地完成整个虚拟换料过程，加深对换料过程的学习。

6.2　实验基本原理

利用虚拟换料系统模拟运行反应堆换料过程的操作，并在虚拟换料系统上手动进行虚拟换料。

6.3　主要实验设备

中核集团核动力运行研究所核电仿真中心为核电站开发了用于工作人员操作培训的虚拟仿真系统。结合该单位的研究成果，武汉大学与其合作建成了国内先进的核电站虚拟仿真实验室。武汉大学核电站虚拟仿真实验室系统包括虚拟主泵装配系统、虚拟反应堆组件系统、虚拟核电站漫游系统、虚拟蒸汽发生器组件系统及开盖与换料过程仿真系统。

核电站虚拟仿真系统主要硬件为高端 PC 机或者图形工作站等。CPU 配置为：CPU 双核 2.4GHz 以上，内存 2G 以上，专业显卡显存 512M 以上；图形工作站配置为：CPU2 个 3.6GHz 以上，内存 4G 以上，专业显卡显存 512M 以上。

实验主要利用开盖与换料过程仿真系统进行换料过程的模拟。

6.4　实验学时及教学形式

实验总共 2 学时，主要教学形式为：学生实验前预习实验指导书，并写出预习报告，了解并掌握实验基本原理和方法，通读虚拟换料系统的实验说明；教师进行有针对性的指导，但具体由学生自主动手完成换料过程模拟。

6.5 实验系统说明

6.5.1 系统界面

运行虚拟反应堆开盖与换料系统，弹出如图 6-1 所示的软件界面。

图 6-1 虚拟换料仿真系统主界面

6.5.2 系统主界面说明

系统主界面主要包括：菜单栏与工具栏，提供软件操作的相关接口；三维窗口，显示任意状态下操作的响应三维画面。如图 6-2 所示。

图 6-2 系统主界面

菜单栏中“设置运行速度”有 1/2 倍、1 倍、2 倍、4 倍和 8 倍于正常速度，操作过程中可做相应调整。“模型操作”可进行模型选择、模型取消等。“视点操作”中“选取视点”有多个系统默认的视点，可进行切换，操作者还可以进行自选视点的保存、读取等。“设置漫游速度”可以设置鼠标和键盘的操作速度。另外，可利用“视频录制”对整个换料过程进行视频记录。

6.5.3　菜单功能说明

菜单栏中重要的“环吊操作台”“换料机操作台”“乏燃料操作台”分别连接相应的操作控制界面，如图 6-3、6-4、6-5 所示。

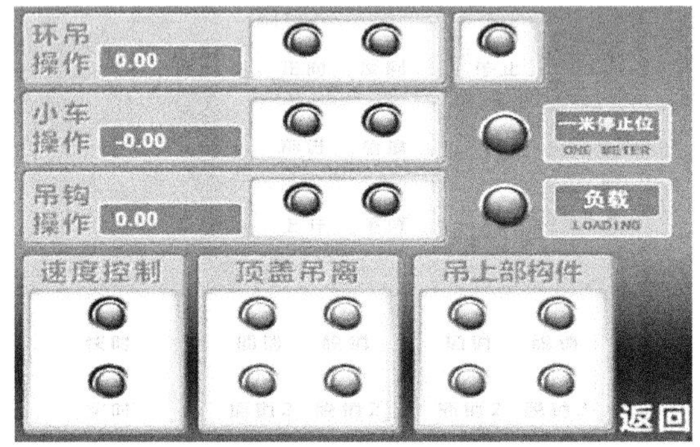

图 6-3　环吊操作控制界面

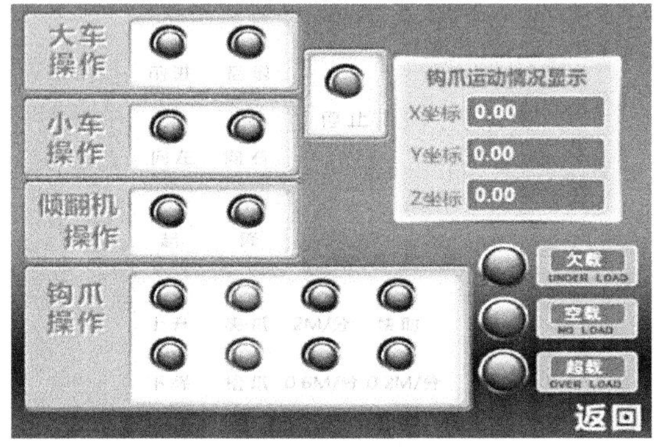

图 6-4　换料机操作台控制界面

模拟换料机操作台上的“大车操作”用来控制换料主行车的运动，单击“前进”“后退”使其在反应堆水池和构件水池上平移。“小车操作”用来控制换料小车的运动，单击“向左”“向右”使其在换料车大车上左右平移。“倾翻机操作”用来控制倾翻机的起降，单击“起”“降”可使倾翻机升起和下降。“钩爪操作”用来控制钩爪的运动和抓取，单击“上升”“下降”可使换料机钩爪做上升和下降运动，单击“夹爪”可使钩爪抓取燃料组件，单击“松爪”可使钩爪放下燃料组件。“2m/min”“0. 6m/min”“0. 2m/min”“快时”表示运动的速度。

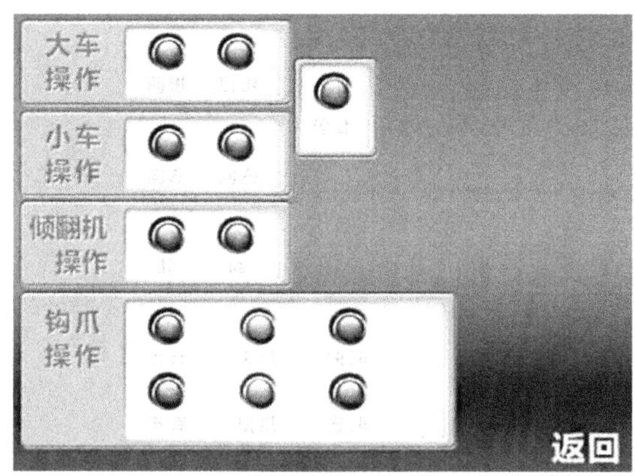

图 6-5　乏燃料桥吊操作台控制界面

“2m/min”“0.6m/min”“0.2m/min”表示实际的速度，单击可以进行切换。“快时”是在原有速度的基础上进行加倍。“停止”按钮用来停止换料车的运动，单击可使换料车停止运动。“返回”按钮是回到上一级流程。

模拟乏燃料桥吊操作台上的“大车操作”用来控制桥吊主行车的运动，单击“前进”“后退”使其在乏燃料水池上平移。“小车操作”用来控制桥吊小车的运动，单击“向左”“向右”使其在桥吊大车上左右平移。“倾翻机操作”用来控制倾翻机的起降，单击“起”“降”可使倾翻机升起和下降。“钩爪操作”用来控制钩爪的运动和抓取，单击“上升”“下降”可使换料机钩爪做上升和下降运动，单击“夹爪”可使钩爪抓取燃料组件，单击“松爪”可使钩爪放下燃料组件。“快速”“慢速”控制整个桥吊的运动速度。“返回”按钮是回到上一级流程。

“顶盖吊离”和“卸燃料组件”等下面分别是相应的操作流程，完成装配过程必须按照此操作流程进行。

系统启动时主流程图开启，用于显示装配主流程，如图 6-6 所示。

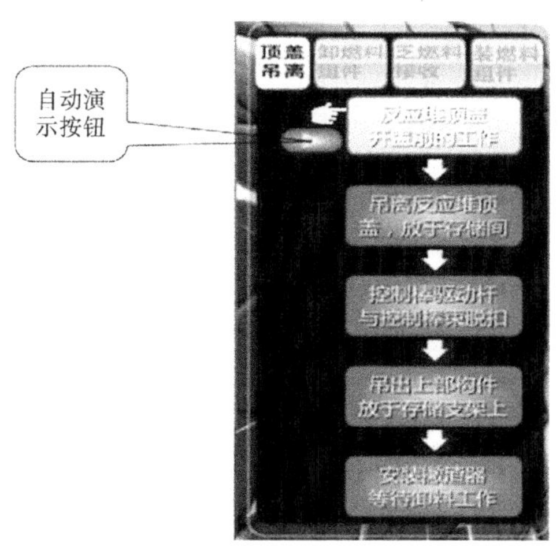

图 6-6　系统启动时的主流程图

6.6　基本操作说明

6.6.1　镜头运动基本操作

- 按“W”键或按住鼠标左键前移，镜头向前运动；
- 按“S”键或按住鼠标左键后移，镜头向后运动；
- 按“A”键，镜头向左移动；
- 按“D”键，镜头向右移动；
- 按“R”键或按住鼠标右键前移，提高镜头；
- 按“F”键或按住鼠标右键后移，降低镜头；
- 按“↑”，镜头向上转动，产生抬头效果；
- 按“↓”，镜头向下转动，产生低头效果；
- 按“←”或按住鼠标左键左移，镜头向左转动；
- 按“→”或按住鼠标左键右移，镜头向右转动；
- 按“Q”键，镜头以设定中心向左环绕；
- 按“E”键，镜头以设定中心向右环绕；
- 同时点击鼠标左右键，镜头方向回到水平位置。

6.6.2　快捷键说明

快捷键功能说明见表 6-1。

表 6-1　**快捷键功能**

序号	快捷键	功能
1	↑　↓　←　→	镜头上下左右转动
2	W、S、A、D	镜头前后左右移动
3	R、F	镜头上下移动
4	Shift+↑　↓　←→WSADRF	镜头加速移动
5	Q、E	镜头左右环视
6	Esc	取消选择
7	1~9	视点 1~9
8	Ctrl+W	窗口全屏显示
9	P	显示帧数

6.7　实验换料操作规程

系统启动时会弹出流程对话框，提示用户按照核电站开盖及换料相应规程进行操作。

每个步骤都有相应的自动演示功能，这里的规程为手动操作规程。

6.7.1　顶盖吊离规程

系统做了几个关键步骤的模拟操作，流程的其他部分采用图片与文字说明的形式进行补充，点击可查看相关说明，亦可从菜单栏中“流程控制”选择查看说明。

1. 反应堆顶盖开盖前的准备工作

单击主流程图界面中的“反应堆顶盖开盖前的工作”按钮，弹出如图 6-7 所示的窗口，其中对开盖前期准备工作进行介绍，可上下滚动鼠标查看。主要步骤包括开盖前期的准备工作、连接螺栓的拆除等，是顶盖吊离前必需的步骤。浏览完之后点击“返回”按钮或者直接关闭浏览窗口返回到主流程界面。此时抗震拉杆和电缆桥架收起。

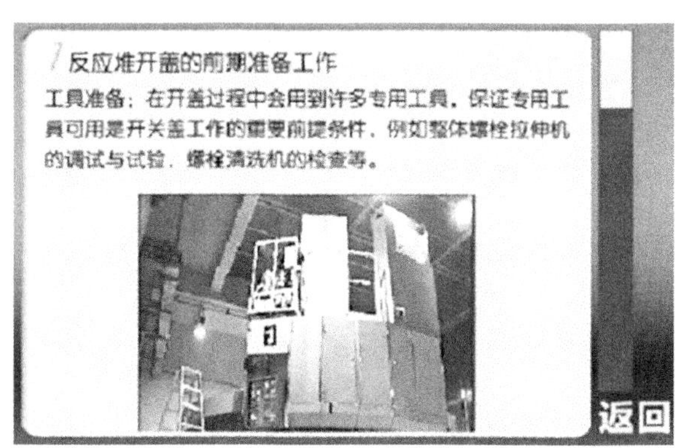

图 6-7　反应堆顶盖开盖前的准备工作

2. 吊离反应堆顶盖放于存储间

完成上一步操作后，主流程会自动跳到下一步操作，说明此步骤完成。

点击相应按钮，弹出如图 6-8 所示的吊离反应堆顶盖流程窗口，按如下规程进行操作：

(1)换料车移至构件水池上方。

此时应先将换料车移至构件水池上方，避免在吊离顶盖的时候与换料车发生碰撞。相应操作为单击“换料车移至构件水池上方”按钮弹出如图 6-4 所示的模拟换料机操作平台。单击“大车操作”下的“后退”按钮，待换料机 Y 坐标移动至−3.15 左右时点击“停止”按钮。单击“返回”按钮，回到“吊离反应堆顶盖流程”窗口。

(2)用环吊吊起大盖起吊装置，移至反应堆上方。

单击相应按钮弹出如图 6-3 所示的模拟环吊操作平台。

单击“环吊操作”下“正向”按钮，待环吊操作的坐标值变化到 63.20 左右时点击“停止”按钮，使环吊转到大盖起吊装置上方。

单击“小车操作”下的“前进”按钮，待小车操作的坐标值变化到 12.22 左右时点击“停止”按钮，使环吊转到大盖起吊装置上方。

单击“吊钩操作”下的“下降”，使吊钩下降到与大盖起吊装置连接处。此时在一定范围内“顶盖吊离”中的“插销”按钮会变亮，如图 6-9 所示，单击“插销”按钮后准备吊起大盖起吊装置。

点击“吊钩操作”下的“上升”按钮，待坐标值变成 0. 00 时停止，点击“环吊操作”下的“反向”按钮，待坐标值变为 40. 00 左右时停止，然后点击“小车操作”下的“后退”按钮，待坐标值变为 0. 00 左右时停止。这样大盖起吊装置位于反应堆上方。吊起大盖起吊装置如图 6-10 所示。

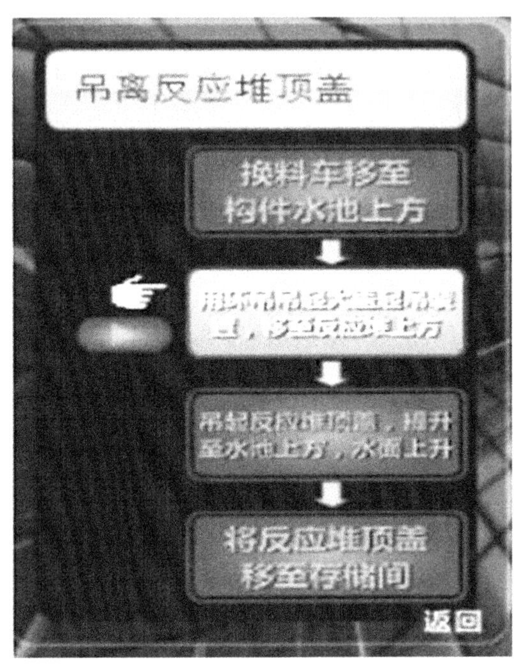

图 6-8 吊离反应堆顶盖流程

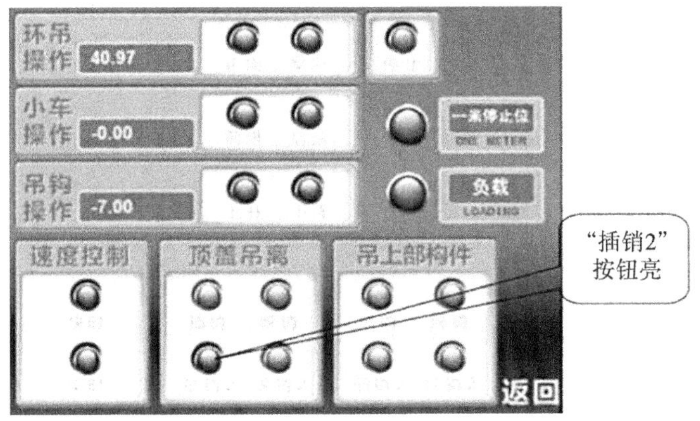

图 6-9 “插销”按钮亮

图 6-10　吊起大盖起吊装置

(3)吊起反应堆顶盖，提升至水池上方，水面上升。

点击“吊钩操作”下的“下降”按钮，下降至一定范围可看到操作界面中顶盖吊离“插销2”按钮闪亮，如图 6-11 所示。

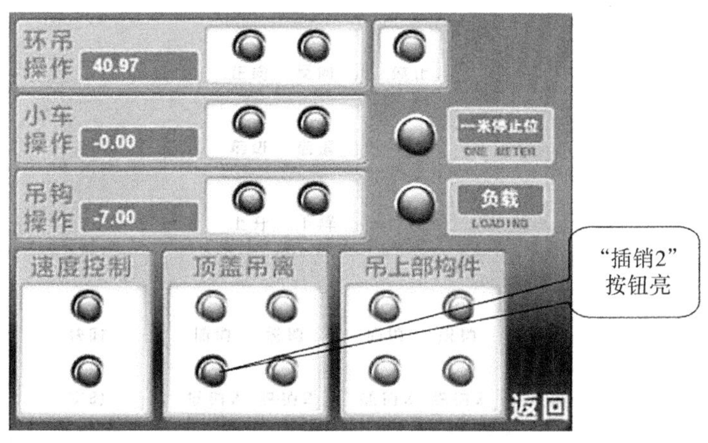

图 6-11　“插销 2”按钮亮示意图

单击“插销 2”按钮，大盖起吊装置与反应堆顶盖结合。

单击“吊钩操作”下的“上升”按钮，提升反应堆顶盖。当反应堆大盖提升到一定高度时，弹出提示“待水位提升后方可继续提升”，如图 6-12 所示，大盖停止上升，等待水池水位上升。当水位上升覆盖整个反应堆时，点击“确定”继续起吊反应堆大盖，此时反应堆大盖底部与水池水面始终保持 1 米左右的距离，直到吊钩操作的坐标值变为 0。

图 6-12　水位上升提示

(4)将反应堆移至顶盖存储间。

点击“环吊操作”下的“反向”按钮，待坐标值变化到 330.00 左右时点击“停止”按钮。然后点击“小车操作”下的“后退”按钮，在反应堆顶盖位于存储间上方一定范围时自动识别，将反应堆顶盖放入存储间，如图 6-13 所示。再单击“顶盖吊离”下的“脱销”，然后点击“吊钩操作”下的“上升”按钮使吊钩回到初始位置，盖板自动关闭。

单击“返回”按钮，进行下一步操作。

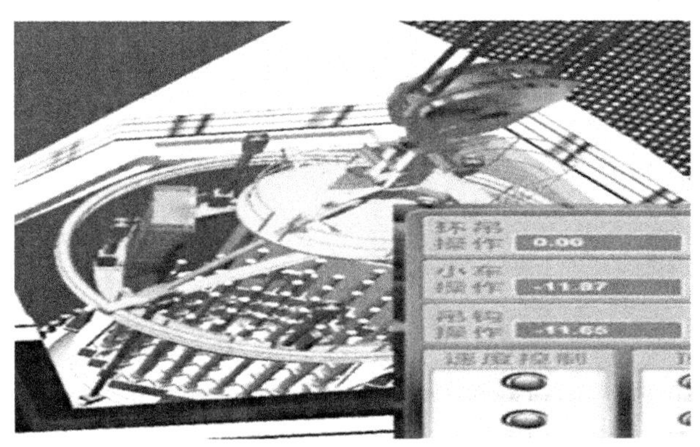

图 6-13　将反应堆顶盖放入存储间

3. 控制棒驱动杆与控制棒束脱扣

单击主流程图中的相应按钮，弹出如图 6-14 所示的窗口，对接下来的流程进行介绍。

浏览完后单击“返回”按钮，进行下一步操作。

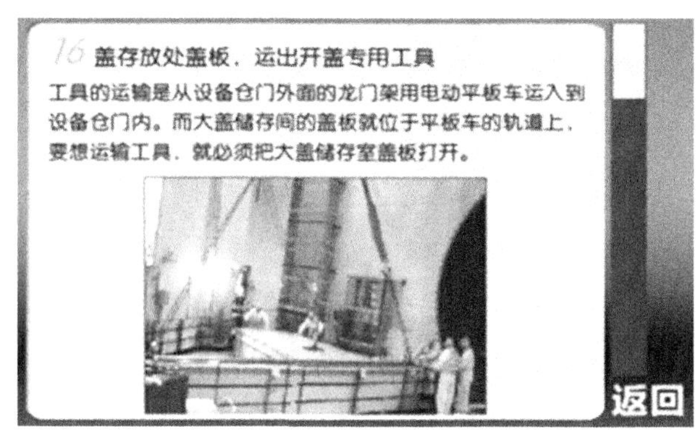

图 6-14　控制棒驱动杆脱扣说明

4. 吊出上部构件放于存储支架上

单击主流程图中相应按钮，弹出吊出上部构件流程界面。

(1)换料车移至水池的反应堆一侧。

在弹出的模拟换料机操作界面中点击“大车操作”下的“前进”按钮，至 Y 坐标值变为 3.85；点击“小车操作”下的“向右”按钮，至 X 坐标值变为 9.85 左右，为了避免碰撞产生，此时再点击“小车操作”下的“向左”按钮，直至 X 坐标值变为 0.00 左右，然后点击“大车操作”下的“前进”按钮，直到停止运动。

(2)用环吊吊起上部构件起吊装置，移至储存支架套上构件保护环。

单击“返回”按钮，回到“吊出上部构件”流程界面，单击相应的按钮，弹出模拟环吊操作界面。点击“环吊操作”的反向按钮，待坐标值变为 309.58 左右时点击“停止”按钮；然后点击“小车操作”下的“前进”按钮，待坐标值变为 14.29 左右时点击“停止”按钮；点击“吊钩操作”的“下降”按钮，在下降的过程中“吊出上部构件”栏下的“插销”按钮会变亮，单击“插销”之后将上部构件起吊工具与环吊结合，如图 6-15 所示。

点击“吊钩操作”的“上升”按钮，当上部构件起吊工具上升到一定高度时，上部构件起吊工具自动去抓取上部构件保护环。

(3)移动上部构件起吊装置至反应堆，吊起反应堆上部构件。

点击“吊钩操作”的“上升”按钮，至坐标值变为-10.68 左右时点击停止按钮；点击“环吊操作”的“正向”按钮，至坐标值变为 275.00 左右时点击“停止”按钮；然后点击“小车操作”的“后退”按钮，在后退的过程中操作界面上的“吊上部构件”中的“插销 2”按钮闪亮，单击后上部构件起吊架就位。

(4)将反应堆上部构件移至储存支架上。

点击“吊钩操作”的“上升”按钮，提示上部构件起吊。起吊上部构件时必须注意，上部构件不能被吊出水面。如果强行起吊，会弹出提示提醒用户，如图 6-16 所示，单击“确定”后继续操作。

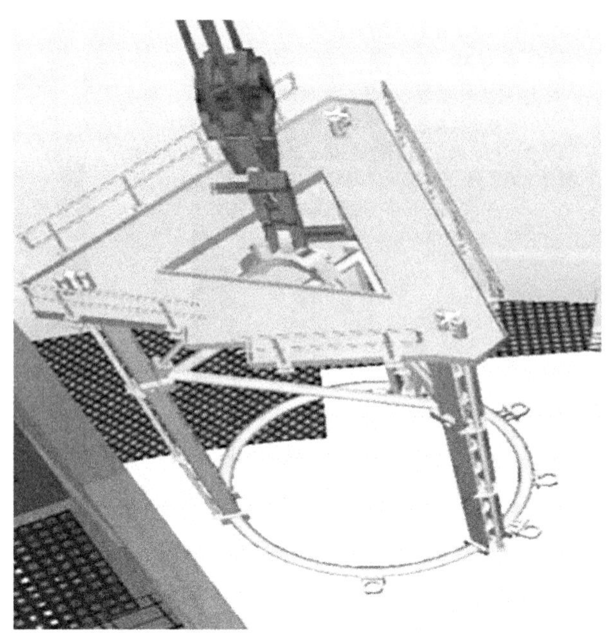

图 6-15　上部构件起吊工具与环吊结合

图 6-16　吊出上部构件提示

点击“环吊操作”的“正向”按钮，至坐标值变为280.00左右时点击“停止”按钮；然后点击“小车操作”的“前进”按钮；在运动过程中会提示产生碰撞，此时调节“环吊操作”的“方向”按钮，至坐标值变为275.0左右；然后点击“小车操作”的“前进”按钮，将上部构件移动到构件水池上方，至合适位置范围后，自动就位于上部构件储存格架。

上部构件就位后，操作平台中“吊上部构件”中的“脱销”按钮闪亮，吊钩与上部构件起吊专用工具脱销；然后点击“吊钩操作”的“上升”按钮，升起吊钩。

5. 安装撇渣器等待卸料工作

单击主流程相应按钮，弹出如图6-17所示窗口，对安装撇渣器等工作进行介绍，浏览完后返回。至此，开盖过程结束，准备下一步卸料操作。

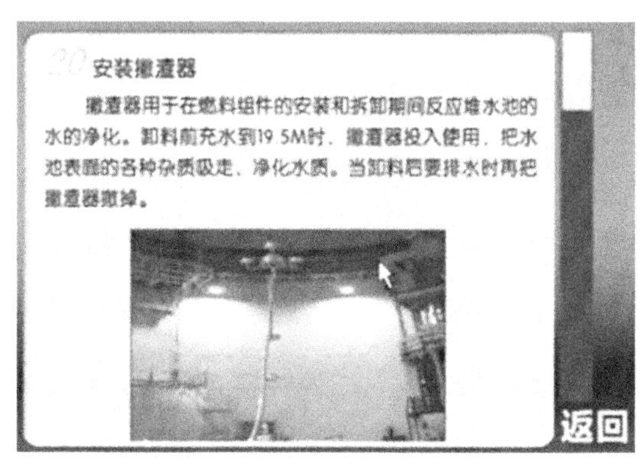

图6-17 安装撇渣器介绍

6.7.2 卸燃料组件

(1)换料车移至反应堆上方，下降夹爪，抓取燃料组件。

单击主流程图中的相应按钮，弹出卸燃料组件流程图。

点击相应按钮，在弹出的模拟换料机操作平台上操作换料机抓取燃料组件；点击“大车操作”的“后退”按钮，至Y坐标值变为6.76左右；点击“钩爪操作”的“下降”按钮，当爪钩下降到一定范围后，“夹爪”按钮闪亮，表示定位准确，可以进行抓取操作。如图6-18所示。

操作过程中应按照卸料操作规程在操作平台上选择合适的速度，当爪钩精确定位时，应选用0.2m/min档位。完成抓取后单击“返回”回到主流程。

(2)提升燃料组件，升倾翻机。

单击“钩爪操作”的“上升”按钮，提升燃料组件。当燃料组件完全提升并收入套筒后，方可移动换料机，如图6-19所示。

单击“倾翻机操作”的“起”按钮，使燃料传输小车的燃料套筒竖起，以便燃料组件的放入。完成后单击“返回”按钮回到主流程。

(3)换料车移至倾翻机上方，将燃料组件放入倾翻机盒内。

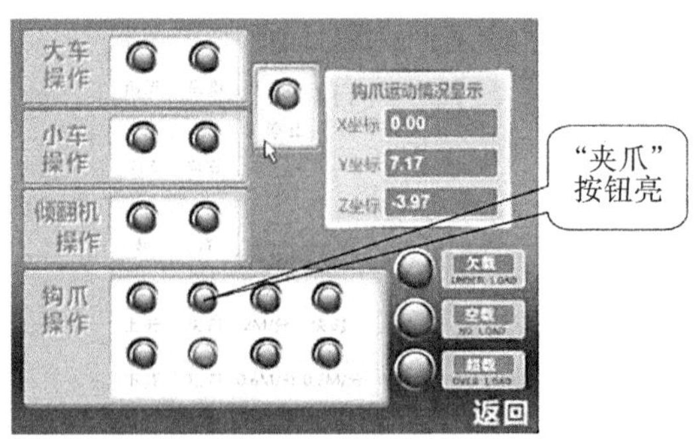

图 6-18　“夹爪”按钮亮

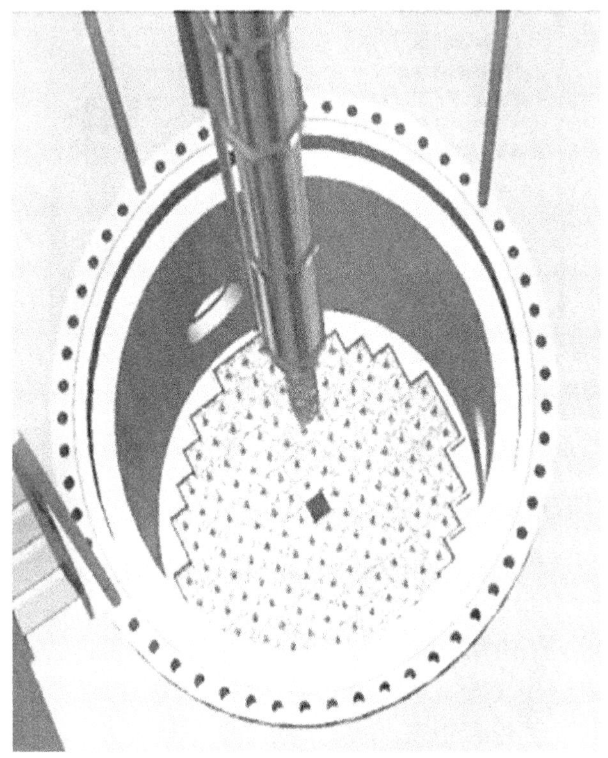

图 6-19　燃料组件提升到套筒内

点击换料机操作界面上的“大车操作”的“后退”按钮，至 Y 坐标值变为 2. 85 左右时点击“停止”按钮；然后点击“小车操作”的“向右”按钮，至 X 坐标值变为 1. 27 左右时停止；点击大车操作”的“后退”按钮，换料车向倾翻机位置移动，当换料机套筒移动至合适位置时，抓钩自动定位于传输小车套筒上方并下降钩爪，将燃料组件放入传输小车套筒内。

当燃料组件完全进入传输小车套筒后，模拟换料机操作台中“抓钩操作”的“松爪”按钮闪亮，单击，此时换料机夹爪松开对燃料组件的抓取；然后单击“钩爪操作”的“上升”

按钮提升钩爪，移动换料机，避免倾翻机下降时相碰撞。完成后单击“返回”按钮回到主流程。

(4)降倾翻机，将燃料组件运入燃料厂房。

单击“倾翻机操作”的“降”按钮，倾翻机下降至水平位置，之后倾翻机燃料套筒自动被传输装置运送到乏燃料厂房，如图 6-20 所示。完成后单击“返回”按钮回到主流程。

图 6-20 燃料组件被运入燃料厂房

6.7.3 乏燃料接收

切换到乏燃料厂房。

(1)乏燃料接收过程说明。

单击主流程图中相应按钮，弹出乏燃料接收流程。单击相应按钮，查看乏燃料接收过程说明，如图 6-21 所示。

(2)升倾翻机。

单击相应按钮，弹出乏燃料桥吊操作平台界面。倾翻机燃料套筒运送到燃料厂房后，单击“倾翻机操作”的“起”按钮，使倾翻机竖起。完成后单击“返回”按钮回到主流程。

(3)乏燃料桥吊抓取燃料组件。

操作乏燃料厂房桥吊，单击“小车操作”的“向左”按钮至合适位置，再单击“大车操

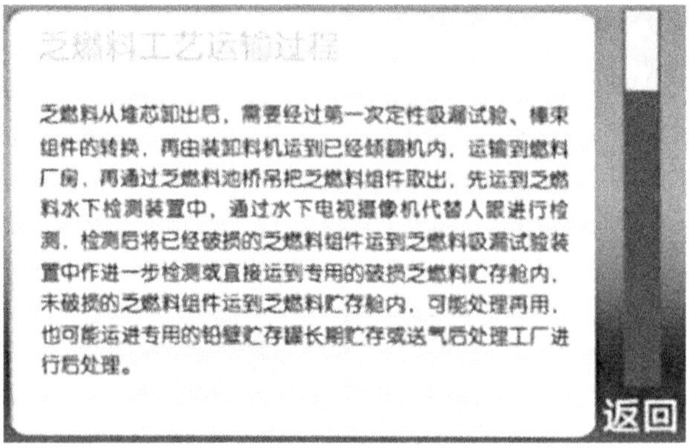

乏燃料工艺运输过程

乏燃料从堆芯卸出后，需要经过第一次定性吸漏试验、棒束组件的转换，再由装卸料机运到已经倾翻机内，运输到燃料厂房，再通过乏燃料池桥吊把乏燃料组件取出，先运到乏燃料水下检测装置中，通过水下电视摄像机代替人眼进行检测，检测后将已经破损的乏燃料组件运到乏燃料吸漏试验装置中作进一步检测或直接运到专用的破损乏燃料贮存舱内，未破损的乏燃料组件运到乏燃料贮存舱内，可能处理再用，也可能运进专用的铅壁贮存罐长期贮存或送气后处理工厂进行后处理。

返回

图 6-21 乏燃料接收过程说明

作”的“前进”按钮，乏燃料手动工具爪钩位于合适位置后“钩爪操作”的“夹爪”按钮闪亮，单击后乏燃料手动工具夹头自动抓取从 R 厂房传输过来的燃料组件。完成后单击“返回”按钮回到主流程。

(4)燃料组件放入存储格架。

操作桥吊控制界面，点击“钩爪操作”的“上升”按钮，提升燃料组件；点击“大车操作”的“后退”按钮，移动燃料组件至乏燃料池，系统自动定位将乏燃料置于乏燃料池存储格架中，如图 6-22 所示。完成后单击“返回”按钮回到主流程。至此，卸料结束，准备装载新燃料。

图 6-22 燃料组件放入存储格架

6.7.4 装燃料组件

(1)新燃料接收过程说明。

单击主流程图上相应按钮，弹出相应窗口，对新燃料接收过程进行说明，如图 6-23 所示。浏览完后点击“返回”按钮回到主流程。

图 6-23 新燃料组件接收过程说明

(2)乏燃料水池桥吊抓取燃料组件。

操作乏燃料厂房桥吊，单击“大车操作”的“后退”按钮至合适位置；单击“小车操作”的“向左”按钮至合适位置；点击“钩爪操作”的“下降”按钮，系统自动抓取新燃料组件。

(3)降倾翻机，燃料组件运至反应堆厂房，升倾翻机。

点击“倾翻机操作”的“降”按钮，倾翻机下降至水平位置，之后倾翻机燃料套筒自动被传输装置运送到燃料厂房内。点击“倾翻机操作”的“起”按钮，使倾翻机竖起。

(4)换料车移至倾翻机上方，抓取燃料组件。

将换料车移至倾翻机上方，单击“钩爪操作”的“下降”按钮抓取燃料组件。

(5)换料车移至反应堆上方，将燃料组件放入堆芯。

弹出换料机操作界面，单击“大车操作”的“前进”按钮，至 Y 坐标值变为 6.55 左右；单击“小车操作”的“向左”按钮，至 X 的坐标值变为-1.95 左右后单击“钩爪操作”的“下降”按钮，将燃料组件放入堆芯中，如图 6-24 所示。

完成后单击“返回”按钮回到主流程。至此，整个模拟换料过程结束。

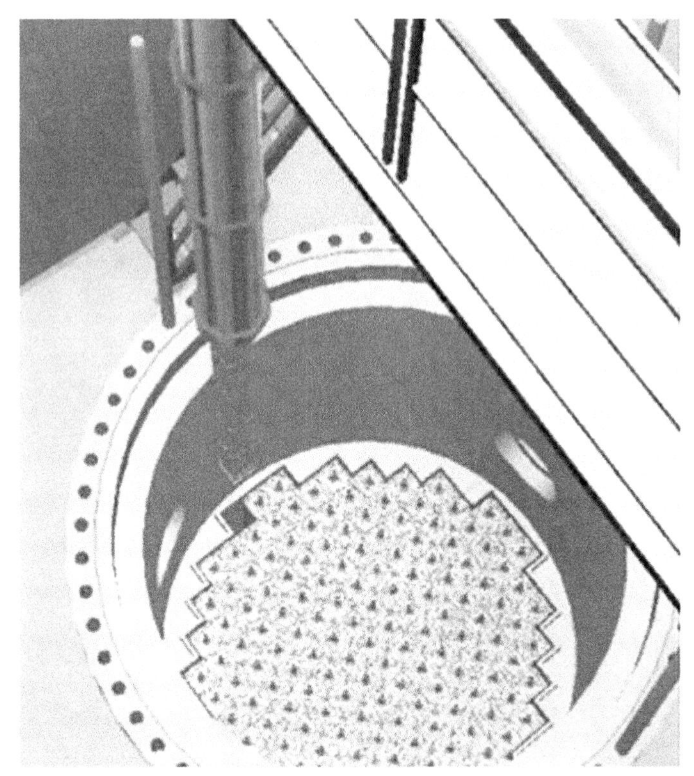

图 6-24　将燃料组件放入堆芯

6.8　实验注意事项

在吊出上部构件的“换料车移至构件水池的反应堆一侧”中，当手动操作点击“大车操作”的“前进”按钮后，系统会自动将换料车移至构件水池上方。该系统在这里设计了一个半自动的过程，目的是让用户知道：换料车向反应堆侧移动时，要控制小车避开堆芯上部构件。其实软件的整个手动操作过程中存在很多自动演示，目的是省去用户复杂的操作。

软件由于受 EON 引擎与建模方式的限制，未实现碰撞检测，所以移动过程中，发生碰撞时没有提示，如图 6-25 所示，今后可进行改进。

在卸燃料组件部分，只要自动演示了“换料车夹爪抓取燃料组件”后，马上又点回“卸燃料组件”，再进行“换料车夹爪抓取燃料组件”手动控制，就会出现换料车“钩爪操作”下降到底，“夹爪”按钮不会亮，图 6-26 即这种情况，必须重新运行程序才会恢复正常。另外，手动模式下确实存在很多类似问题，包括其他触发亮灯式按钮，因为它们的触发条件在跳步骤时并未重置(重置是在每一小步的衔接过程中完成的)。建议手动操作时，如果想重新操作，最好点击第一个“顶盖吊离”步骤，然后从头开始操作。

如果在自动演示过程结束之前进行手动操作，会出现各种错乱的情况，图 6-27 即为一种。所以，每一个步骤最好在自动和手动之间选择一种方式操作，不要同时进行。

装新燃料部分没有设计手动操作。

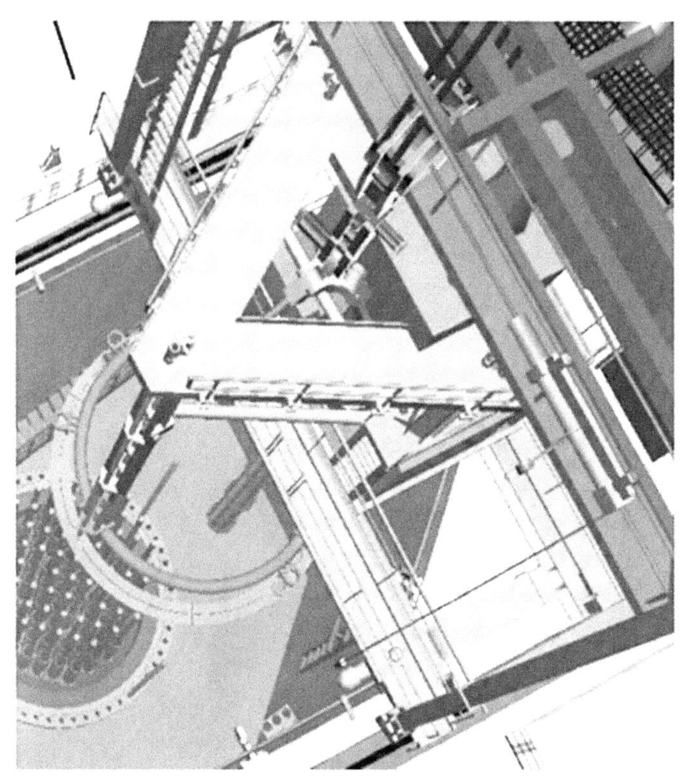

图 6-25　发生碰撞时不会产生提示

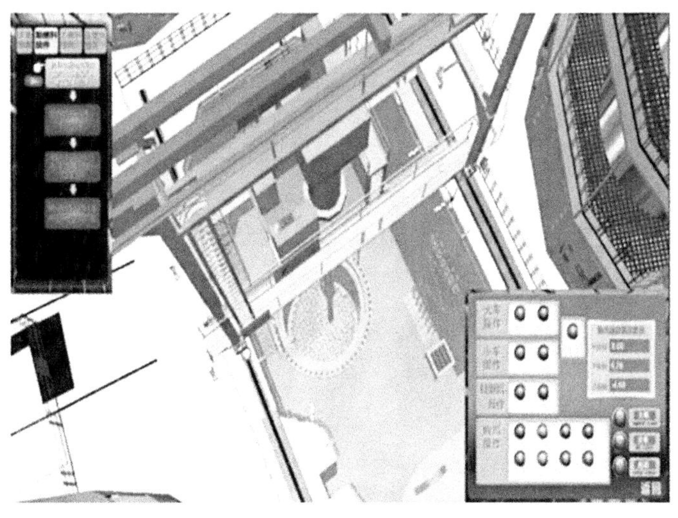

图 6-26　夹爪不亮

图 6-27　吊钩保护环位置错乱

第 7 章　基于 SimStore 的核电站二回路虚拟仿真平台

7.1　SimStore 简介

SimStore 作为北京博努力仿真公司拥有全部自主知识产权的软件包，提供了仿真机从开发到运行等一系列功能。其组成图、开发架构图及运行架构图如图 7-1～图 7-3 所示。

SimStore软件包

MSP	多学科仿真平台	开发/运行
GView	人机交互界面软件	运行
Gconsole	总教练员台与总考评台	运行
CtrlLib	控制系统模块开发软件	开发
CtrlBuilder	控制系统组态开发软件	开发
FlowLib	热力系统模块开发软件	开发
FlowBuilder	热力系统组态开发软件	开发
ElecLib	电气系统模块开发软件	开发
ElecBuilder	电气系统组态开发软件	开发

图 7-1　SimStore 仿真软件包组成图

7.1.1　MSP 仿真平台

SimStore 软件包的仿真平台是 MSP 多学科仿真平台。MSP 多学科仿真平台是一款以大型复杂系统为对象进行连续仿真计算的平台，提供了仿真程序设计和调试、数据的本地和远程共享、仿真运行管理等功能。

MSP 通用仿真平台作为核心软件，提供了仿真计算任务的调度和仿真数据的管理等基本功能，同时内置的插件机制允许对 MSP 进行功能扩展。平台以插件为基础的设计框架大大简化了功能扩充，平台只提供最基本的数据库和任务调度功能，其他仿真功能全部以插件形式提供。

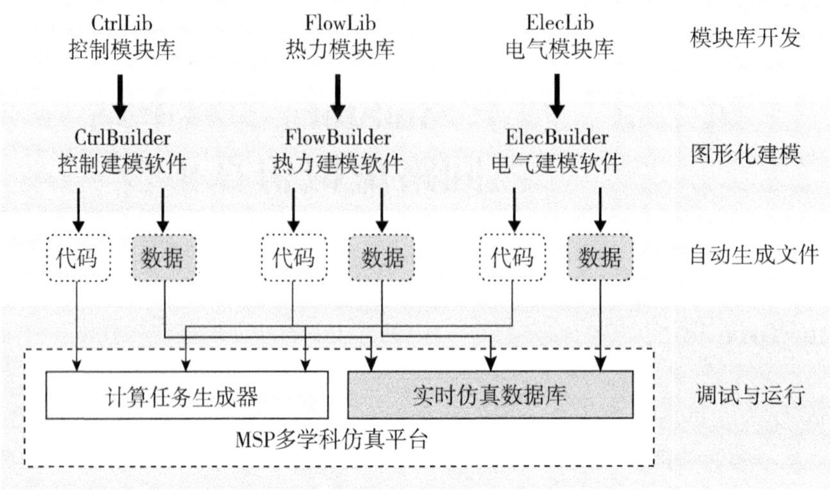

图 7-2　SimStore 仿真软件包开发架构图

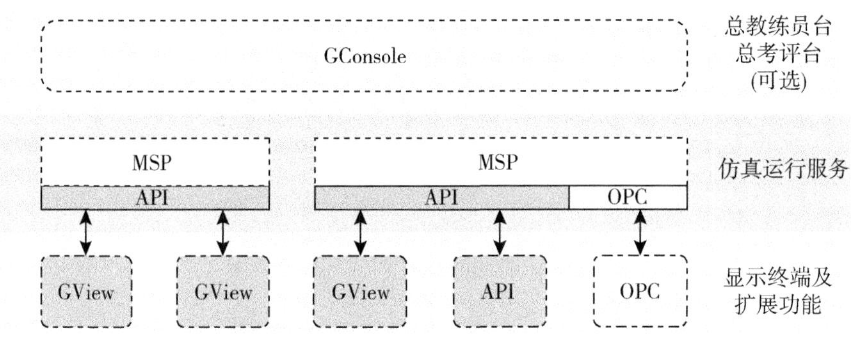

图 7-3　SimStore 仿真软件包运行架构图

MSP 拥有针对仿真需求特别设计的仿真数据库，能够存储高达百万星级的仿真数据，并且提供高性能的数据查询和访问操作。数据的在线访问可以大大简化仿真程序的调试和运行。仿真数据库提供的仿真变量在线访问和管理功能，也能够方便快捷地管理百万量级的变量，极大地提升本地访问和远程访问的性能。

任务加载提供了灵活的任务调度方式，在无须编译的情况下允许用户更改每个任务中的工程调用顺序或者重新分配工程到任务中。

为了适应当前计算机多核心化的趋势，MSP 使用了具有很高适应性的计算调度模式，可以充分利用计算机的资源。MSP 使用了 TCP/IP 协议进行通信，能够将仿真的设计工作和运行方式布置到更大的范围中，可以更好地满足仿真需求。

通过 MSP 提供的 API，用户可以方便地定制出满足自己需求的程序。

MSP 通用仿真平台代码调试窗口如图 7-4 所示。

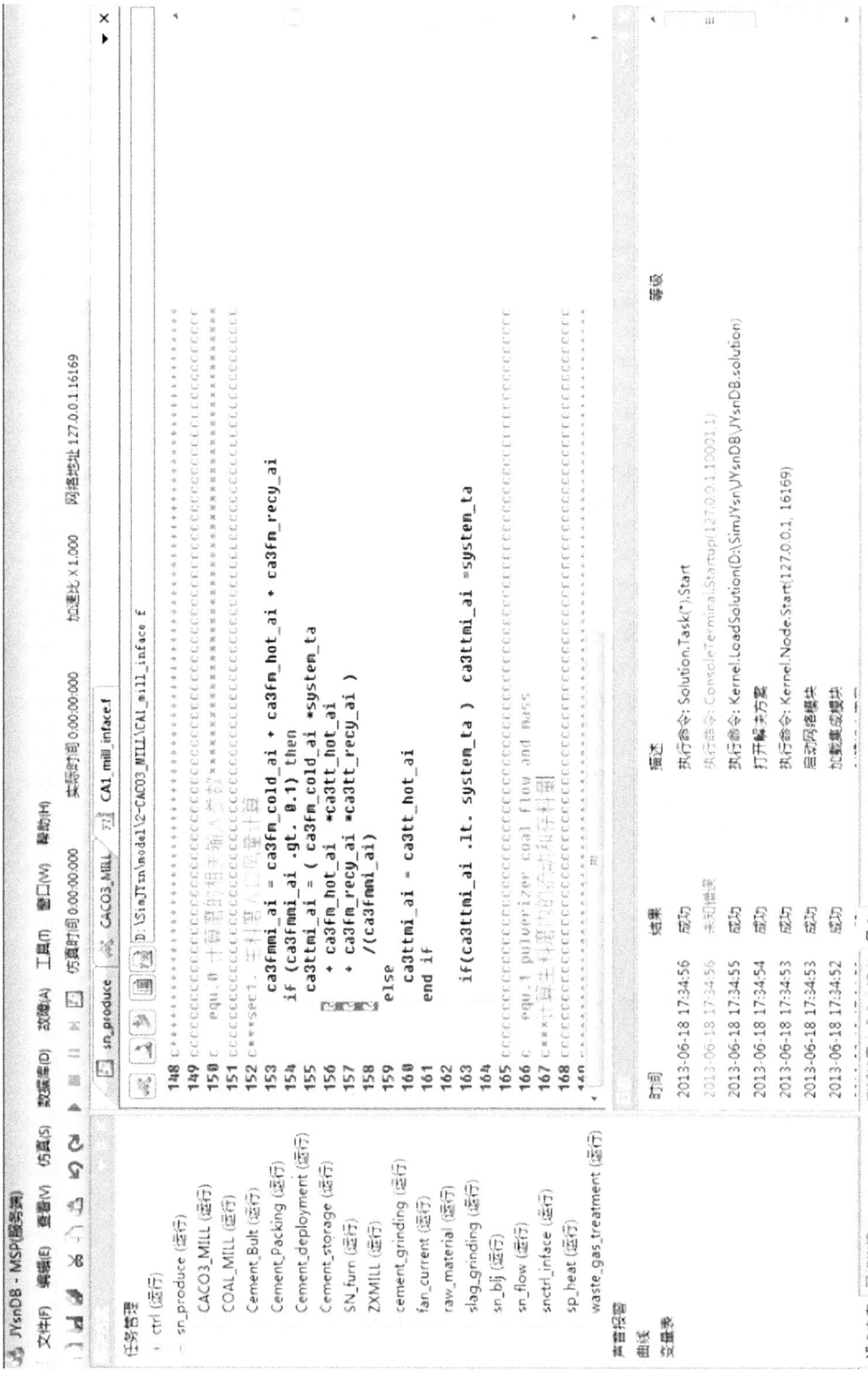

图 7-4 MSP 通用仿真平台代码调试窗口

7.1.2　GView 人机交互界面软件

SimStore 软件包中的 GView 是面向监控和仿真领域的画面组态软件，可以作为相关行业计算机监控及仿真机的人机操作界面。其基本功能包括设备(实际设备或仿真设备)工作状态显示(如指示灯、按钮、文字、图形、曲线等)以及设备工作参数的设定。GView 提供了显示动态功能，如数字动态、颜色动态、文本动态、图片动态、旋转动态、属性绑定、变量映射等；提供了操作动态功能，如 SET、TOGGLE、OPS、POPUP、GOTO 等。图 7-5 显示了 GView 人机交互界面。

7.1.3　GConsle 考评系统

GConsle 考评系统基于 MSP 平台而开发，用于对仿真软件使用者关于自身操作水平和关于工艺流程认知程度的考评。考评软件由五个主要模块组成，分别为工况库、故障库、考题库、试卷库和测评终端。每个模块都在软件窗口的左侧对应一个管理窗口。

考评系统主要包括仿真实训控制和仿真考试两大功能。实训功能包括：运行、暂停、停止；加载工况；触发故障；操作记录(可以保存最近的 60 个操作记录)。考试功能包括：试卷选定；进度记录；结果生成。

该系统由以下主要模块构成：

(1)工况管理。用于记录各个仿真终端可以使用的工况，并定义每个工况的信息和加载方式。

(2)故障管理。用于记录本仿真项目所能支持的故障信息和触发方式。

(3)考题管理。用于定义考题。每个考题由一个初始工况和若干故障定义，当考题在仿真终端开始以后，考评系统能够根据终端上的操作对其进行自动打分。测评过程是通过按照打分规则对终端操作进行实时判断进行的。每个考题可以由若干个打分规则组成。每个考题支持的内容包括：

①名称(考题的名称)；

②考试时间(该考题进行的时间)；

③难度(该考题的难度)；

④基本分数(该考题在开始时的分数，考试中会对其进行扣除或累加)；

⑤初始工况；

⑥故障及故障发生时间(若该考题中含有故障，须定义何时触发故障)。

打分规则包括：

①进行打分的时间或者进行打分的条件(打分时间是指当仿真运行时间满足之后开始进行打分，打分条件是指当某个变量满足一定条件之后开始进行打分)；

②该规则是否需要进行重复判断(重复判断会重复对分数进行扣除或累加)；

③分数(进行打分时是进行分数的扣除还是分数的累加)。

如果要进行有顺序的判断，可以将后一个打分规则的打分条件设置为前一个打分规则的判定条件。例如要求先开阀门 A 再开阀门 B，可以分别建立对阀门 A 和阀门 B 的打分规则，然后将阀门 B 的打分规则的打分条件设定为阀门 A 已打开(即阀门 A 开度对应的变

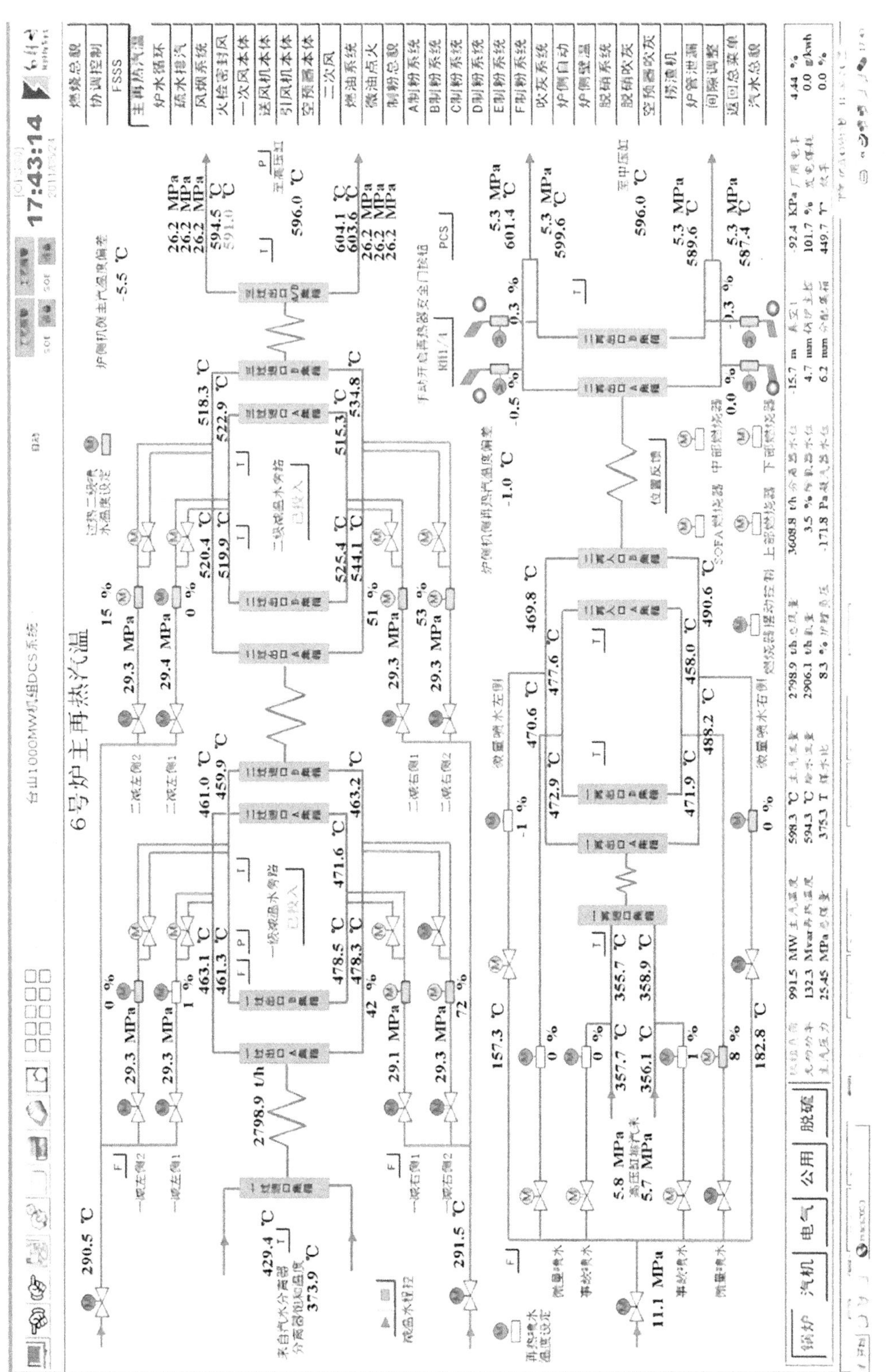

图 7-5 GView 人机交互界面

量满足一定条件)。

(4)试卷管理。试卷是由若干试题组成的，也可以由定义的生成规则自动生成。

(5)仿真控制。仿真控制可以对所有的在线仿真终端进行实训和考试。仿真控制操作可以通过选择而作用于全部或者部分终端。

GConsle 考评系统网络架构如图 7-6 所示。

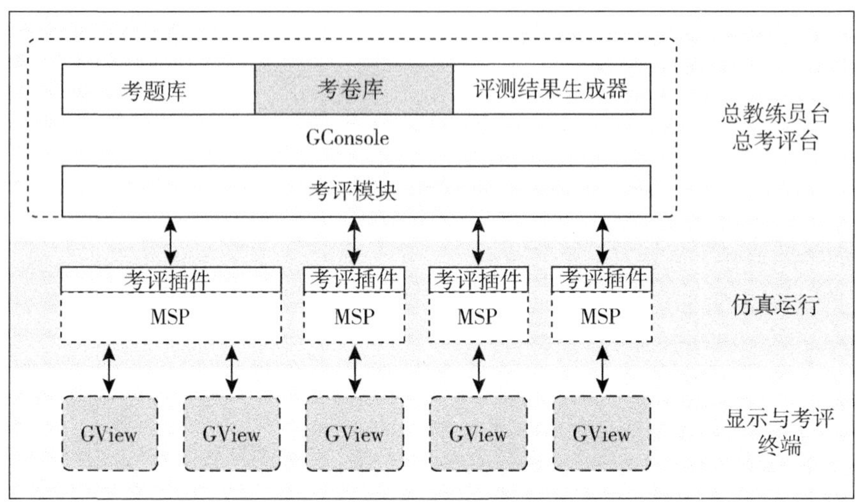

图 7-6　GConsle 考评系统网络架构图

7.1.4　ThermBuilder 热力系统软件

ThermBuilder 热力系统软件从用户界面友好出发，基于基本的质量、动量和能量守恒方程，通过生成一套程序来模拟两相流系统的建模工具。通过将质量、动量、气体压力方程集合在一个矩阵里求解，可提供快速、稳定的压力流量响应，使计算稳定、收敛；提高了流量计算的精度，使网络系统严格遵守质量平衡方程。通过分开气体和液体的守恒平衡以及使用更准确的动量平衡方程，仿真模型可准确地模拟各种不同的情形，例如，动态汽液相、管路的充满和排空、气体/液体流量和液位间的关系、水压的慢变和快变过程、温度变化的快慢等。

ThermBuilder 热力系统两相流建模软件提供完善的模块库，帮助用户可以方便地搭建各种工艺流程的系统进行研究和设计工作。

ThermBuilder 的模块库采用实际设备示意图，建模人员选择设备图元，按照仿真对象的工艺流程进行图元的连接，系统按照设备图元的连接关系自动建立设备模块的连接从而自动生成仿真模型(见图 7-7)。这种方式建成的模型图类似仿真对象的系统图。

ThermBuilder 方便易用，自动生成程序不但有错误消息提示，而且提供内部检查。在代码生成期间，这个特性可有助于发现在一个流网系统设置中的错误，节省调试训练者宝贵的时间，而且还保证了更高的初始质量。

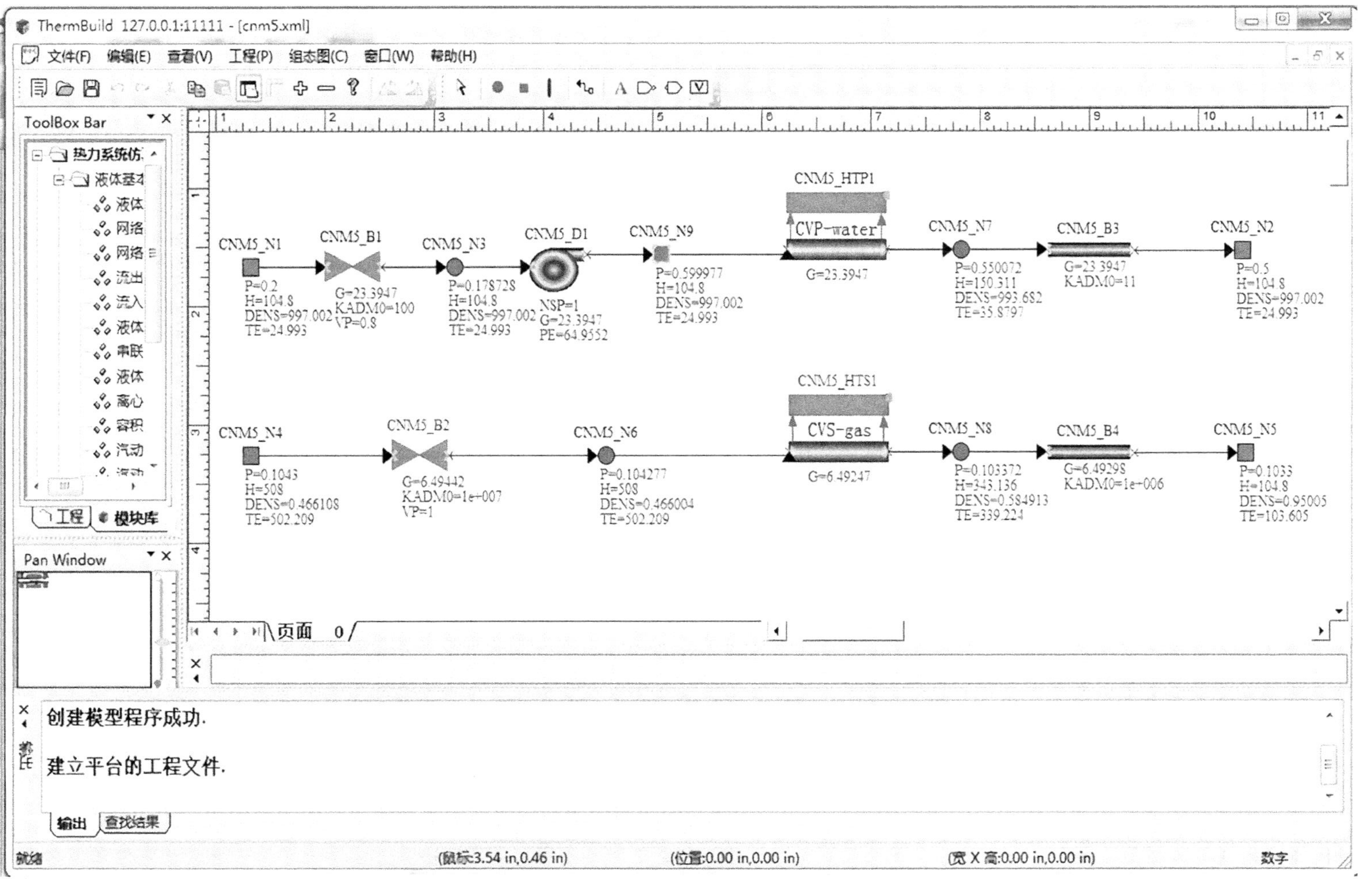

图 7-7 ThermBuilder 仿真建模窗口

7.2 模块简介

本虚拟仿真平台用到了以下模块，构成虚拟核电站的二回路。

7.2.1 两相箱体类模块

1. 两相换热器模块

两相换热器模块如图 7-8 所示。

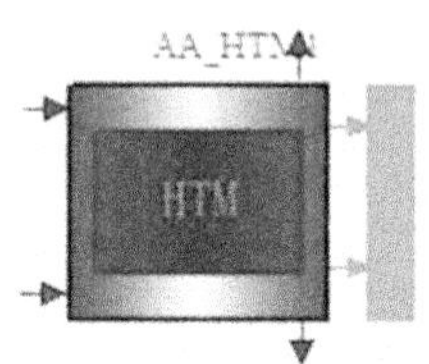

图 7-8　两相换热器模块

此模块相当于具有换热板换热功能的两相箱体，一侧(热侧)是汽水共存，一侧(冷却侧)是水，因此使用时需引用管侧换热器模块计算出的换热系数及热流密度。在本平台中，起到蒸汽发生器二回路侧和给水加热器加热蒸汽侧的作用。两相换热器模块常与以下模块相互引用：

- 汽液两相-水换热

"两相换热器"与"机理对流换热器管侧(液体)"互相引用。

"两相换热器"与"简化对流换热器管侧(液体)"互相引用。

一般用于汽水共存的加热器与水侧的换热，例如高压加热器、低压加热器、轴封加热器、汽水分离器等。

- 汽液两相-气体换热

"两相换热器"可与"机理对流换热器管侧(气体)"或"简化对流换热器管侧(气体)"两种模块互相引用。

(1)常数。

- 箱体形状、两相换热器体积、下标高及上标高

箱体形状 $SEL_1=0$，箱体为立式箱体；箱体形状 $SEL_1=1$，箱体为卧式圆形截面箱体，箱体形状 SEL_1 可根据实际情况进行选择；两相换热器体积 KVD_1 的默认值为 $10m^3$，需根据实际设计值填写；两相换热器的下标高 $KLWN_1$ 是指两相换热器底部距离零势点的高度；两相换热器的上标高 $KUPN_1$ 是指两相换热器顶部距离零势点的高度。

- 两相换热器水力直径、横截面积、管壁厚度、污垢系数及汽液换热常数

两相换热器的水力直径 $KDIA_1$ 是指两相换热器换热管直径，默认值为 0.04，可根据实际设计值填写；两相换热器的横截面积 $KAREA_1$ 的默认值为 0.02，可根据实际情况填

写；管壁厚度 KTM_1 用来调整管壁金属热惯性，默认值为 0.005，可根据实际需要填写；两相换热器换热板的污垢系数 $KFOUL_1$ 用于计算污垢热阻，默认值为 0.001，也可根据实际需要填写；气体与液体之间的换热系数 $KINF_1$ 用于计算两相节点蒸汽与水的接触面积，默认值为 12。

- 两相换热器表面积、换热器壁厚、换热器内侧污垢系数及外侧污垢系数

两相换热器的表面积 $WALLSA_1$ 用于计算两相换热器的换热量，默认值为 0.1，可根据实际需要估算填写；两相换热器壁的厚度 $WALLKTH_1$ 用以计算两相换热器壁温，默认值为 0.08，也可根据实际需要估算填写；两相换热器内侧污垢系数 $WALLKX1_1$ 用于计算箱体壁内侧的污垢热阻，默认值为 0.001，可根据需要填写；两相换热器外侧污垢系数 $WALLKX2_1$ 用于计算箱体外侧的污垢热阻，默认值为 0.001，也可根据实际需要填写。

- #1、#2 流入管道流通能力 $KADMIN10_1$、$KADMIN20_1$

#1 代表通流介质为气体(蒸汽)，上方两处端口分别为气体(蒸汽)的流入与流出端口；#2 代表通流介质为液体，下方两处端口分别为液体的流入与流出端口，之后在介绍两相箱体类模块和汽水分离器模块时不再赘述。

通过预处理计算而得，计算公式如下：

$$KADM_1 = \frac{G_1^2}{dp_1 \times \rho_1} \tag{7-1}$$

式中，G_1 为经过换热器的介质流量，单位为 kg/s；

ρ_1 为经过换热器的介质密度，单位为 kg/m^3；

dp_1 为换热器阻力，单位为 MPa。

- #1、#2 流出管道流通能力 $KADMTO10_1$ 与 $KADMTO20_1$

通过预处理计算而得，同上。

(2)修正常数。

- #1、#2 流入管道最小压降设定 $KDPMININ1_1$ 与 $KDPMININ2_1$

用于修正封闭环网、流量及压力计算不稳定等不正常现象，默认值为 0.005，可根据实际需要改写。

- #1、#2 流出管道最小压降设定 $KDPMINTO1_1$ 与 $KDPMINTO2_1$

用于修正封闭环网、流量及压力计算不稳定等不正常现象，默认值为 0.005，可根据实际需要改写。

2. 凝汽器模块

凝汽器模块如图 7-9 所示。

此模块一般用于主蒸汽系统低压缸排汽所连接的凝汽器模型，因此需与冷却水侧的模块互相引用，配对使用，在仿真系统中起到冷凝器的作用。

(1)常数。

- 热井体积、凝汽器的体积、热井底部标高及顶部标高

热井体积 $KVW2_2$ 的默认值为 5；凝汽器的体积(包含热井体积) $KVT2_2$ 的默认值为 50，均可根据实际设计值估算；热井顶部标高 $KUPW_2$ 减去热井底部标高 $KLWN_2$ 为热井高度。

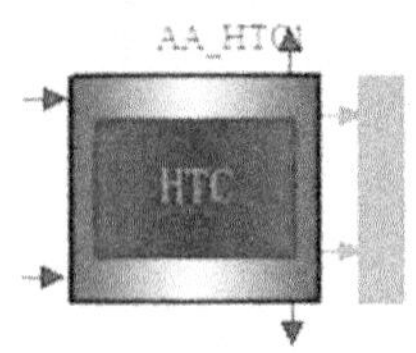

图 7-9　凝汽器模块

- 凝汽器的上标高、水力直径与横截面积

凝汽器的上标高 $KUPN_2$ 是指凝汽器顶部距离零势点的高度；凝汽器水力直径 $KDIA_2$ 是指凝汽器换热管直径，默认值为 0.04，也可根据实际设计值填写；凝汽器的横截面积 $KAREA_2$ 的默认值为 0.02，可根据实际情况填写，同凝汽器水力直径一起用来计算换热管对流换热系数。

- 凝汽器管壁厚度、换热板污垢系数与表面积

管壁厚度 KTM_2 用来调整管壁金属热惯性，默认值为 0.005，可根据实际情况填写；凝汽器换热板的污垢系数 $KFOUL_2$ 用来计算污垢热阻，从而计算总换热系数；凝汽器表面积 $WALLSA_2$ 用于计算两相箱体气体的换热量，默认值为 0.1，可根据实际需要估算填写。

- 凝汽器壁厚、内侧污垢系数、外侧污垢系数与气体和液体间的换热系数

凝汽器表面积 $WALLSA_2$ 用于计算凝汽器壁温，默认值为 0.08，可根据实际需要估算填写；凝汽器内侧污垢系数 $WALLKX1_2$ 用于计算凝汽器壁内侧的污垢热阻；凝汽器外侧污垢系数 $WALLKX2_2$ 用于计算凝汽器壁外侧的污垢热阻；气体和液体之间的换热系数 $KINF_2$ 用于计算两相节点蒸汽与水的接触面积，默认值为 12。

- #1、#2 流入管道流通能力 $KADMIN10_2$ 与 $KADMIN20_2$

通过预处理计算而得，计算公式如下：

$$KADM_2 = \frac{G_2^2}{dp_2 \times \rho_2} \tag{7-2}$$

式中，G_2 为经过凝汽器的介质流量，单位为 kg/s；ρ_2 为经过凝汽器的介质密度，单位为 kg/m^3；dp_2 为凝汽器阻力，单位为 MPa。

- #1、#2 流出管道流通能力 $KADMTO10_2$ 与 $KADMTO20_2$

通过预处理计算而得，同上。

(2)修正常数。

- #1、#2 流入管道最小压降设定 $KDPMININ1_2$ 与 $KDPMININ2_2$

用于修正封闭环网、流量及压力计算不稳定等不正常现象，默认值为 0.005，可根据实际需要改写。

- #1、#2 流出管道最小压降设定 $KDPMINTO1_2$ 与 $KDPMINTO2_2$

用于修正封闭环网、流量及压力计算不稳定等不正常现象，默认值为 0.005，可根据实际需要改写。

3. 两相箱体模块

两相箱体模块如图 7-10 所示。

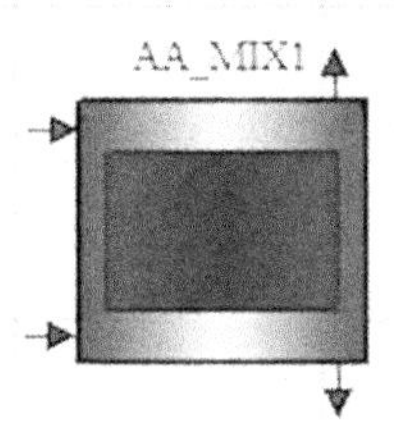

图 7-10 两相箱体模块

此模块一般用于系统中含有汽液/气液两相介质的箱体，包括除氧器、连排扩容器、定排扩容器、疏水箱、疏水扩容器。在仿真系统中，两相箱体模块代替现实核电站二回路热力系统中的除氧器。

(1)常数。

- 箱体类型、两相箱体体积、两相箱体的下标高及上标高

一般情况下，箱体类型 SEL_3 默认为 0，即两相箱体为立体箱体；若 $SEL_3=1$，则为卧式圆形截面箱体；两相箱体体积 KVT_3 可根据实际设计参数填写；两相箱体的下标高 $KLWN_3$ 指箱体底部距零势点的高度；两相箱体的上标高 $KUPN_3$ 指箱体顶部距零势点的高度，默认值为 2，可根据实际需要填写。

- 两相箱体表面积、壁厚、内侧污垢系数、外侧污垢系数与汽液换热常数

两相箱体的表面积 $WALLKSA_3$ 用于计算两相箱体气体的换热量，默认值为 0.1，可根据实际需要估算填写；两相箱体壁的厚度 $WALLKTH_3$ 用于计算两相箱体壁温，默认值为 0.08，可根据实际需要估算填写；两相箱体内侧污垢系数 $WALLKX1_3$ 用于计算箱体壁内侧的污垢热阻，默认值为 0.001，可根据实际需要改写；两相箱体外侧污垢系数 $WALLKX2_3$ 用于计算箱体壁外侧的污垢热阻，默认值为 0.001，可根据实际需要改写；气体与液体之间的换热常数 $KINF_3$ 默认为 12，用于计算两相节点蒸汽与水的接触面积。

- #1、#2 流入管道流通能力 $KADMIN10_3$、$KADMIN20_3$

通过预处理计算而得，计算公式如下：

$$KADM_3=\frac{G_3^2}{dp_3\times\rho_3} \tag{7-3}$$

式中，G_3 为经过箱体的介质流量，单位为 kg/s；ρ_3 为经过箱体的介质密度，单位为 kg/m^3；dp_3 为箱体阻力，单位为 MPa。

#1、#2 流出管道流通能力 $KADMTO10_3$、$KADMTO20_3$ 通过预处理计算而得，同上。

(2)修正常数。

- #1、#2 流入管道最小压降设定 $KDPMININ1_3$、$KDPMININ2_3$

用于修正封闭环网、流量及压力计算不稳定等不正常现象，默认值为 0.005，可根据实际需要改写。

- #1、#2 流出管道最小压降设定 $KDPMINTO1_3$、$KDPMINTO2_3$

用于修正封闭环网、流量及压力计算不稳定等不正常现象，默认值为 0.005，可根据实际需要改写。

7.2.2　对流换热器类模块

1. 机理对流换热器管侧(液体/蒸汽)模块

机理对流换热器管侧(液体/蒸汽)模块如图 7-11 所示。

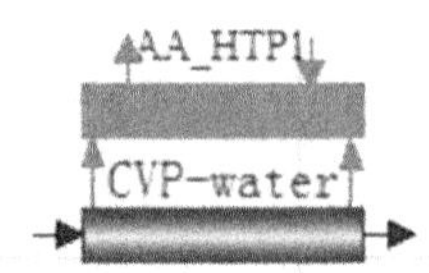

图 7-11　机理对流换热器管侧(液体/蒸汽)模块

此类换热器模块由一个进口物质流端口、一条管道、一个出口物质流端口、两个信息流端口组成，用于给水加热器和蒸汽发生器被加热介质一侧。常用于代替实际系统中的给水加热器与蒸汽再热器。此对流换热器模块需与其他模块互相引用，配对使用。可互相引用的模块有：

- 水-水换热

“机理对流换热器管侧(液体)”与“机理对流换热器壳侧(液体)”互相引用。在建模中，常用于高温加热器疏水侧与给水侧换热、低温加热器疏水侧与凝水侧换热、油站换热器油侧与冷却水侧换热。另外，“机理对流换热器管侧(液体)”与“简化对流换热器壳侧(液体)”也可互相引用。

- 水-蒸汽换热

“机理对流换热器管侧(液体)”与“机理对流换热器壳侧(蒸汽)”互相引用。在建模中，常用于高温加热器进汽侧与给水侧换热、低温加热器进汽侧与凝水侧换热。

- 水-凝汽器

“机理对流换热器管侧(液体)”与“凝汽器”互相引用。

“机理对流换热器管侧(液体)”与“凝汽器流量接口”互相引用。

在建模中，常用于凝汽器汽侧与循环水侧配对使用。

- 水-两相换热器

“机理对流换热器管侧(液体)”与“两相换热器”互相引用。

“机理对流换热器管侧(液体)”与“两相换热器流量接口”互相引用。

在建模中，常用于高压加热器汽水两相侧与给水侧换热、低压加热器汽水两相侧与凝水侧换热、轴封加热器汽侧与循环冷却水换热、真空泵冷却器汽侧与循环冷却水换热。

- 蒸汽-蒸汽换热

“机理对流换热器管侧(蒸汽)”与“机理对流换热器壳侧(蒸汽)”互相引用。

(1)常数。

横截面积 $KAREA_4$ 默认值为 0.1，可通过预处理计算而得。管子水力直径 $KDIA_4$ 根据设计数据填写。横截面积 $KAREA_4$、管子水力直径 $KDIA_4$ 用来计算对流换热系数。换热面积 KSA_4 通过引用壳侧模块，无须填写。换热器污垢系数 $KFOUL_4$ 默认为 0，即默认换热管表面洁净，不考虑污垢对换热的影响，也可根据实际需要填写。

换热器流通能力 $KADM_4$ 可根据预处理计算得出。修正系数 $KTSEL_4$ 用来修正换热器温度按一定速率变化，默认值为0，即不对温度进行修正；当 $KTSEL_4=1$ 时，对换热器温度进行修正，并填写设定不同工况下换热器流量 KFM_4 以及各流量对应的换热器温度变化速度 KTC_4。

所需计算预处理参数以及公式如下：

- 横截面积 $KAREA_4$

如果需要预处理计算出横截面积，则 $TSEL_4=1$，然后填写相应的换热数据。根据额定流量、额定流速、出口压力及温度（可得出口密度 $DESNTO_4$）可以计算出横截面积：

$$KAREA = \frac{G_4}{DENSTO_4 \times VE_4} \tag{7-4}$$

- 换热面积 KSA_4

根据传热学原理，换热量计算公式为：

$$Q_4 = K_4 \times A_4 \times \Delta T_4 \tag{7-5}$$

式中，Q_4 为换热量，单位 kW；K_4 为换热系数，单位 kW/(m² · ℃)；A_4 为换热面积，单位 m²；ΔT_4 为换热温差，单位℃。

换热量的计算公式还有：

$$Q_4 = G_4 \times \Delta h_4 \tag{7-6}$$

式中，G_4 为经过换热器的介质流量，单位为 kg/s；Δh_4 为换热器进出口比焓差，单位为 kJ/kg。

因此，由以上两式可推出：

$$A_4 = \frac{G_4 \times \Delta h_4}{K_4 \times \Delta T_4} \tag{7-7}$$

- 换热器流通能力 $KADM_4$

根据所填写的流量数据可计算出流通能力 $KADM_4$，填写及计算方法同管路模块。

$$KADM_4 = \frac{G_4^2}{dp_4 \times \rho_4} \tag{7-8}$$

式中，G_4 为经过换热器的介质流量，单位为 kg/s；ρ_4 为经过换热器的介质密度，单位为 kg/m³；dp_4 为换热器阻力，单位为 MPa。

（2）输入与输出。

换热器模块由一个进口物质流端口、一条管道、一个出口物质流端口、两个信息流端口组成。进口与出口物质流端口的相关参数需依靠流网计算，即“输入”一栏中的参数。此时，“输入”指由流网计算出的输入给换热器模块的变量值。

“输出”指换热器模块中流网的值的输出，包括支路换热量 DH_4 以及支路流通能力 $KADM_4$，这些是流网计算所需要的参数。其中，换热量 DH_4 的公式为：$DH_4=QHL_4+QHG_4$。式中，QHL_4 指液体换热量；QHG_4 指气体换热量，计算公式将在后面进行说明。

（3）管侧。

- 换热管壁温 $TEHTS_4$

通过与壳侧换热器模块互相引用，换热器管壁温 $TEHTS_4$ 等于壳侧计算出的管壁温度。

- 换热器换热系数

流过换热器管侧的介质可以是水、蒸汽或气体，因此在计算管侧换热系数时，要计算气体(包括蒸汽)换热系数 GXP_4 以及液体换热系数 LXP_4。

计算公式如下：

$$GXP_4 = \frac{1}{R_{g4}} \tag{7-9}$$

$$LXP_4 = \frac{1}{R_{l4}} \tag{7-10}$$

式中，R_{g4} 为气体总热阻；R_{l4} 为液体总热阻。

一般来说，总热阻主要包含三部分，即：

$$R_4 = \frac{1}{\alpha_4} + \frac{KTH_4}{\lambda_4} + KFOUL_4 \tag{7-11}$$

➢ 对流换热热阻 $\frac{1}{\alpha_4}$

可根据流量及横截面积(由此可计算出流速)、出口温度、水力直径，计算出对流换热系数，从而计算出对流换热热阻。

➢ 介质导热热阻 $\frac{KTH_4}{\lambda_4}$

介质本身的导热热阻，以考虑介质不流动时的换热。

➢ 污垢热阻$KFOUL_4$

根据污垢系数计算出污垢热阻。

- 气体热流密度 QGP_4、液体热流密度 QLP_4

热流密度计算公式如下：

$$q_4 = K_4 \times \Delta T_4 \tag{7-12}$$

当管侧含有气体(包括蒸汽)时，

$$QGP_4 = -GXP_4 \times (TEHTS_4 - TE_{g4}) \tag{7-13}$$

当管侧含有液体时，

$$QLP_4 = -LXP_4 \times (TEHTS_4 - TE_{l4}) \tag{7-14}$$

- 气体换热量 QHG_4、液体热流密度 QHL_4

当管侧含有气体(包括蒸汽)时，

$$QHG_4 = KSA_4 \times GXP_4 \times (TEHTS_4 - TE_{g4}) \tag{7-15}$$

当管侧含有液体时，

$$QHL_4 = KSA_4 \times LXP_4 \times (TEHTS_4 - TE_{l4}) \tag{7-16}$$

上述五个公式中，TE_{g4}和TE_{l4}分别为管中气体(蒸汽)与液体的进口温度。如果管内介质为气体(包括蒸汽)，则计算出的为气体参数；如果是液体，则计算出的是液体参数。

- 换热器温度变化速率 $DTAC_4$

当修正换热温度变化速率，即 $KTSEL_4 = 1$ 时，$DTAC_4$ 通过线性插值计算而得。若不进行修正，则 $DTAC_4 = 400$。

2. 机理对流换热器壳侧(蒸汽)模块

机理对流换热器壳侧(蒸汽)模块如图 7-12 所示。

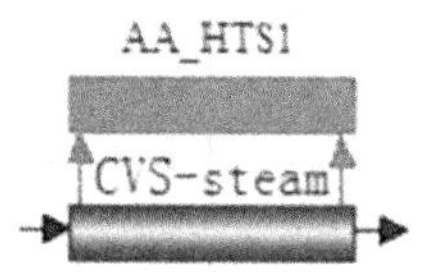

图 7-12　机理对流换热器壳侧(蒸汽)模块

此类换热器模块用于给水加热器和蒸汽再热器的加热介质一侧，由一个进口物质流端口、一条管道、一个出口物质流端口组成，互相引用，配对使用。可互相引用的模块有：

- 蒸汽-蒸汽

"机理对流换热器壳侧(蒸汽)"与"机理对流换热器管侧(蒸汽)"互相引用。

- 蒸汽-水

"机理对流换热器壳侧(蒸汽)"与"机理对流换热器管侧(液体)"互相引用。

由于需要与机理对流换热器管侧(液体/蒸汽)模块相互调用，且模块相似度高，下面仅介绍换热器管壁温度 $TEHTS_5$。

换热管管壁温度 $TEHTS_5$ 计算公式为：

$$TEHTS_{i+1} = TEHTS_i + \frac{(q_{s5} + q_{p5} + q_{A5})}{3399.967\delta_5/\Delta\tau} \tag{7-17}$$

式中，q_{s5} 为壳侧热流密度，单位为 kW/(m^2 · ℃)；q_{p5} 为管侧热流密度，单位为 kW/(m^2 · ℃)；q_{A5} 为换热器对环境换热热流密度，单位为 kW/(m^2 · ℃)；δ_5 为换热管厚度，单位为 m；$\Delta\tau$ 为计算步长，单位为 s。

7.2.3　阀件类模块

1. 调节门模块

介质为蒸汽的调节门模块如图 7-13 所示。

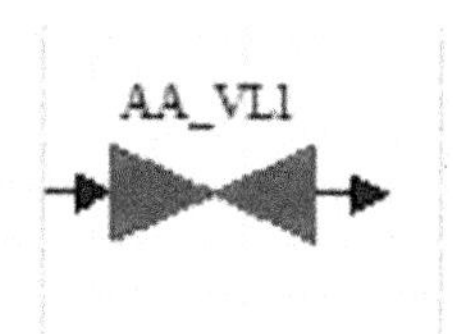

图 7-13　调节门(蒸汽)模块

调节门模块用于控制管路流量。流过阀门的介质是蒸汽、水或空气。对于调节阀而言，流量系数是其最重要的参数之一，本模型采用的流量系数计算方法是膨胀系数法，比其他计算方法显得稍复杂些，引入了 7 个参数，其中物理参数 3 个：k_6、P_{c6}、T_{c6}；查阅参数一个 Z_6；计算参数 3 个：X_{T6}、F_{K6}、y_6。

由于这种方法引入了 X_{T6} 而考虑了压力恢复，计算精度一般比平均密度修正法高些，尤其对阀的高压力的恢复更为显著。由于引入了气体压缩系数 Z_6，修正了实际气体与理想气体的偏离，提高了气体流量系数的计算精度。因此，膨胀系数法被 IEC 作为标准而推荐使用。

表 7-1　　**膨胀系数法计算阀门的开度 Kv_6 值**

<table>
<tr><th>介质</th><th>流动状态</th><th>计算公式</th><th>符号及单位</th></tr>
<tr><td rowspan="2">液体</td><td>一般</td><td>$K_{V6} = 10q_{VL6}\sqrt{\frac{\rho_{L6}}{\Delta p_6}}$ (7-23)
$K_{V6} = \frac{q_{ml6}}{100\sqrt{\Delta p_6 \rho_{L6}}}$ (7-24)</td><td rowspan="6">q_{VL6} 为液体体积流量，单位为 m^3/h
q_{mL6} 为液体质量流量，单位为 kg/h
ρ_{L6} 为阀门入口蒸汽密度，单位为 g/cm^3
Δp_6 为阀门进出口压差，单位为 kPa
Δp_{T6} 为阀门进出口局部真实压差，单位为 kPa
p_{i6} 为阀门入口绝对压力，单位为 kPa
T_{i6} 为阀门入口温度，单位为 K
ρ_{i6} 为阀门入口密度，单位为 kg/m^3
q_{VN6} 为气体标准状态体积流量，单位为 m^3/h
ρ_{N6} 为气体标准状态密度，单位为 g/cm^3
F_{L6} 为压力恢复系数
F_{F6} 为临界压力比系数
$F_{F6} = 0.96 - 0.28\sqrt{\frac{p_{V6}}{p_{C6}}}$ (7-35)
M_6 为气体或蒸汽的摩尔质量，单位为 g/mol
p_{V6} 为液体饱和蒸汽压力，单位为 kPa
p_{C6} 为液体临界压力，单位为 kPa
G_{S6} 为蒸汽流量，单位为 kg/h
X_6 为压差比，$X_6 = \Delta p_6/p_1$
Z_6 为压缩因数(由比压力 p_1/p_C 和比温度 T_1/T_C 查表而得，p_C 为临界压力，T_C 为临界温度)
F_{k6} 为比热容系数
$F_{k6} = k_6/1.4$ (7-36)
k_6 为绝热系数
X_{T6} 为临界压差比系数
y_6 为膨胀系数
$y_6 = 1 - \frac{X_6}{3F_{K6}X_{T6}}$ (7-37)</td></tr>
<tr><td>闪蒸及空化
$\Delta p_6 \geqslant \Delta p_{T6}$
(7-18)</td><td>$K_{V6} = 10q_{VL6}\sqrt{\frac{\rho_{L6}}{\Delta p_{T6}}}$ (7-25)
$\Delta p_{T6} = F_L^2(p_1 - F_{F6}p_{V6})$ (7-26)</td></tr>
<tr><td rowspan="2">气体</td><td>非阻塞流
$X = \frac{\Delta P}{p_1} < F_{K6}X_{T6}$
(7-19)</td><td>$K_{V6} = \frac{q_{VN6}}{5.19p_{i6}y_6}\sqrt{\frac{T_{I6}\rho_{N6}Z_6}{X_6}}$ (7-27)
$K_{V6} = \frac{q_{VN6}}{24.6p_{i6}y_6}\sqrt{\frac{T_{I6}M_6Z_6}{X_6}}$ (7-28)</td></tr>
<tr><td>阻塞流
$X = \frac{\Delta p}{p_1} \geqslant F_{K6}X_{T6}$
(7-20)</td><td>$K_{V6} = \frac{q_{VN6}}{2.9p_{i6}y_6}\sqrt{\frac{T_{I6}\rho_{N6}Z_6}{kX_{T6}}}$ (7-29)
$K_{V6} = \frac{q_{VN6}}{13.9p_{i6}y_6}\sqrt{\frac{T_{I6}M_6Z_6}{kX_{T6}}}$ (7-30)</td></tr>
<tr><td rowspan="2">蒸汽</td><td>非阻塞流
$X = \frac{\Delta p}{p_1} < F_{K6}X_{T6}$
(7-21)</td><td>$K_{V6} = \frac{G_{S6}}{3.16y_6}\sqrt{\frac{1}{\Delta p_6 \rho_{i6}}}$ (7-31)
$K_{V6} = \frac{G_{S6}}{1.1p_{i6}y_6}\sqrt{\frac{T_{I6}Z_6}{X_6M_6}}$ (7-32)</td></tr>
<tr><td>阻塞流
$X = \frac{\Delta p}{p_1} \geqslant F_{K6}X_{T6}$
(7-22)</td><td>$K_{V6} = \frac{G_{S6}}{1.78}\sqrt{\frac{1}{kX_{T6}p_{i6}\rho_{i6}}}$ (7-33)
$K_{V6} = \frac{G_{S6}}{0.62p_1}\sqrt{\frac{T_{I6}Z_6}{kX_{T6}M_6}}$ (7-34)</td></tr>
</table>

(1)常数。

调节阀模型中，在建模时需要填写的常数：

阀门流通能力 $KADM_6$：其物理意义等同于阀门流量系数，可直接根据额定工况下的参数进行预处理计算得到，也可以直接根据经验填写。

当介质为蒸汽时，需要考虑过热蒸汽等熵指数 $K_6=1.3$，从而计算出比热容系数 F_{K6}，以判断阀门是否处于阻塞流状态，并计算出阀门流通能力的一个重要参数——膨胀系数 y_6。

一般来说，默认阀门临界压差比 $XT_6=0.78$。

阀门类型 SEL_6：模型中默认为 $SEL_6=1$，即等百分比特性。也可选择其他特性，或者根据实际阀门特性进行自定义，即 $SEL_6=6$。若 $SEL_6=6$，则可以根据实际情况定义阀门开度 $KVP0(21)_6$ 及其对应的流量百分比 $KCHT(21)_6$。

逆止流动信号 CN_6：默认 $CN_6=0$，即阀门没有逆止功能；若 $CN_6=1$，则此时阀门具有逆止功能。因此，在建模时，可以省略逆止门模块，以减少节点个数。

阀门关闭时漏流开度 $KVPL_6$：考虑实际系统中阀门不能关死而导致的漏流现象，可根据实际需要填写；默认值为0，即不考虑漏流。

阀门常数流通能力 $KADM_6$ 的计算公式为：

$$KADM_6=\frac{G_6^2}{dp_6\times\rho_6}\tag{7-38}$$

式中，G_6 为阀门的质量流量，单位为 kg/s；ρ_6 为阀门的入口密度，单位为 kg/m^3；dP_6 为阀门进出口压差，单位为 MPa。

若实际系统中所用到的阀门不具有调节门，则预处理时所用到的参数一般用额定工况下的参数；若是调节门，则预处理时所用参数一般是最大工况下的参数(其开度一般不会用到100%)。

当 $SEL_6=0$ 时，入口密度根据所填写的入口压力和温度计算所得；当 $SEL_6=1$ 时，可手动直接填写密度值，不需要再填写压力温度来计算。

(2)输入与输出。

输入指由流网计算输入给阀门的变量值，包括：进出口压力、温度、密度以及流量。

输出指由阀门计算输出给流网的变量值，包括阀门流通能力 $KADM_6$、逆止流动信号 CN_6。

(3)驱动。

驱动指驱动机构传给阀门的开度指令。

(4)中间变量。

阀门真实开度 VPF_6，指阀门当前开度下各开度对应的流量百分比。

阀门工作特性 $SCHT(12)_6$，指常数中所填阀门特性下对应的流量百分比。

阀门阻塞流判断 CRI_6：根据进出口压力、温度、压力恢复系数计算得出临界压差，同阀门实际进出口压差进行对比。若阀门实际压差小于临界压差，则阀门处于非阻塞流状态，$CRI_6=0$；反之，则为阻塞流状态，$CRI_6=1$。

2. 水逆止阀模块

水逆止阀模块如图 7-14 所示。

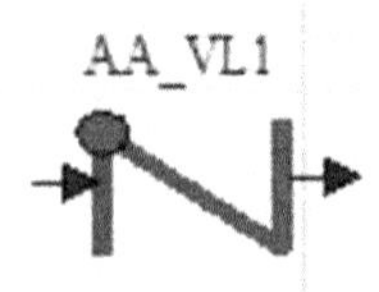

图 7-14　水逆止阀模块

流过阀门的介质既可以是水，也可以是蒸汽，空气。当逆止阀进口压力大于出口压力时，阀门自动全开；反之则全关。阀门不具有调节能力，只有全开、全关两种状态。

(1)常数。

在建模时需要填写的常数：阀门流通能力 $KADM_7$。

$$KADM_7 = \frac{G_7^2}{dp_7 \times \rho_7} \tag{7-39}$$

式中，G_7 为阀门的质量流量，单位为 kg/s；ρ_7 为阀门的入口密度，单位为 kg/m^3；dp_7 为阀门进出口压差，单位为 MPa。

阀门流通能力 $KADM_7$，同管路一样，为根据输入值和常数，对 $KADM_7$ 进行相应的修正后的计算值。当 $SEL_7 = 0$ 时，入口密度根据所填写的入口压力和温度计算所得；当 $SEL_7 = 1$ 时，可手动直接填写密度值，不需要再填写压力温度来计算。

(2)输入与输出。

此处，输入指计算出的由流网输入给阀门的变量值，包括：进出口压力、密度以及流量；输出指计算出的由阀门输出给流网的变量值，包括阀门流通能力、逆止流动信号。阀门开度只有全开或全关，即全开时 $VP_7 = 1$，全关时 $VP_7 = 0$。

7.2.4　汽轮机类模块

汽轮机模块如图 7-15 所示。

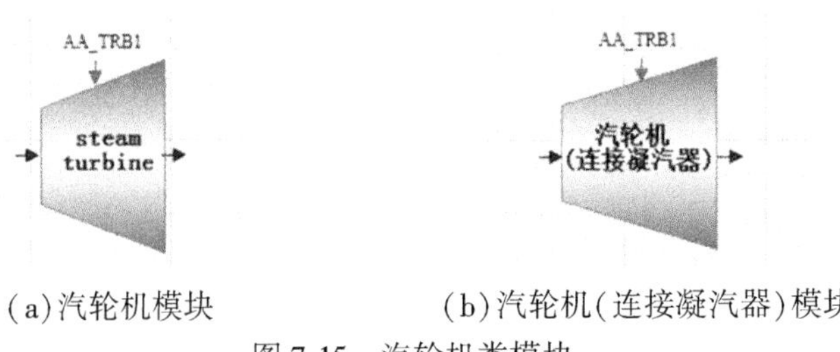

(a)汽轮机模块　　(b)汽轮机(连接凝汽器)模块

图 7-15　汽轮机类模块

上述两种汽轮机模块在实际工程中起到能量转化的作用。

1. 常数

SEL_8 一般默认为 0；若 $SEL_8=1$，则表示汽轮机模块与蒸汽模块中的“网络流出边界”模块互相引用，一般用于汽轮机调节级建模。若用于低压缸最后一级建模，则 $SEL_8=1$，此时计算汽轮机出口压力和密度等于凝汽器的压力和气体密度。

汽轮机流通能力 $KADM_8$、功率系数 $KTURB1_8$ 以及功率限制系数 $KTURB2_8$ 可通过预处理得出。汽轮机额定转速 FSP_8 默认值为 3000，可根据设计数据填写。

设计工况流量 KG_8，效率随流量变化系数 KWC_8，是为了考虑流量变化时对效率的影响；$KLOSS_8$ 是为了考虑汽轮机对内缸壁的散热量(注意此处单位是 kW/℃，即此传热系数包含了换热面积)，默认值为 0。模型中所填默认值不考虑这些因素，也可根据实际需要改写相应的值。逆止流动信号 CN_8，防止介质倒流，默认值为 1。效率随流量变化系数 $KGC(10)_8$，即可根据实际需要填写各流量对应的效率，默认值为 1。

- 汽轮机功率系数、汽轮机功率限制系数、汽轮机流通能力

➢ 汽轮机功率系数 $KTURB1_8$

$$KTURB1_8=\frac{\rho_8\times\Delta H_8}{\Delta P_8} \tag{7-40}$$

式中，$\rho_8=DENSIN_8$；$\Delta H_8=HIN_8-HTO_8$；$\Delta P_8=PIN_8-PTO_8$。

➢ 汽轮机功率限制系数 $KTURB2_8$

$$KTURB2_8=\frac{\Delta H_{sat8}}{H_8} \tag{7-41}$$

式中，$\Delta H_{sat8}=HIN_8-0.3\times HF_{sat_8}-0.7\times HS_{sat_8}$；$H_8=HIN_8$；$HF_{sat_8}$ 为对应进汽压力下饱和水焓值；HS_{sat_8} 为对应比熵下的饱和蒸汽焓值。

➢ 汽轮机流通能力 $KADM_8$

$$KADM_8=\frac{G_8^2}{dp_8\times\rho_8} \tag{7-42}$$

式中，G_8 为汽轮机质量流量，单位为 kg/s；ρ_8 为汽轮机入口密度，单位为 kg/m^3；dp_8 为汽轮机进出口压差，单位为 MPa。

- 汽轮机入口参数

➢ 入口压力、入口比焓、入口密度

入口压力等于输入项中进口压力，即 $PTRBIN_8=PIN_8$；入口比焓等于输入项中进口比焓，即 $HTRBIN_8=HIN_8$；入口密度等于输入项中进口密度，即 $DENSTRBIN_8=DENSIN_8$。

➢ 汽轮机入口流量、汽轮机出口压力、出口密度

汽轮机入口流量等于汽轮机进汽流量 G_8；

若“汽轮机”模块与“网络流出边界”模块相互引用，则汽轮机出口压力 $PTRBTO_8$ 和密度 $DENSTRBTO_8$ 等于网络流出边界出口的压力 $PATO_8$ 和密度 $DENSATO_8$，即：

$$PTRBTO_8=PATO_8 \tag{7-43}$$

$$DENSTRBTO_8=DENSATO_8 \tag{7-44}$$

若不引用，则汽轮机出口压力$PTRBTO_8$和密度$DENSTRBTO_8$等于与汽轮机实际排汽压力PTO_8和密度$DENSATO_8$，即：

$$PTRBTO_8 = PTO_8 \tag{7-45}$$

$$DENSTRBTO_8 = DENSTO_8 \tag{7-46}$$

- 汽轮机输出轴功率 WT_8

汽轮机输出功率 WT_8 计算如下：

$$WT_8 = WT_{08} \times \eta_8 - WBD_8 \tag{7-47}$$

式中，WT_{08} 为理想状态下的轴功率，η_8 为做功效率修正系数，WBD_8 为鼓风摩擦瞬时功率。根据汽轮机进汽流量 $GTRB_8$，同 KG_8 和 $KGC(10)_8$ 经过线性插值计算而得。

- 内缸壁温$TEIC_8$、对内缸壁传热量 $QLOSS_8$

内缸壁温$TEIC_8$可通过汽轮机信息流端口输入，模型中默认值为 20；对内缸壁传热量 $QLOSS_8$ 的公式为

$$QLOSS_8 = KLOSS_8 \times (TETO_8 - TEIC_8) \tag{7-48}$$

其中，传热系数 $KLOSS_8$ 可根据实际流入汽轮机流量 $GTRB_8$、常数中的设计工况流量 KG_8、对内缸壁传热系数 $KLOSS(10)_8$ 通过插值计算得出，$TETO_8$ 为汽轮机仿真排汽温度。

- 排汽参数(对直接连接凝汽器的专用汽轮机模块)

汽轮机输出排汽温度 TEC_8 与输出排汽压力 PTC_8

根据汽轮机仿真排汽压力 PTO_8，通过水蒸气表得出排汽压力对应的饱和蒸汽的比焓 H_{sat8}和温度 TE_{sat8}。若排汽比焓大于饱和蒸汽比焓，即 $HTO_8>H_{sat8}$，则

$$TEC_8 = \min(TETO_8,\ TE_{sat8}) \tag{7-49}$$

若排汽比焓不大于饱和蒸汽比焓，即 $HTO_8 \leqslant H_{sat8}$，则：$TEC_8 = TETO_8$，则汽轮机输出排汽压力 PTC_8 为

$$PTC_8 = PTO_8 - 0.95 \times (PTO_8 - PATO_8) \tag{7-50}$$

2. 输入与输出

此处，输入指由流网计算出传递给汽轮机模型的变量值；输出指汽轮机模型计算出传递给流网变量的值，包括汽轮机去网络流通能力 $KADM_8$、支路换热量 DH_8、逆止流动信号 CN_8。其中，传热系数 KLOSS，根据实际流入汽轮机流量 GTRB、常数中的设计工况流量 KG0、对内缸壁传热系数 KLOSS(10)通过插值计算得出。

7.2.5　其他模块

1. 离心式水泵模块

离心式水泵模块如图 7-16 所示。

离心式水泵模块用于提高给水、冷凝器冷却水和抽真空用水的压力。

(1)常数。

“离心式水泵”模型中，在建模时需要填写的常数：

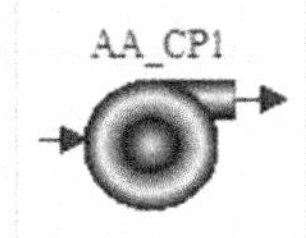

图 7-16 离心式水泵模块

离心泵流通能力 $KAMD_9$ 及其封闭扬程 KHB_9 可通过预处理计算得出。流动效率 $KCOEFF_9$ 默认为 1，也可根据实际填写。默认 $SEL_9=0$，即不对泵工作特性进行修正，在需要时选择 $SEL_9=1$，对泵特性进行修正，修正后对应的转速为 $KNSP0(11)_9$。

启动时间 $KUPTIME_9$ 默认值为 0.1s，可根据实际需要进行修改。停止时间 $KDOWNTIME_9$ 默认值为 1s，可根据实际需要进行修改。气蚀系数 $KRDU_9$ 默认为 0，即正常工作时不考虑泵发生汽蚀的情况，在进行故障测试时，需填写 0~1 之间的一个数，以设置汽蚀程度。泵汽蚀时扬程波动系数 $KRND_9$ 默认为 0，即不发生气蚀，在进行故障测试时，需填写 0~1 之间的一个数，以根据需要，设置发生气蚀的泵的扬程波动程度。额定流量 G_9，根据泵的设计数据填写。倒流做功调整系数 KEF_9，用于计算倒流时泵的功率，可根据需要填写 0~1 之间的一个数。转动惯量 $KPGEN_9$，用于计算转速，默认值为 100，可根据实际情况改写。额定转速 KSP_9，用于转速计算，以限制转速使其不超过正常范围，默认值为 3000，可根据实际设计数据填写。额定转速摩擦功率 KPM_9，用于计算其他转速下的摩擦功率，从而计算泵转速，默认值为 1，可根据实际需要填写。

- 封闭扬程 KHB_9

泵的封闭扬程，根据泵的额定扬程和水力效率计算所得，即

$$KHB_9=\frac{KHD_9}{KCOEFF_9} \tag{7-51}$$

其中，水力效率 $KCOEFF_9$ 默认为 0.85，额定扬程 KHD_9 也根据实际填写。

- 流通能力 $KADM_9$

泵常数流通能力 $KADM_9$ 计算公式为：

$$KADM_9=\frac{G_9^2}{dp_9\times\rho_9} \tag{7-52}$$

式中，G_9 为泵的流量，单位为 kg/s；ρ_9 为泵的入口密度，单位为 kg/m^3；dp_9 为泵自身阻力，单位为 MPa。

其中，$dp_9=KHB_9-KHD_9$，即泵封闭扬程与额定扬程之差为泵自身的阻力。当 $SEL_9=0$ 时，入口密度根据所填写的入口压力和温度计算所得；当 $SEL_9=1$ 时，可手动直接填写密度值，不需要再填写压力温度来计算。若泵的转速不可调，则只有启停两种状态，预处理时所用到的参数一般用额定工况下的参数；若是泵的转速可调节，则预处理时所用参数一般是最大工况下的参数。

(2)输入、输出与驱动。

输入，指由流网计算出传递给离心泵模型的变量值，包括：进出口压力、密度以及流

量；输出，指离心泵模型计算出传递给流网的变量值，包括离心泵去网络流通能力、离心泵工作扬程；马达状态，若马达启动，则 $ST_9=1$，反之，$ST_9=0$。输入转速，指驱动机构传给泵的转速指令。

2. 滤网(液体)模块

滤网(液体)模块如图 7-17 所示。

图 7-17　滤网(液体)模块

滤网在实际工程中用于过滤给水中的杂质，保证系统正常运行。

(1)常数。

滤网模型中，在建模时需要填写的常数：

管道流通能力 $KADM_{10}$，是管路的固有特性，与管内介质类型无关，默认值为 0.1，可根据额定工况下的参数进行预处理计算而得，也可以根据经验直接填写；滤网堵塞时间常数 $KTIME_{10}$，用于故障状态时设置，默认值为 10，可根据需要设置滤网堵塞时间；滤网差压高报警值 KHP_{10}，用于设置滤网差压报警值，默认值为 10，可根据需要设置滤网堵塞时间。

流通能力 $KADM_{10}$的定义为：

$$KADM_{10} = \frac{G_{10}^2}{dp_{10} \times \rho_{10}} \tag{7-53}$$

式中，G_{10} 为管路质量流量，单位为 kg/s；ρ_{10} 为管路入口密度，单位为 kg/m^3；dp_{10} 为管路进出口压差，单位为 MPa。

其中，压差 $dp_{10}=P_{in10}-P_{to10}$，根据进出口压力计算而得。因此，在预处理时只需要填写进口压力，进出口压差合适即可，不需要填写出口压力。另外，入口密度有两种填写方式，当 $SEL_{10}=0$ 时，可根据进口温度、进口压力自动求解入口密度；当 $SEL_{10}=1$ 时，密度可以直接填写，无须根据进口温度压力来计算。

(2)输入与输出。

输入，是针对滤网而言的，指流网计算出的变量值输入给滤网模型，包括流量、进出口压力及密度，从而计算出输出值；输出，指的是滤网模型计算出的流通能力输出给流网。

3. 汽水分离器模块

汽水分离器模块如图 7-18 所示。

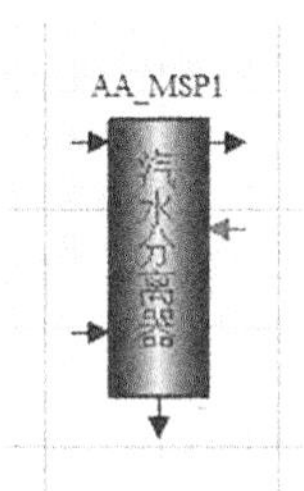

图 7-18 汽水分离器模块

该模块在核电站二回路仿真系统模型中，作为汽水分离器使用。

- 汽水分离器形状、体积、标高、表面积、厚度、污垢系数与换热系数

当汽水分离器形状 $SEL_{11}=0$ 时为立式箱体，当 $SEL_{11}=1$ 时为卧式圆形截面箱体；汽水分离器体积 KVD_{11} 默认值为 $10m^3$；汽水分离器的下标高 $KLWN_{11}$ 是指汽水分离器底部距离零势点的高度；汽水分离器的上标高 $KUPN_{11}$ 是指汽水分离器顶部距离零势点的高度；汽水分离器的表面积 $WALLSA_{11}$ 用以计算汽水分离器的换热量，默认值为 $0.1m^2$；汽水分离器壁的厚度 $WALLKTH_{11}$ 用以计算汽水分离器壁温，默认值为 0.08；气体与液体之间的换热系数 $KINF_{11}$ 用于计算两相节点蒸汽与水的接触面积，默认值为 12。上述常数需要根据实际数据填写。

- 两相间转换系数

湿态转干态过程中加速水蒸发系数 KABOIL，用于加速湿态转干态过程中水蒸发的速度，尽快产生蒸汽，默认值为 5；干态转湿态过程中加速蒸汽凝结系数 KACOND 用于加速干态转湿态过程中蒸汽凝结的速度，尽快产生水，默认值为 1。同样，上述常数需要根据实际数据填写。

- #1、#2 流入管道流通能力

通过预处理计算而得，计算公式如下：

$$KADM_{11}=\frac{G_{11}^2}{dp_{11}\times\rho_{11}} \tag{7-54}$$

式中，G_{11} 为汽水分离器质量流量，单位为 kg/s；ρ_{11} 为汽水分离器入口密度，单位为 kg/m^3；dp_{11} 为汽水分离器进出口压差，单位为 MPa。

第 8 章　核电站二回路操作实验

900MW 核电仿真系统主菜单界面如图 8-1 所示。

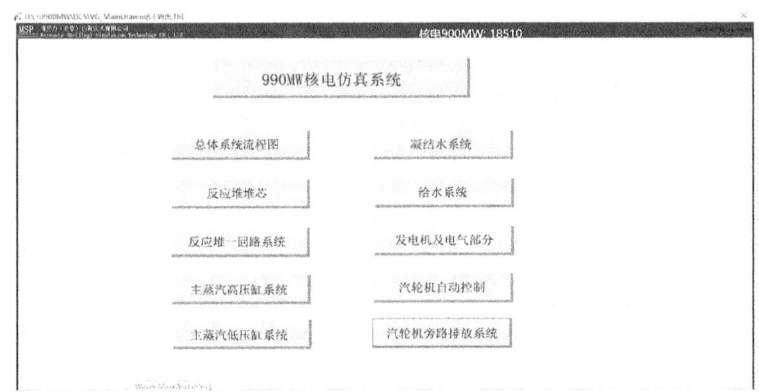

图 8-1　900MW 核电仿真系统主菜单界面

8.1　二回路启动至最低负荷

8.1.1　一回路充水，RCP 升温至 177℃，投入 SG

1. 一回路充水，RCP 升温至 50~70℃

由化学和容积系统(RCP)充水，来自补水系统的除盐水注入一回路外，充水的同时系统还进行排气，通过调节余热排出系统(RRA)的流量调节温度升高的速度，将温度调到 50~70℃。

(1)反应堆一回路系统充水排气。

- 打开反应堆一回路系统画面，如图 8-2 所示。
- 在参数整定值一栏，设定稳压器水位整定值为 34%(约 1.36m)，设置界面如图 8-3 所示。
- 打开化容系统中容控箱进、出口电动阀控制界面，如图 8-4 所示。
- 打开#1 上充泵前、后手动门控制界面，如图 8-5 所示。
- 打开充水调节阀控制界面，投自动，如图 8-6 所示。

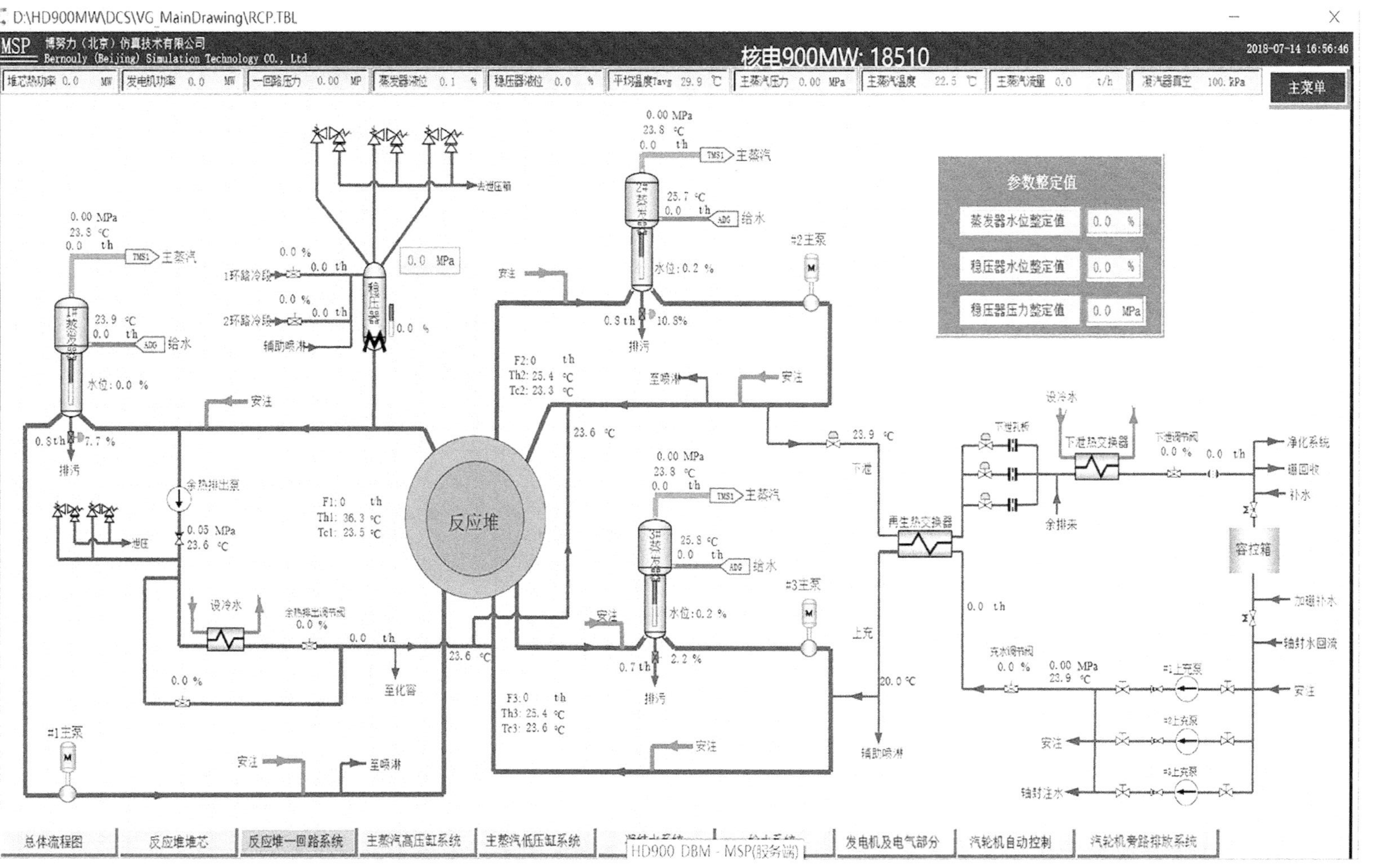

图 8-2 反应堆一回路系统界面

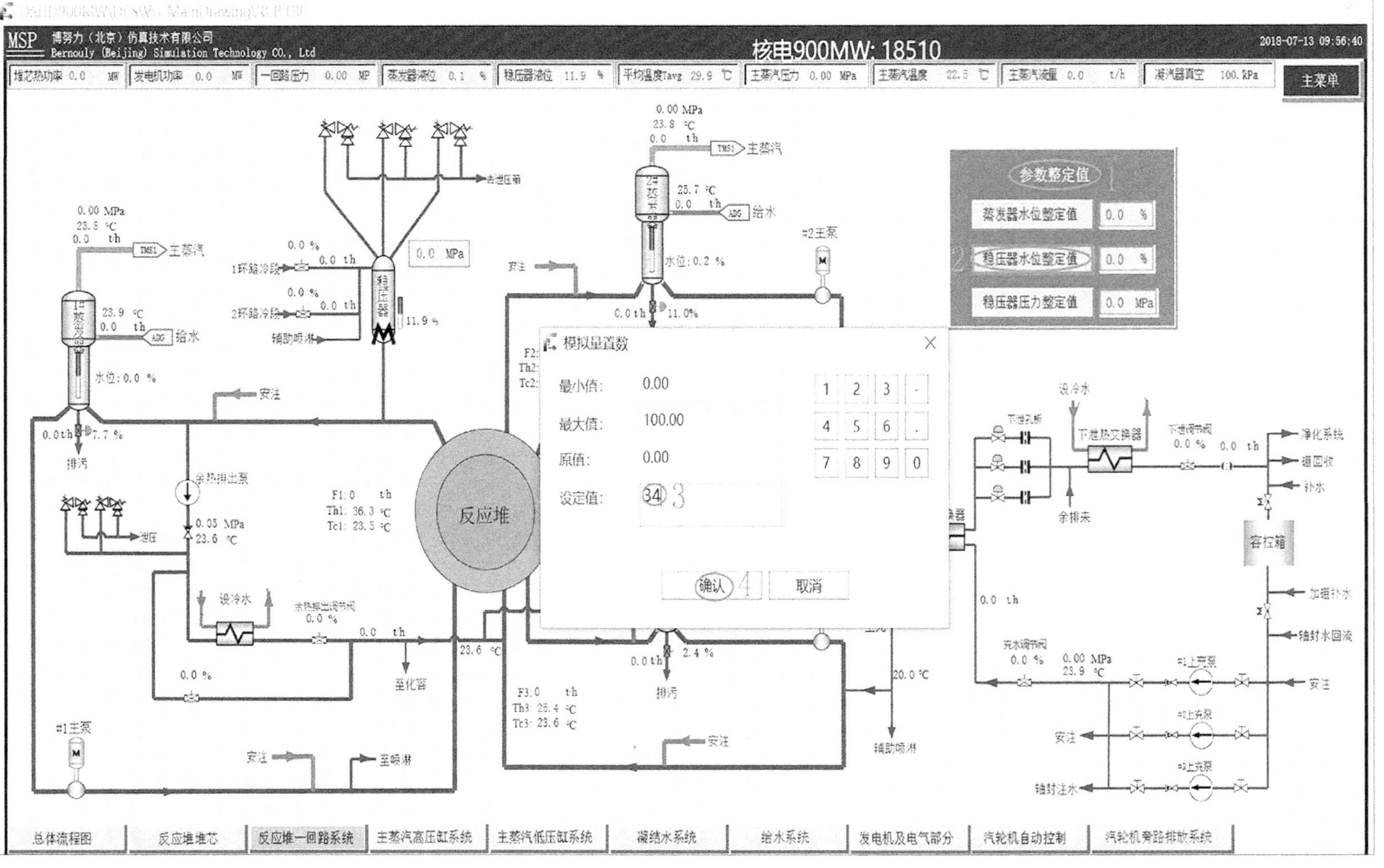

图 8-3　稳压器水位整定值设置界面

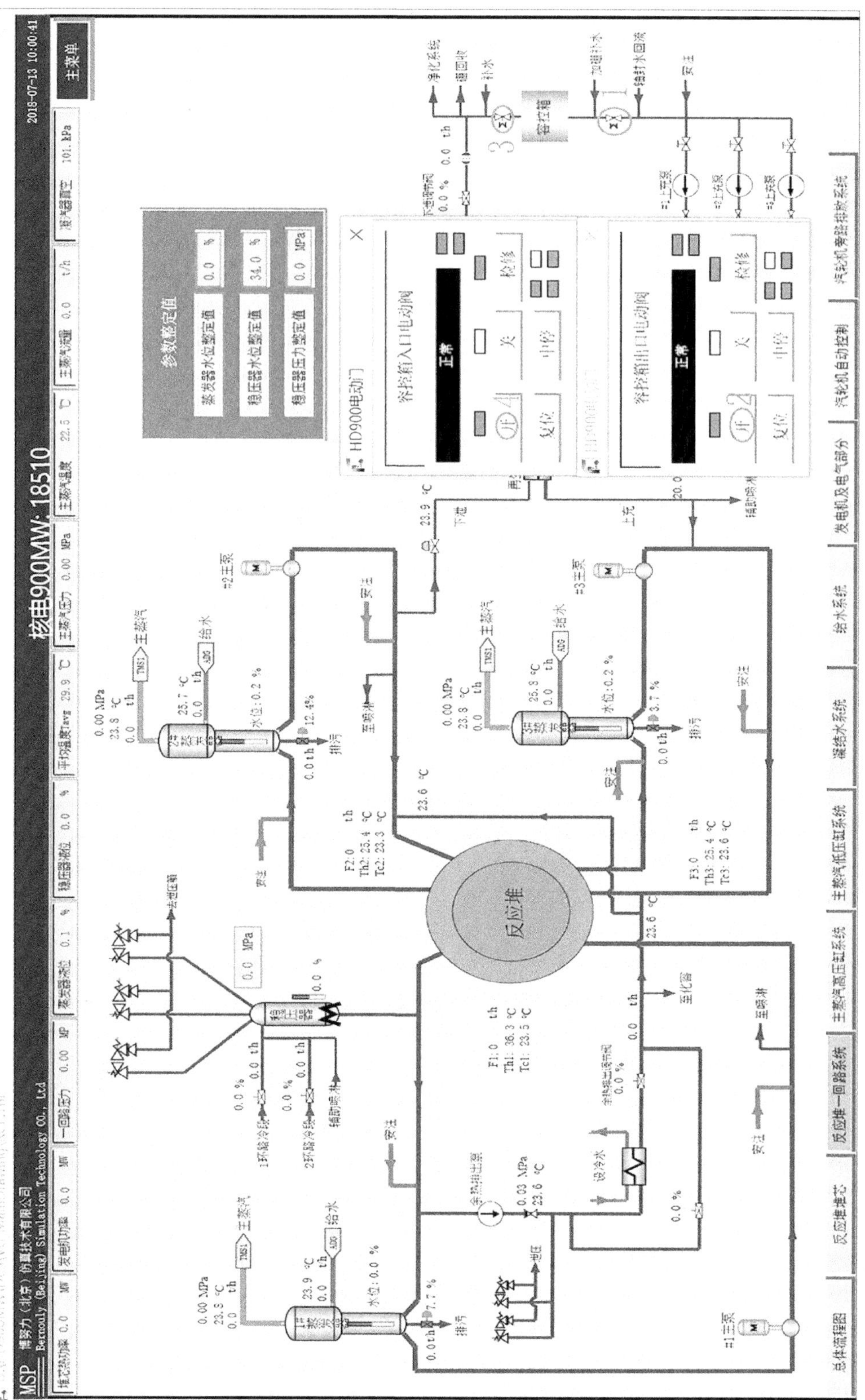

图 8-4　化容系统容控箱进、出口电动阀控制界面

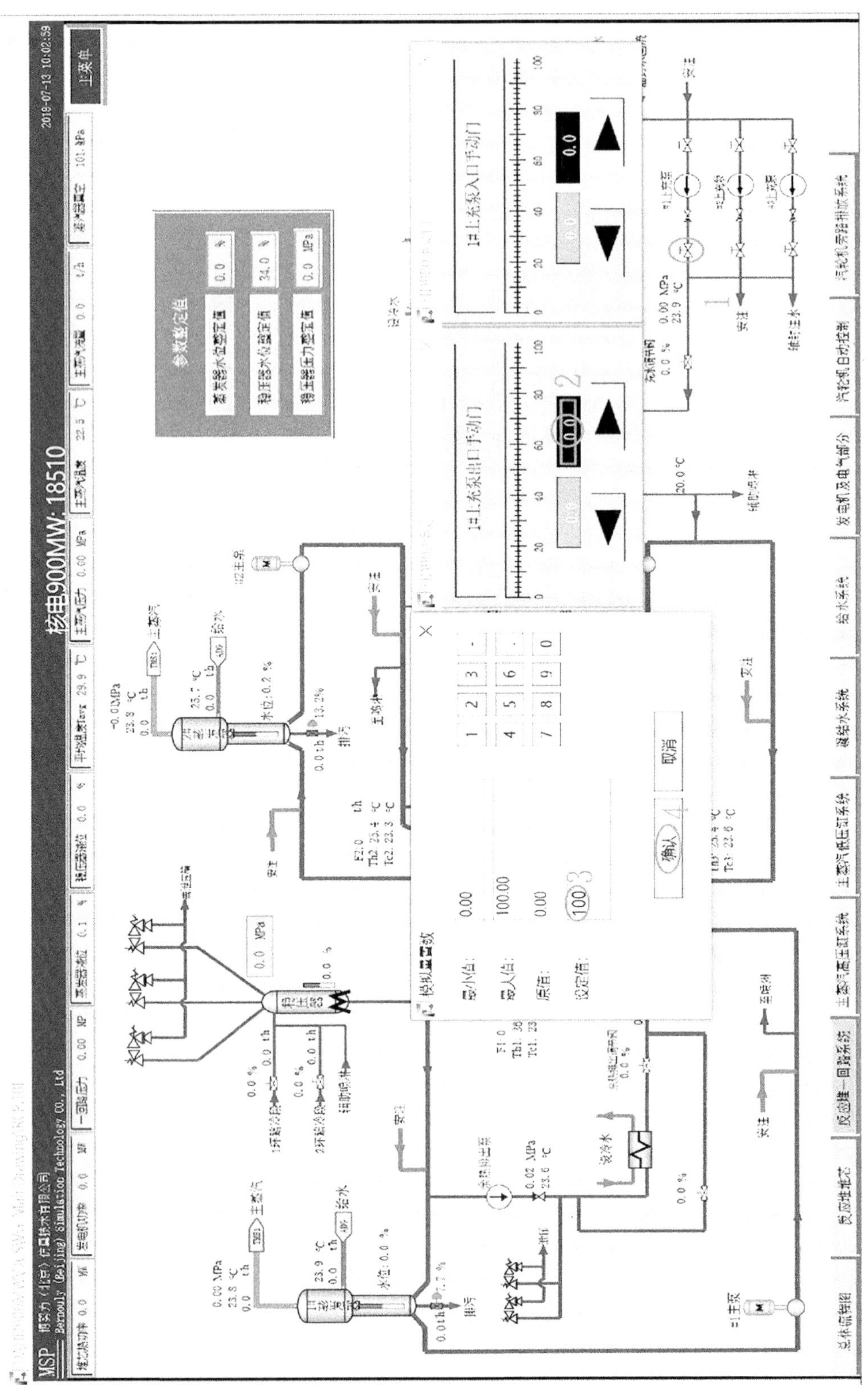

图 8-5(a)　#1 上充泵后手动门控制界面

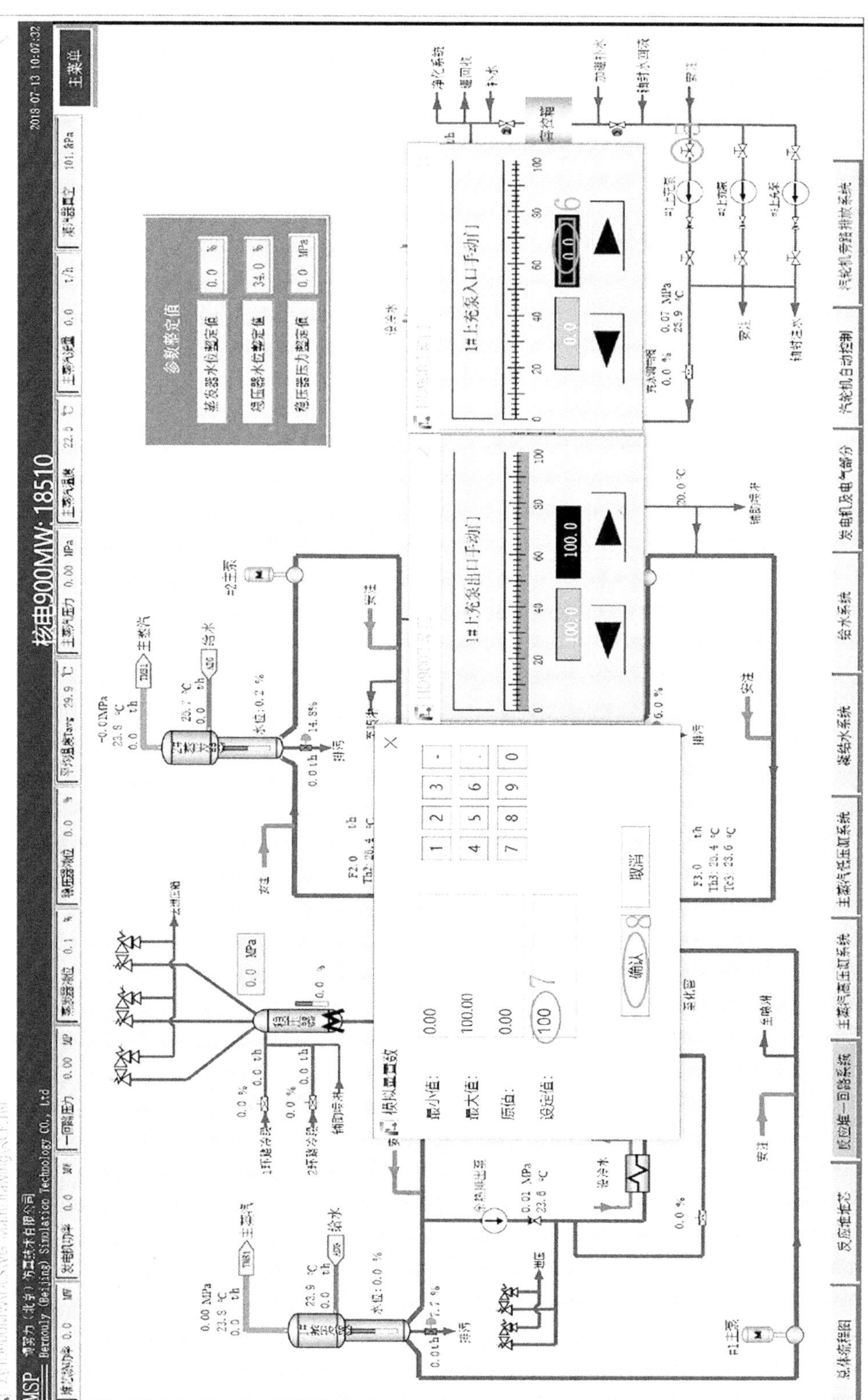

图 8-5(b) #1 上充泵前手动门控制界面

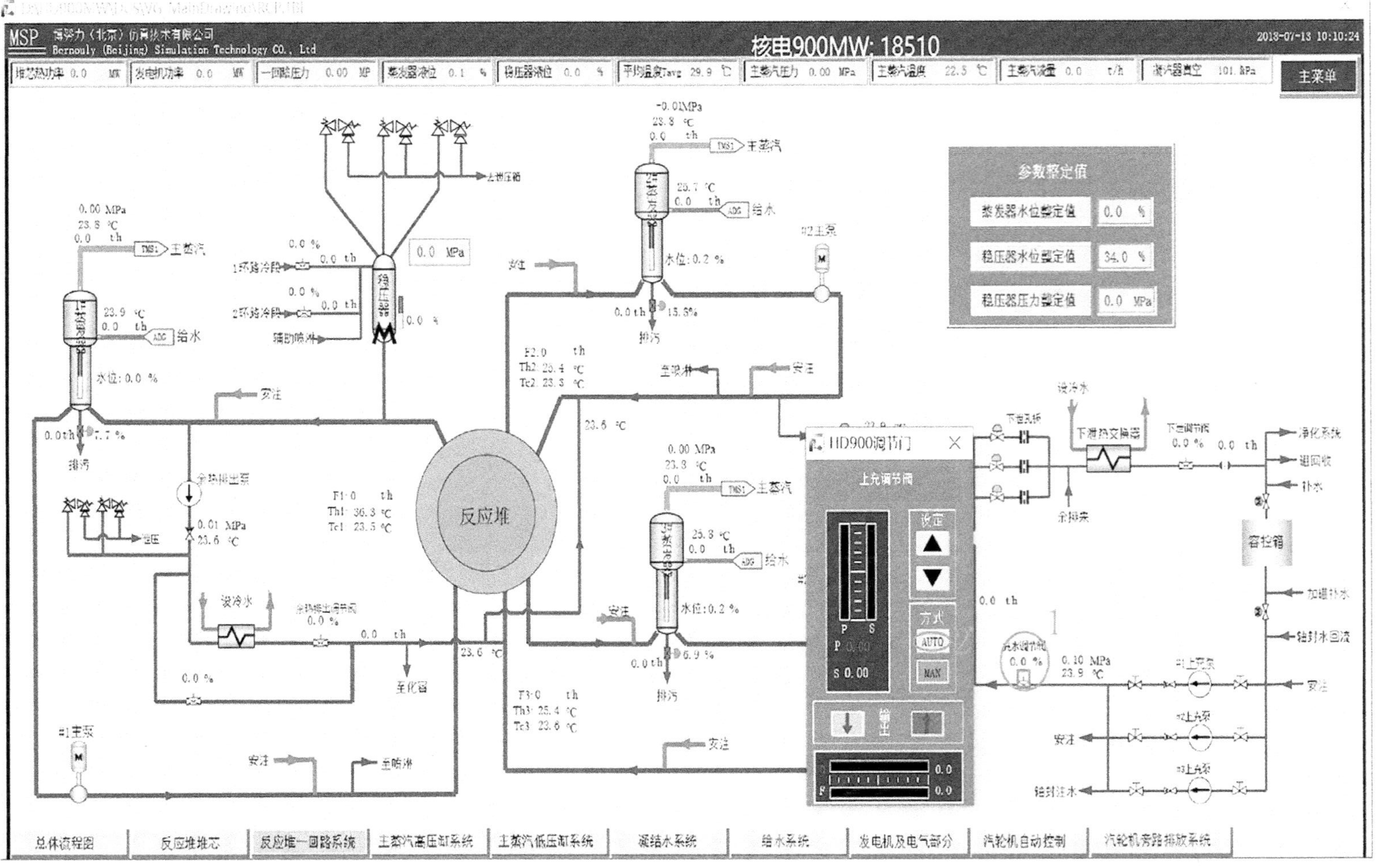

图 8-6　充水调节阀控制界面

- 启动#1 上充泵，开始充水，上交泵控制界面如图 8-7 所示。

(注：稳压器水位波动范围在 20%~60%内均属正常)

(2)蒸发器二次侧上水。

- 设定蒸汽发生器水位整定值为 34%，设置界面如图 8-8 所示。
- 打开给水系统控制界面，如图 8-9 所示。
- 打开辅给水箱补水门控制界面，如图 8-10 所示。
- 打开辅给水泵前后电动门控制界面，如图 8-11 所示。
- 打开至#1、至#2、至#3 蒸发器的辅给水调节阀控制界面，并投自动，如图 8-12 所示。
- 启动辅给水泵，蒸发器自动上水至 34%，控制界面如图 8-13 所示。

(3)投入 RRA(余热排出系统)。

- 打开余热排出调节阀控制界面，开度开至 30%，如图 8-14 所示。
- 启动余热排出泵控制界面，如图 8-15 所示。

(4)在参数整定值一栏，设定稳压器压力整定值为 2.5MPa，设置界面如图 8-16 所示。

(5)启动#1 主泵控制界面，如图 8-17 所示。

(6)稳压器加热升温。

- 稳压器电加热器投自动，控制界面如图 8-18 所示。
- 打开下泄气动阀与下泄隔离阀(此处应该开 3 组，为方便起见只写一组)控制界面，如图 8-19 所示。
- 打开下泄调节阀控制界面，投自动，如图 8-20 所示。
- 将稳压器压力稳定在 2.5MPa，如图 8-21 所示。

(7)调节 RCP 温升速率，将 RCP 温度升至 50~70℃。

手动改变余热排出调节阀的开度，调节流过 RRA 的冷却剂流量，从而调节温升速度。(注：若要加快温升速度，可将下泄调阀关小，也可关至 0 开度。)

2. RCP 继续升温至 177℃

(1)当温度升至 50~70℃时，启动#2，#3 主泵。

- 启动#2、#3 主泵继续升温升压，操作与启动#1 主泵一致，这里不再赘述；
- 改变 RRA 调门开度，调节流过 RRA 的冷却剂流量，调节温升速度；
- 最终 RCP 升温至 120℃。(若要加快温升速度，可将调门开度关至 0。)

(2)升温至 120℃时。

- 设定 RCP 压力整定值为 2.9MPa(操作步骤与之前“设定稳压器压力整定值为 2.5MPa”步骤一致，不再赘述)，一回路与稳压器开始分别升温；

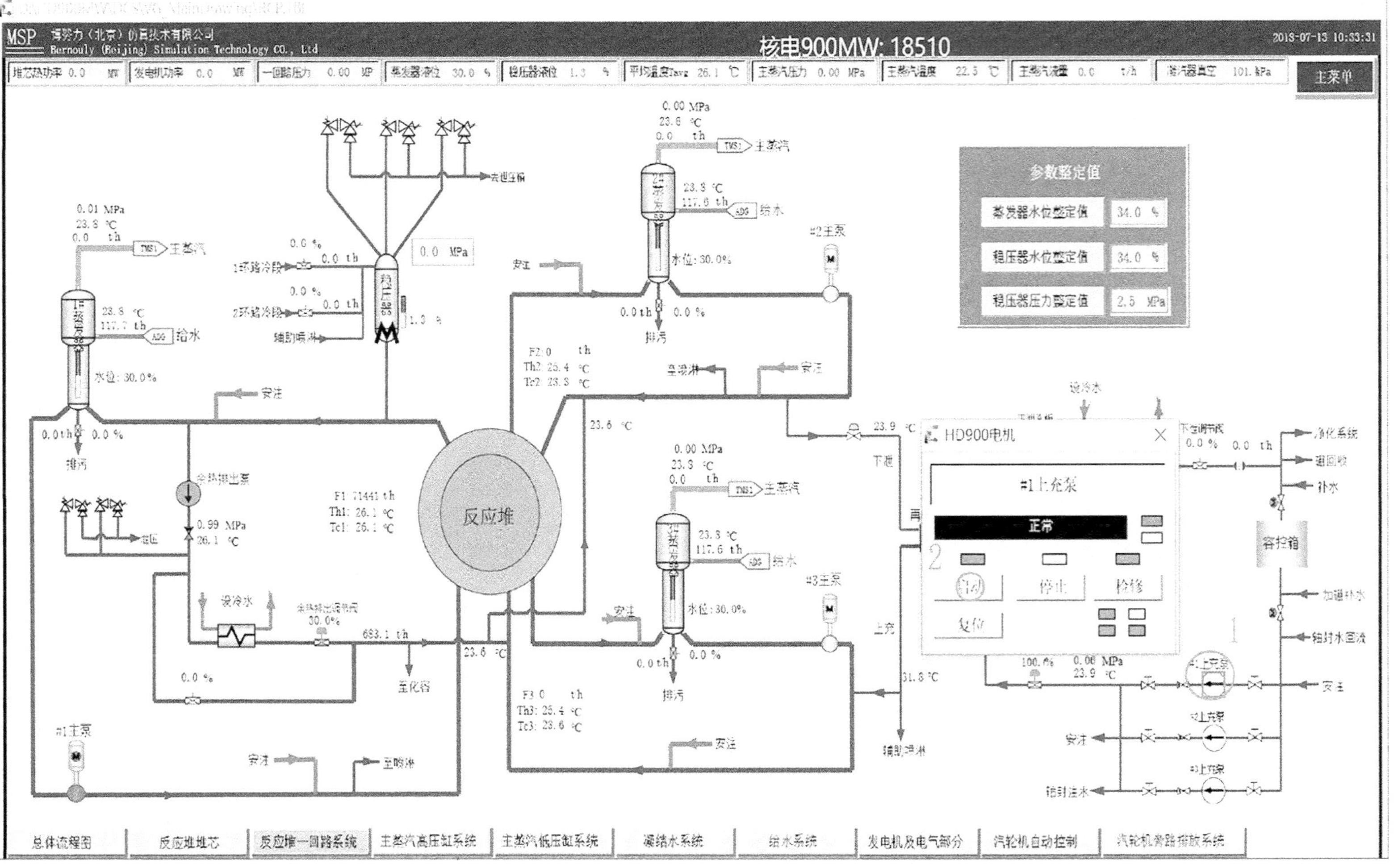

图 8-7　#1 上充泵控制界面

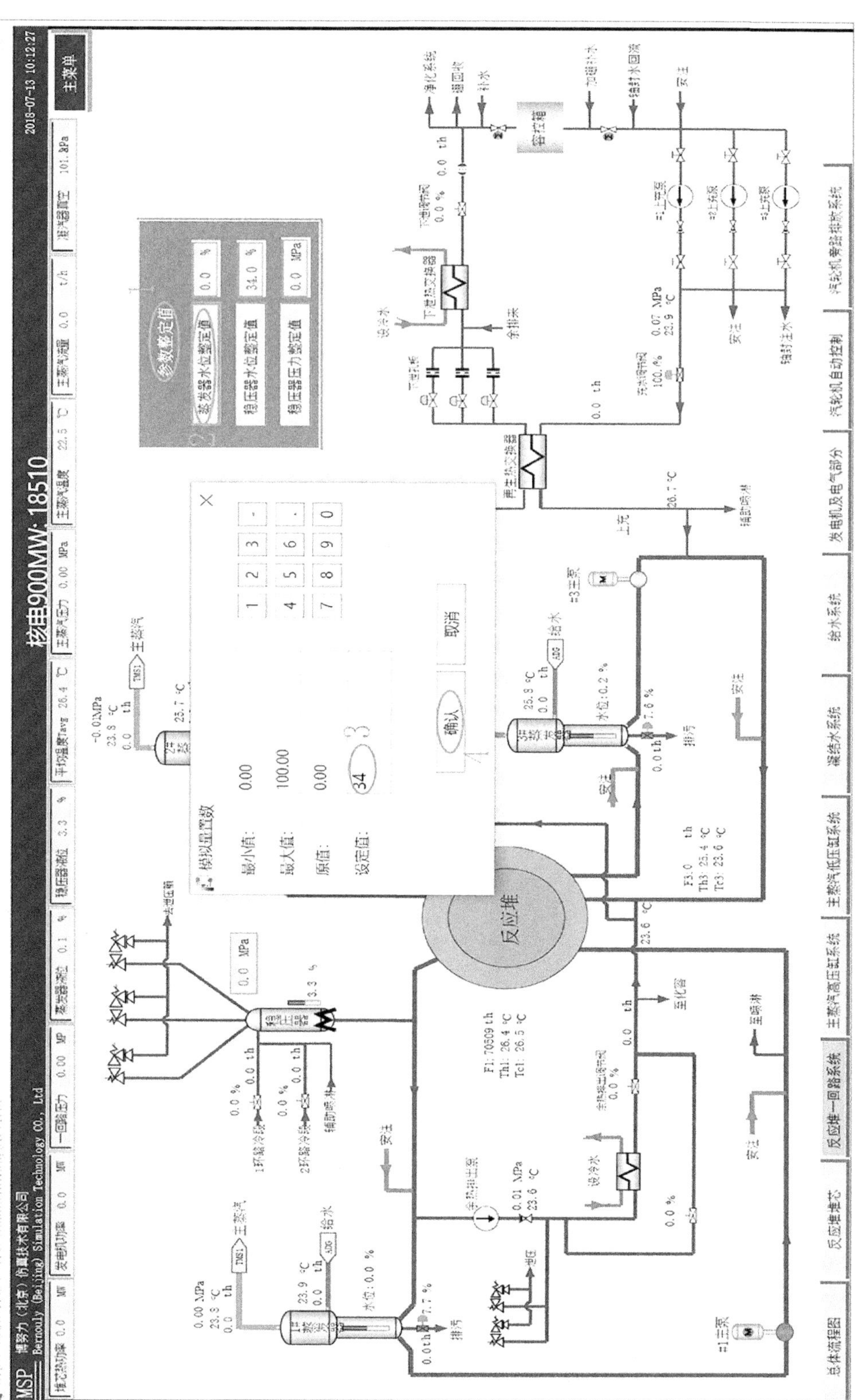

图 8-8 蒸汽发生器水位整定值设置界面

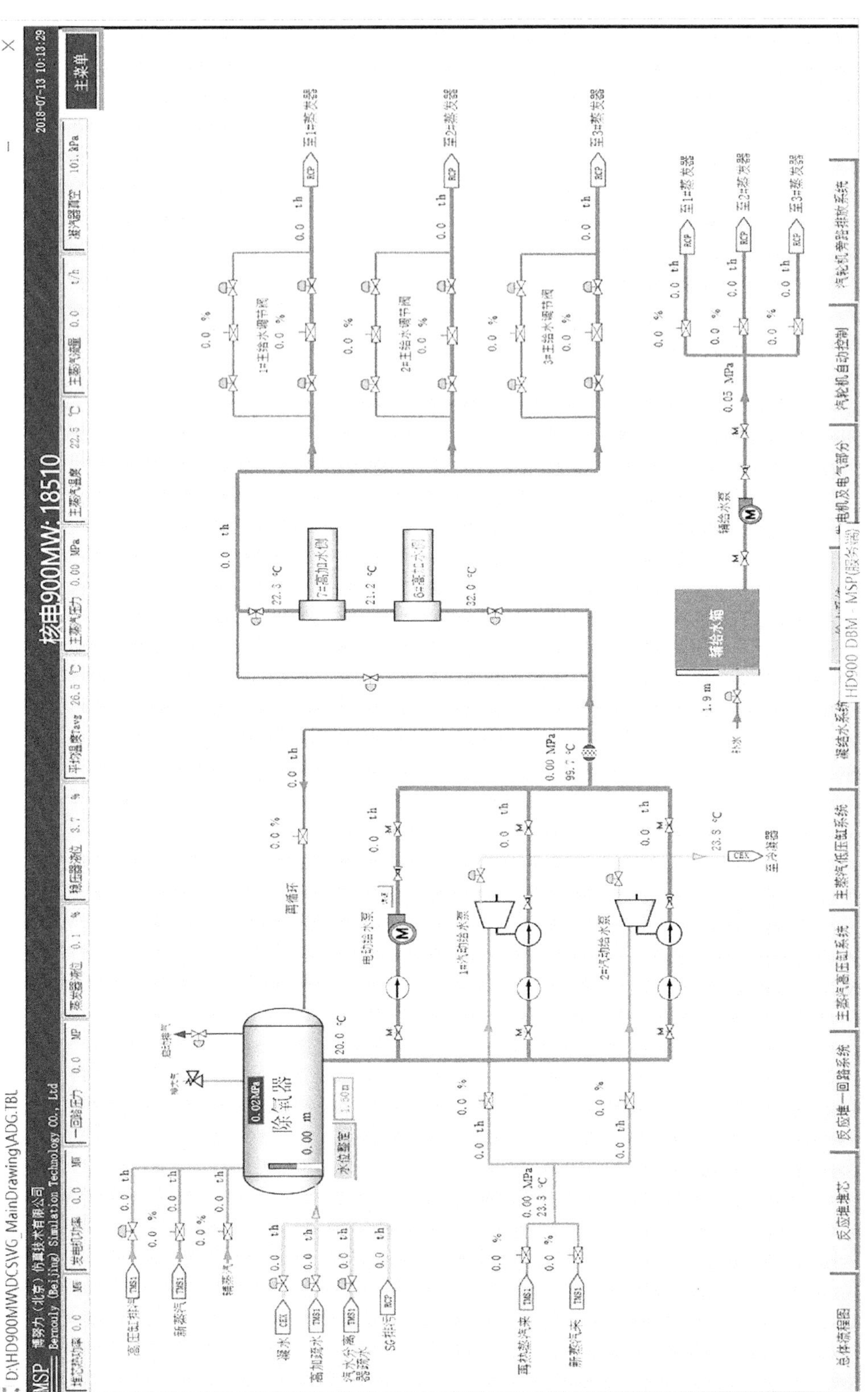

图 8-9　给水系统控制界面

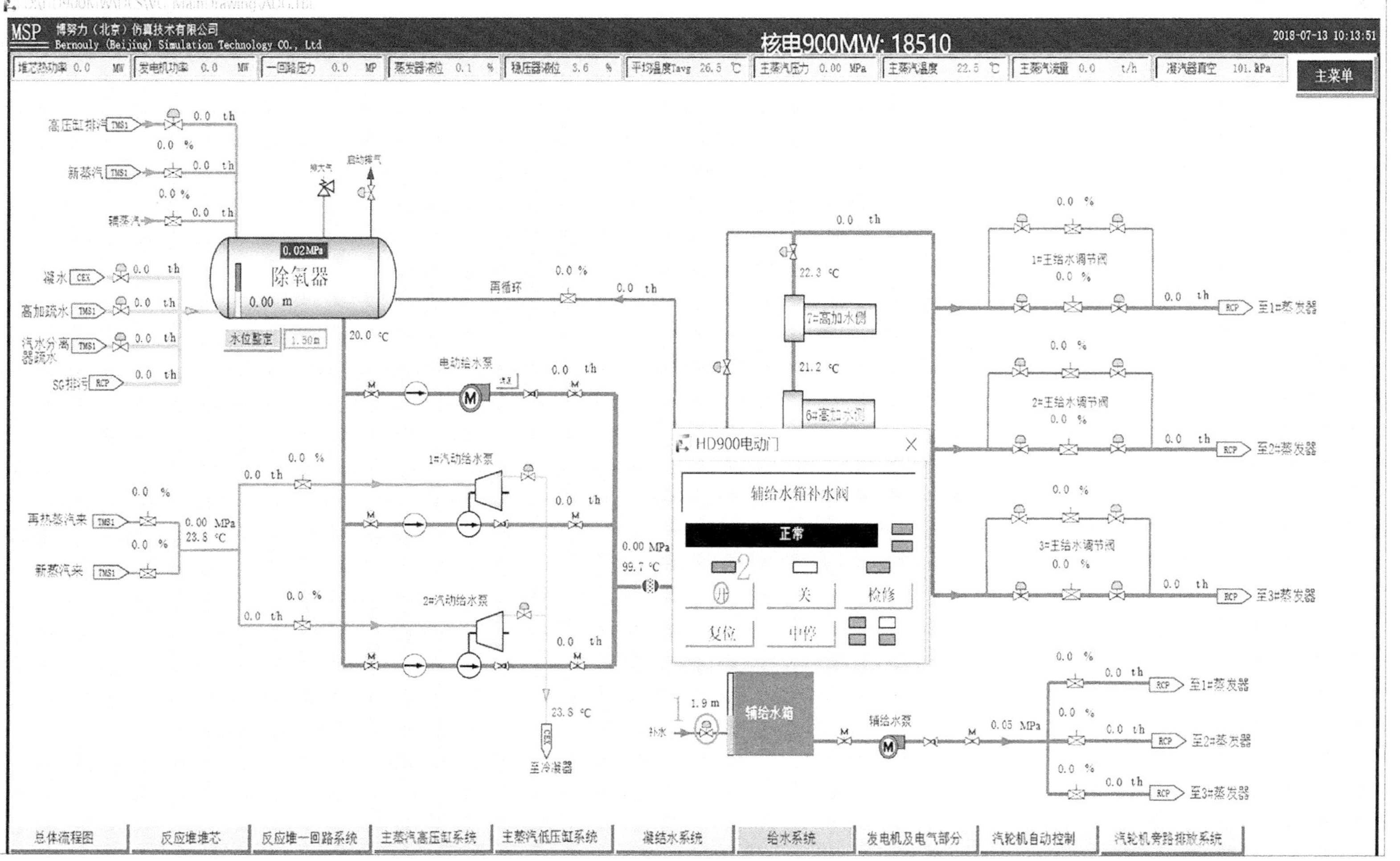

图 8-10　辅给水箱补水门控制界面

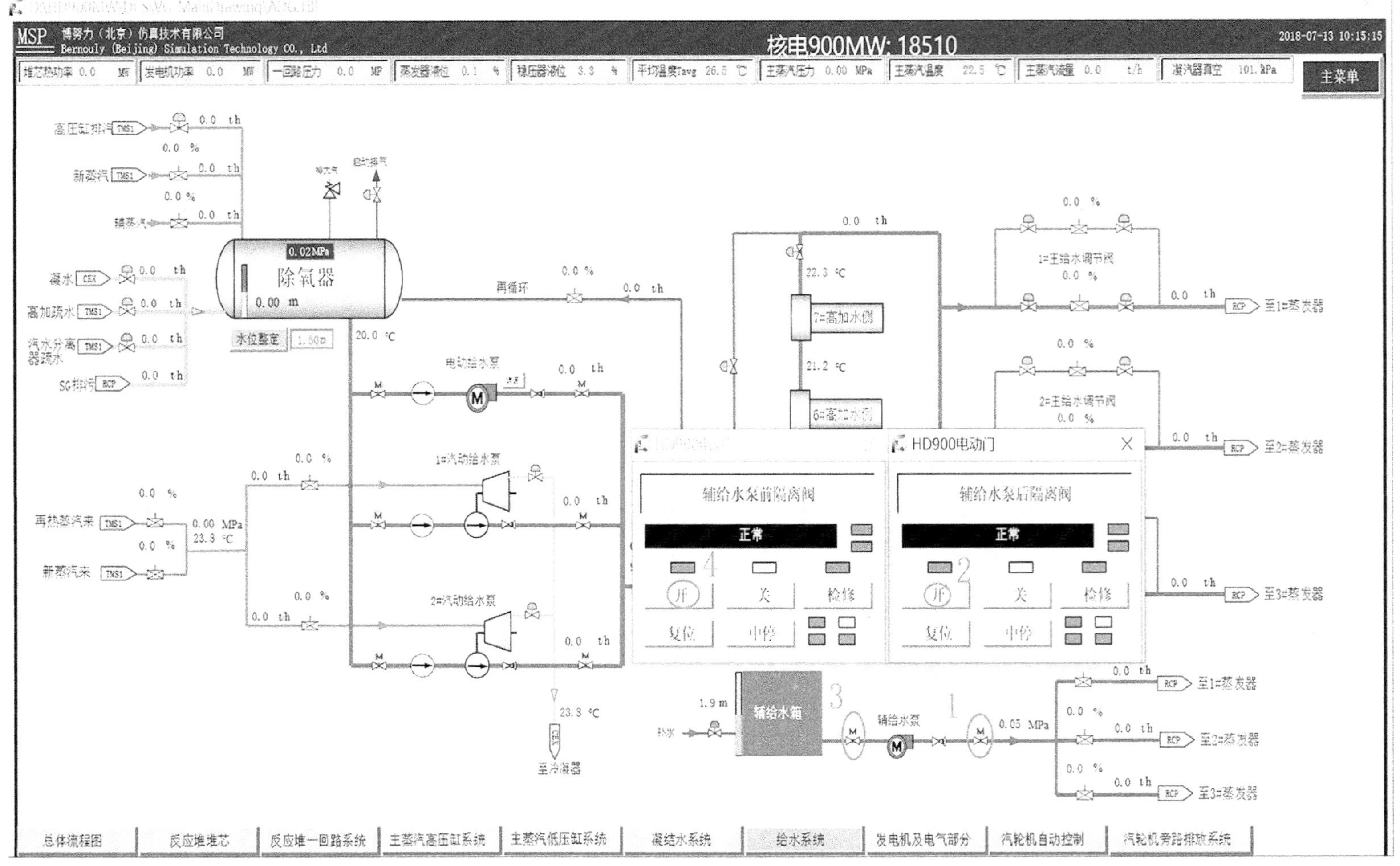

图 8-11　辅给水泵前、后电动门控制界面

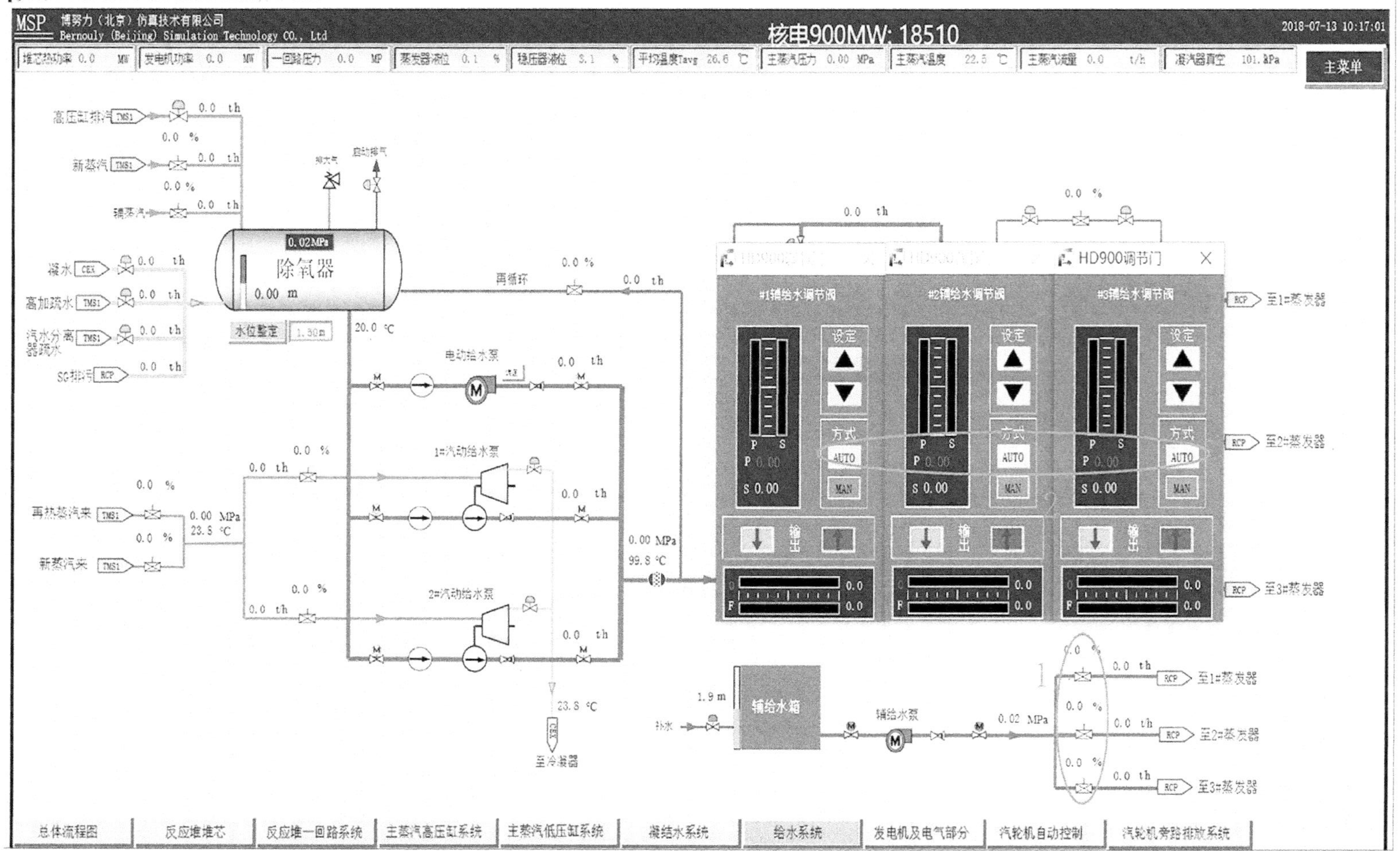

图 8-12 辅给水调节阀控制界面

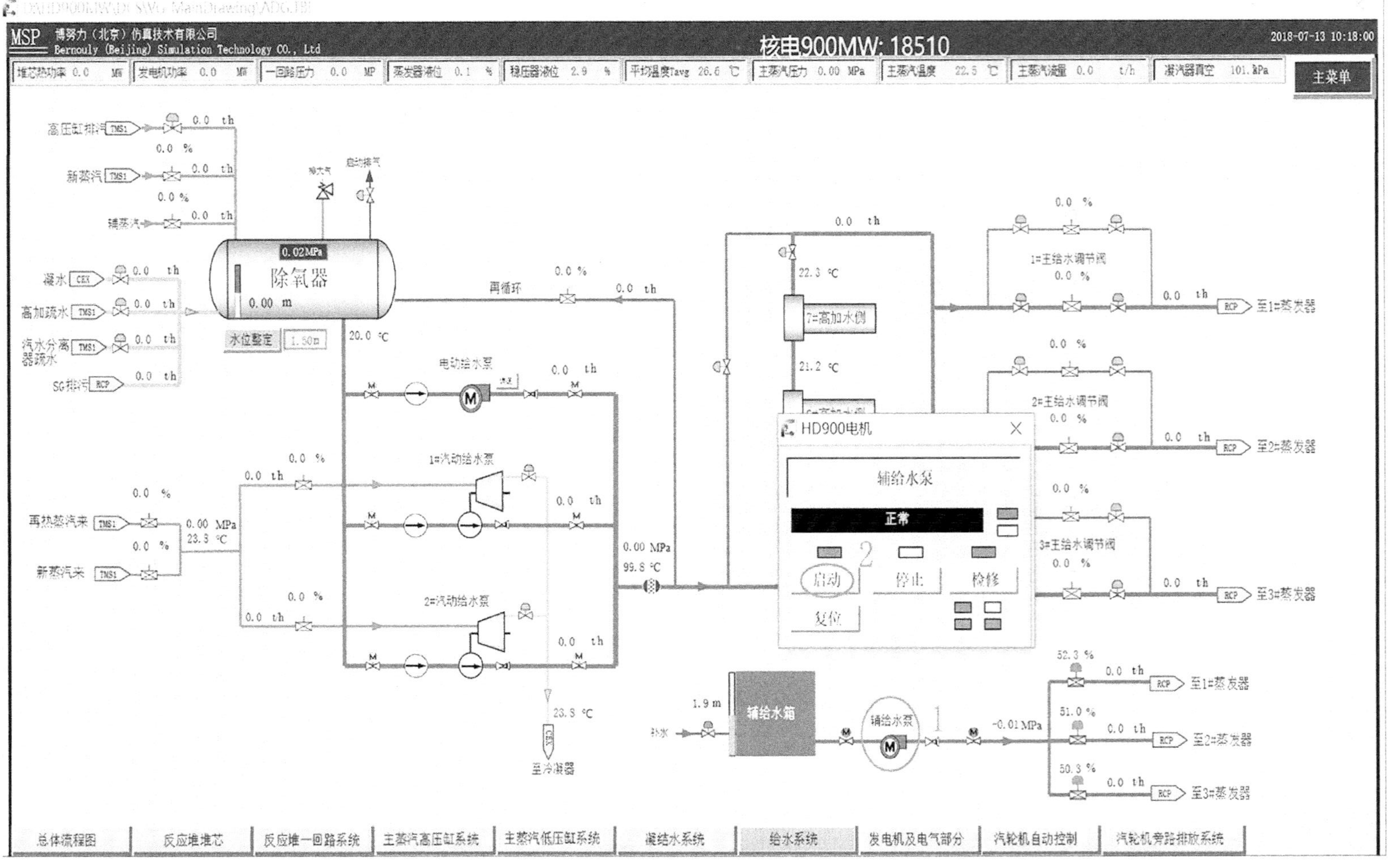

图 8-13　辅给水泵控制界面

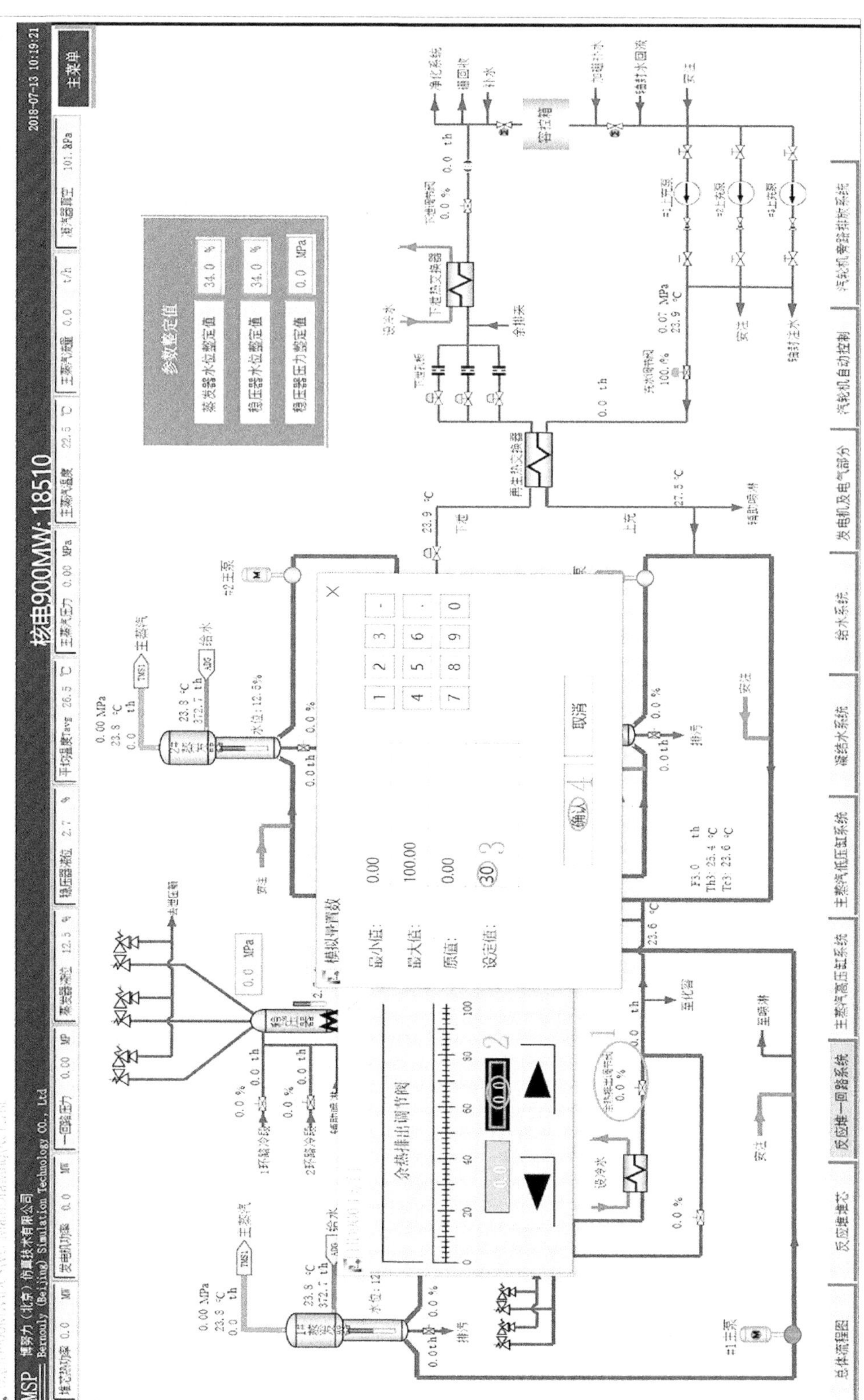

图 8-14 余热排出调节阀控制界面

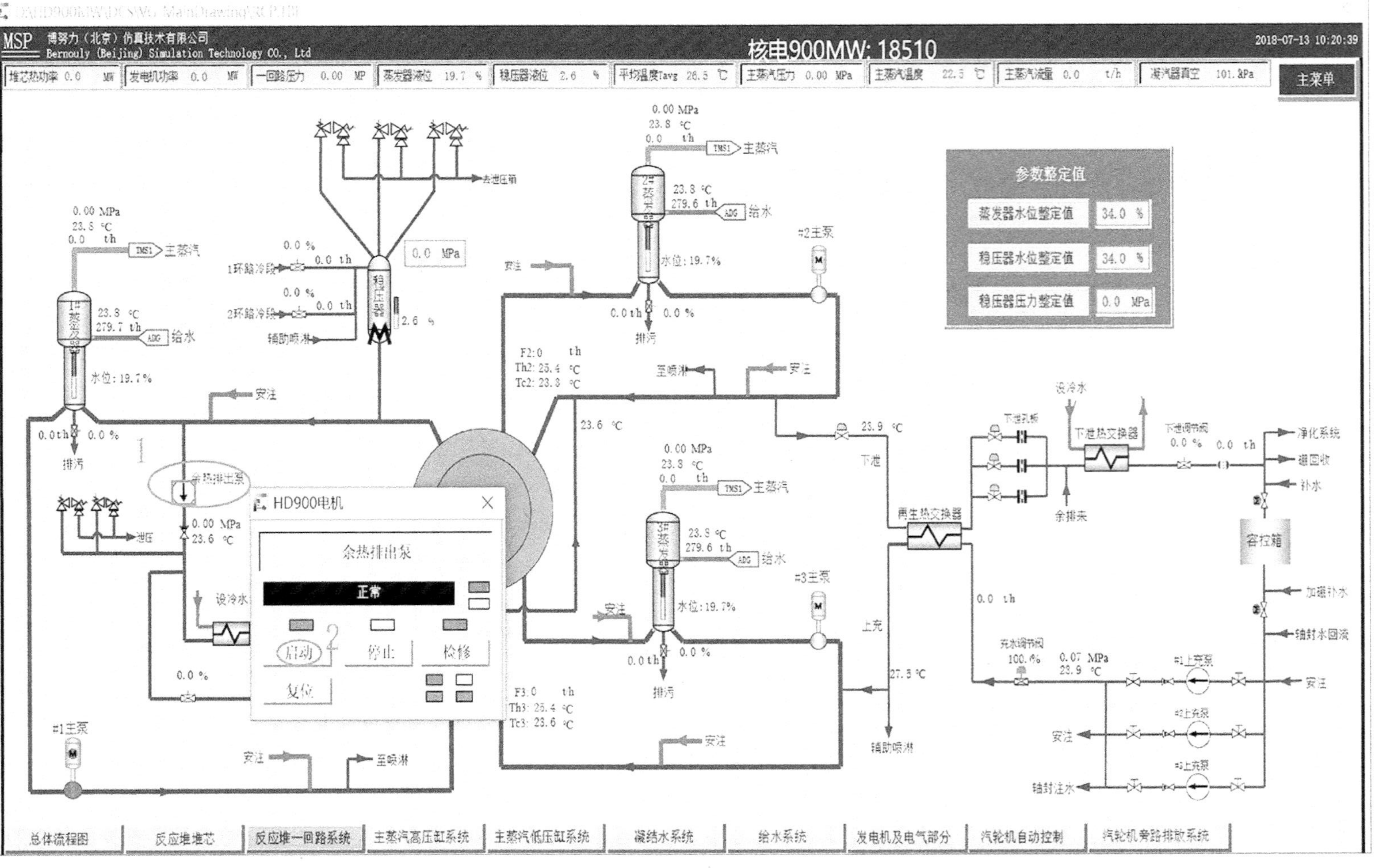

图 8-15　余热排出泵控制界面

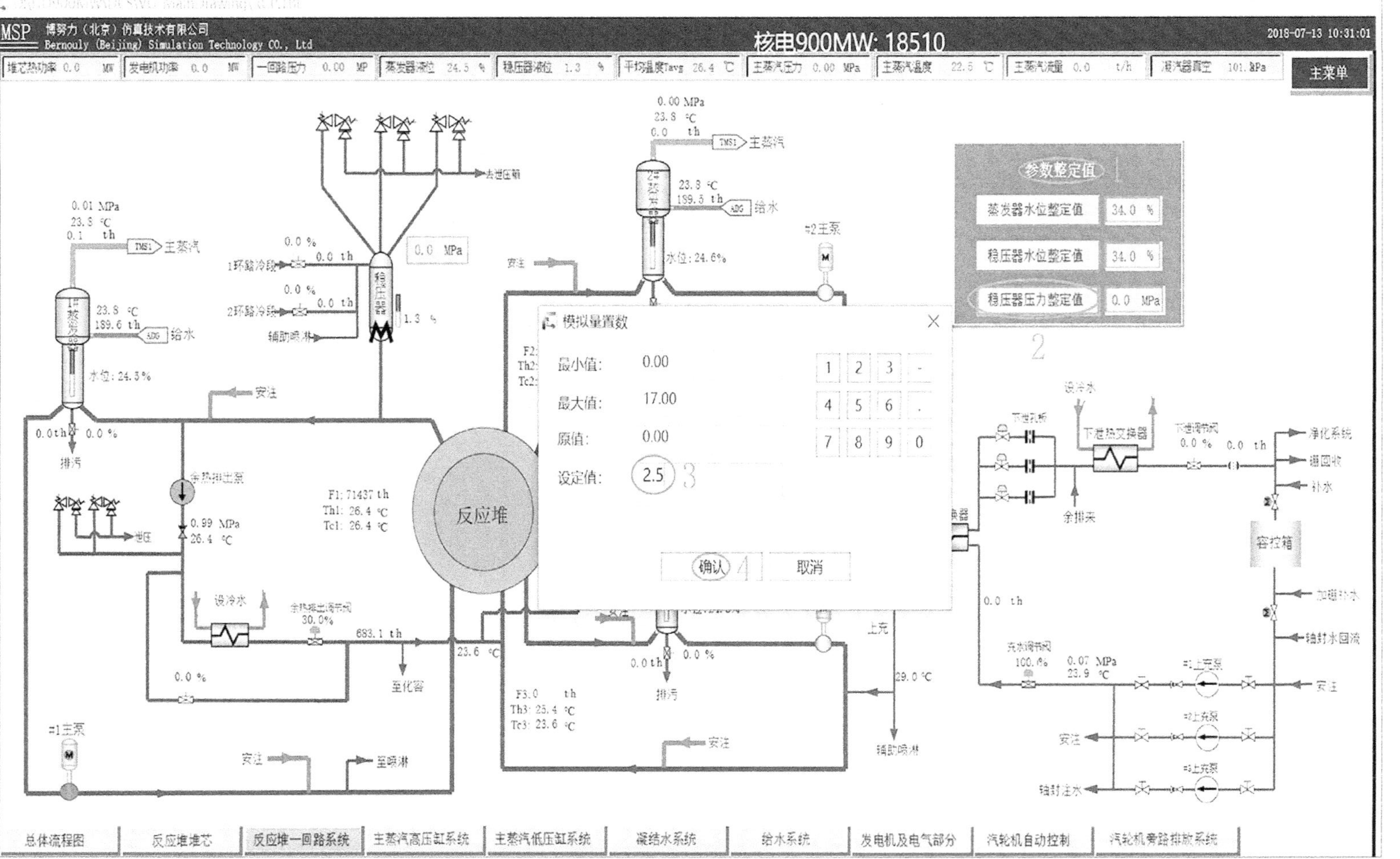

图 8-16　稳压器压力整定值设置界面

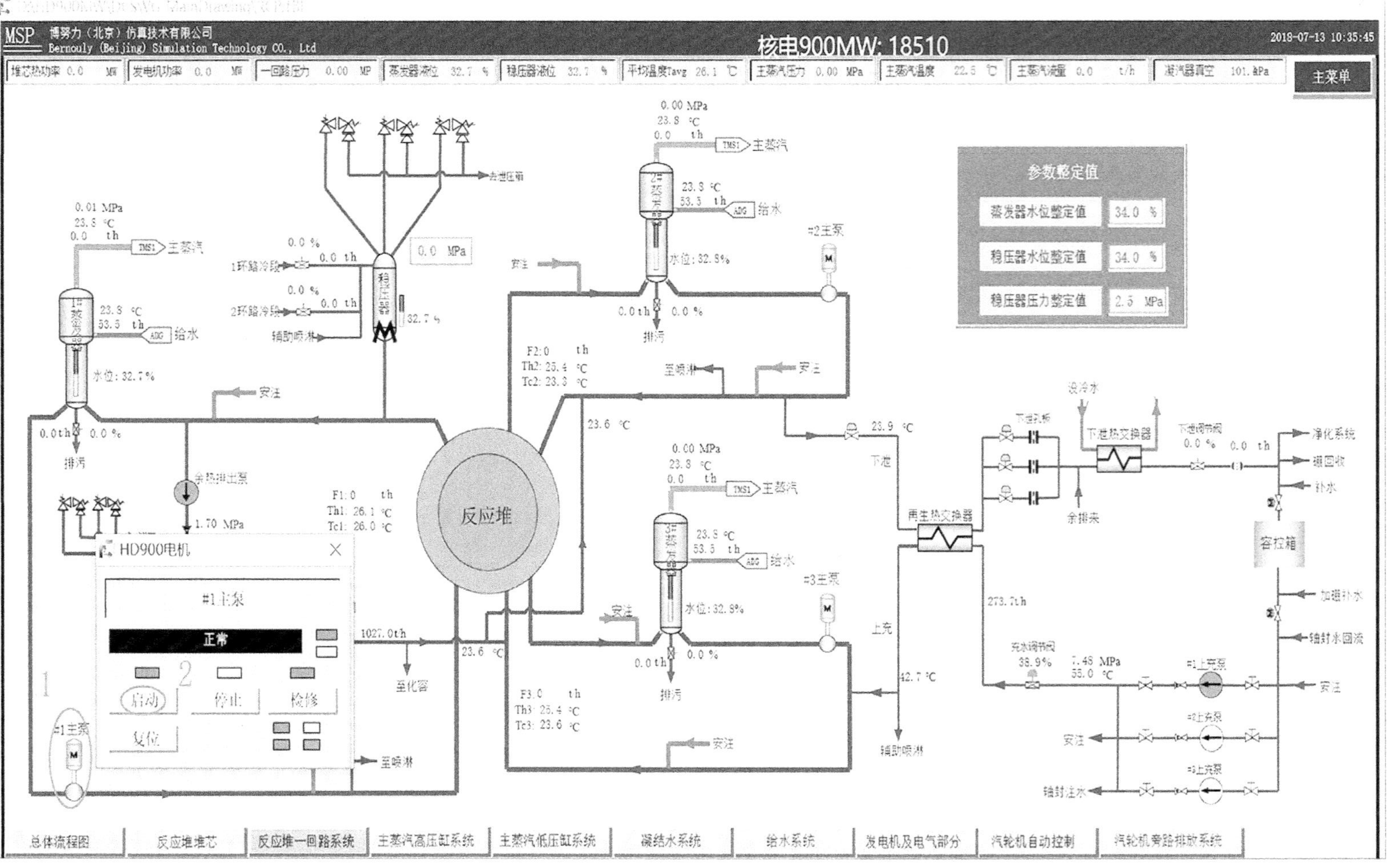

图 8-17　#1 主泵控制界面

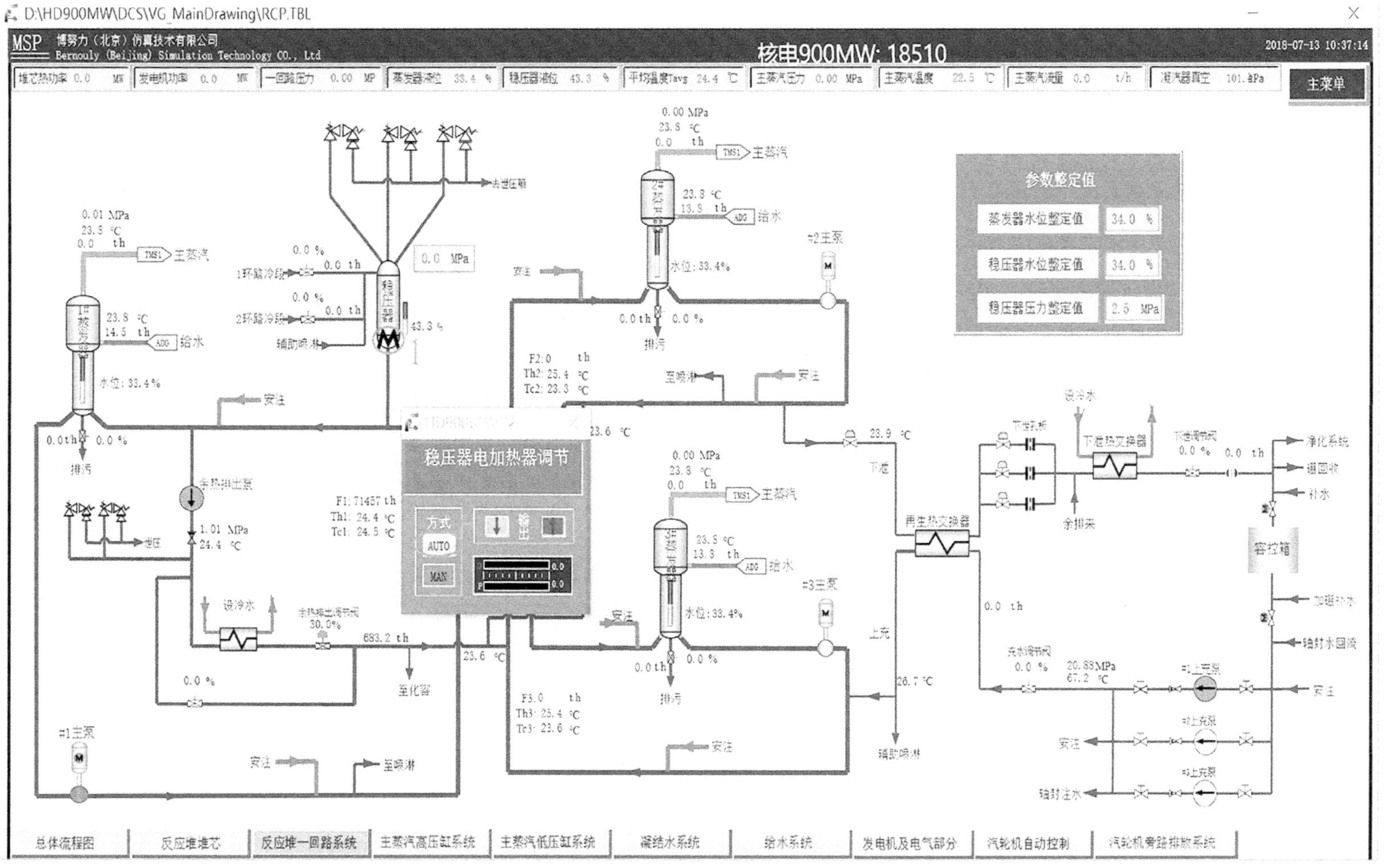

图 8-18 稳压器电加热器控制界面

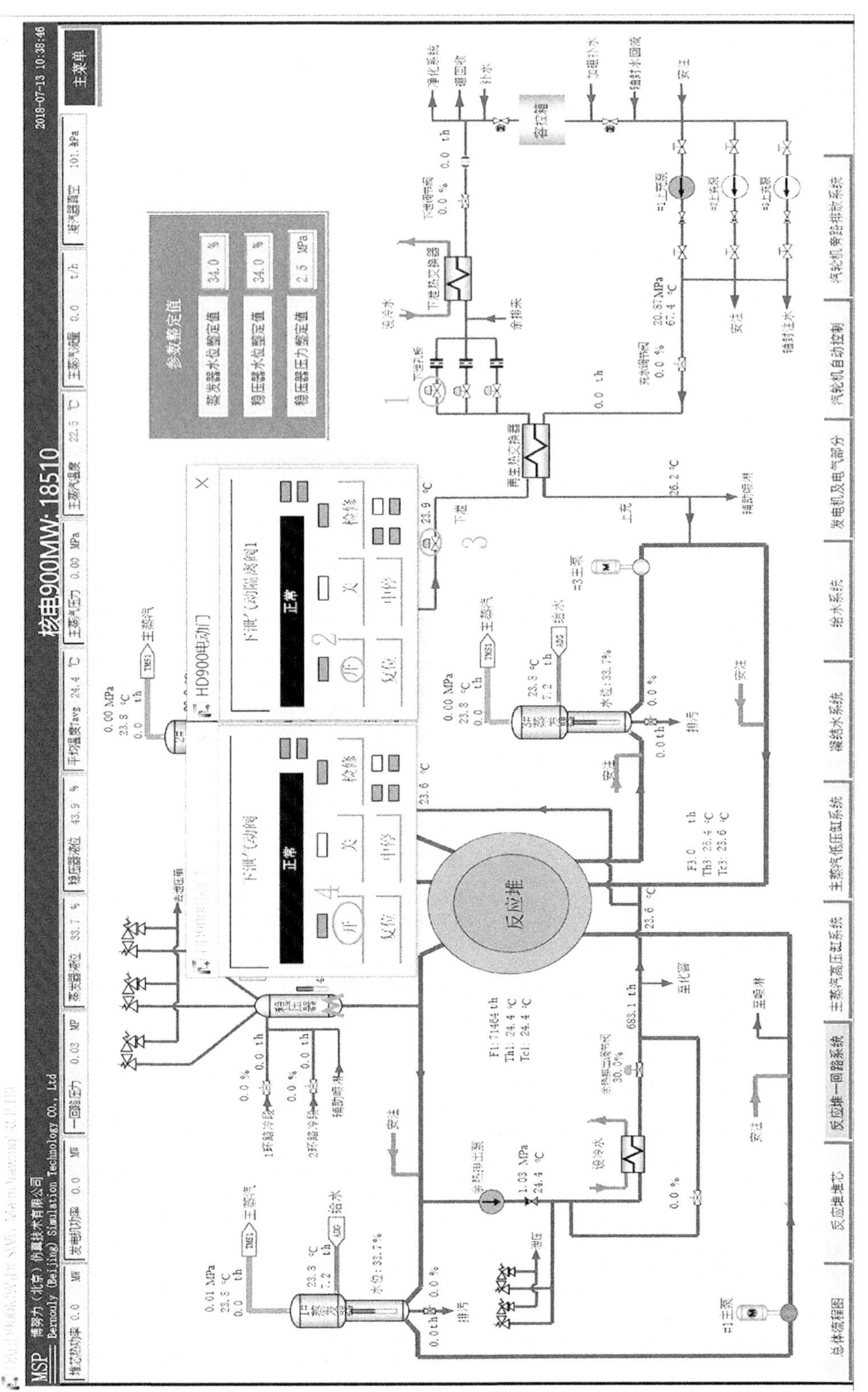

图 8-19　下泄气动阀与下泄隔离阀控制界面

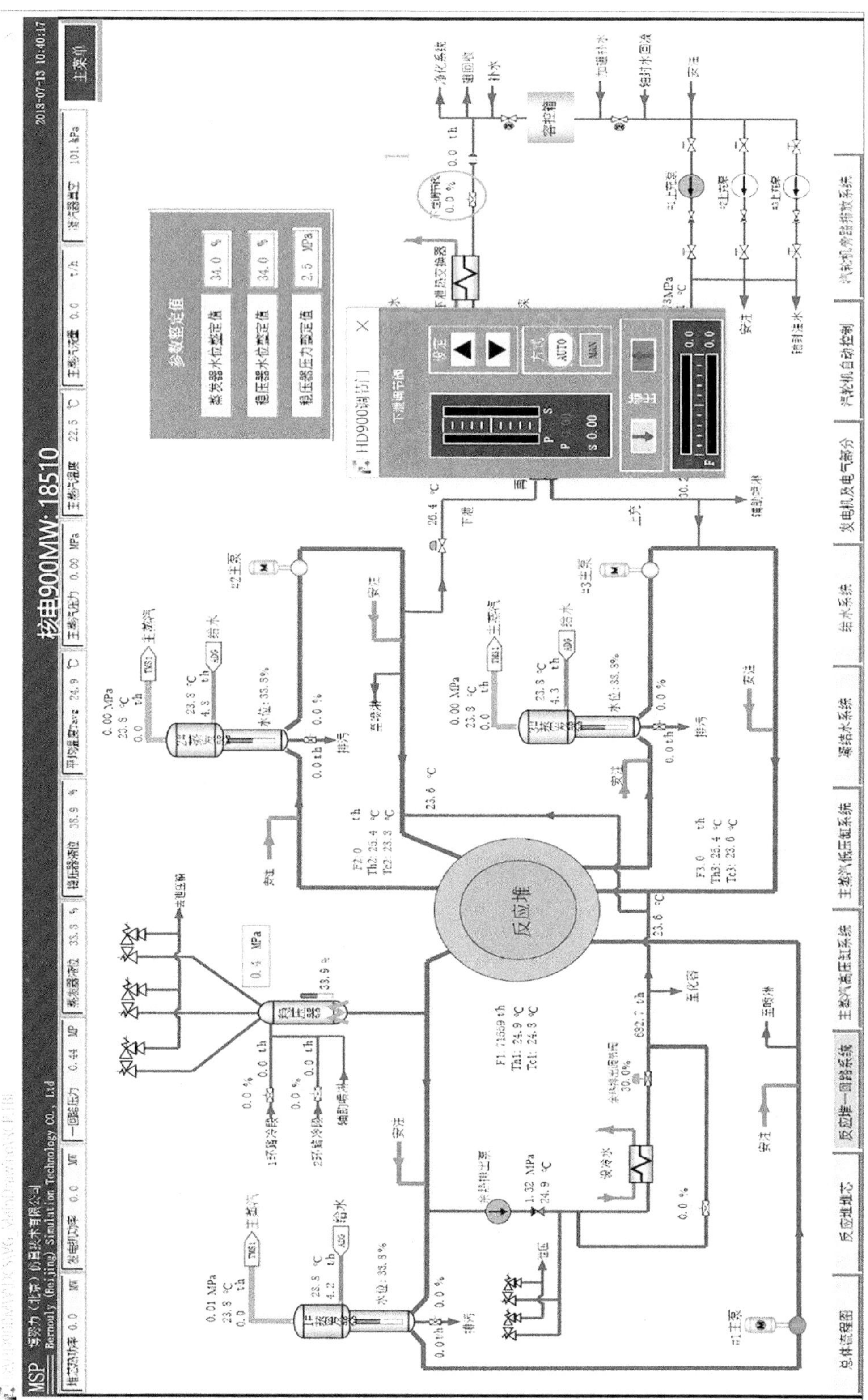

图 8-20　下泄调节阀控制界面

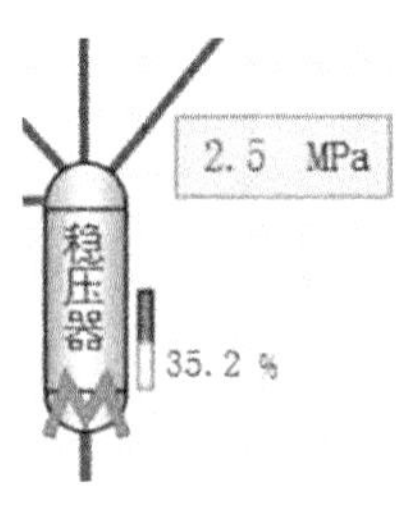

图 8-21　稳压器

- 稳压器加速升温至出现汽腔；稳压器压力由下泄调门和加热器控制，水位由上充调节，继续由主泵及电加热器加热升温。

(3)升温至 177℃时。

- 打开 GCT_A#1、#2、#3 主汽支路至辅蒸汽隔离阀，排汽至辅蒸汽系统。打开 SG 排污调节阀，并投自动，控制界面如图 8-22 和图 8-23 所示(此处只介绍其中一组，其余两组与之相同)。
- 设定排空压力为 SG 当前值，约 0.75MPa，设置界面如图 8-24 所示。
- 打开#1、#2、#3GCT_A 排空调节阀，并投自动，以维持 RCP 温度在 180℃以内，控制界面如图 8-25 所示。
- 隔离 RRA(余热排出系统)，如图 8-26 所示。
- 及时提升一回路压力，设定稳压器压力整定值为 2.9~3.5MPa(此处步骤不再赘述)。(注：升压速度不宜过快，注意 SG 水位和稳压器水位以及 RCP 温度。)

8.1.2　一回路继续升温升压至热停堆 15.5MPa，291.4℃

(1)GCT_A 整定值设定为 7.5MPa(此处步骤与之前“设定排空压力为 SG 当前值，约 0.75MPa”步骤基本相同，不再赘述)。

(2)继续增大稳压器压力整定值：3.5—4.5—5.5—…—15.5MPa(此步骤不再赘述)。

操作此步骤时，需注意以下几点：

- 通过主泵继续升温；
- 适时增大稳压器压力整定值；
- 压力整定值每次增加 0.5~1.0MPa，以使 RCP 逐渐升温升压；
- 使主系统(压力、温度)保持在 *P-T* 图范围内。

(3)当压力升至 8.5MPa 时，隔离一个下泄孔板(关一组下泄气动隔离阀即可)。

(4)当 RCP 压力至 15.5MPa 时，隔离另一个下泄孔板，下泄流量减小至 7.5kg/s 以下，稳压器压力控制处于自动。

(5)主泵继续加热至约 294℃。

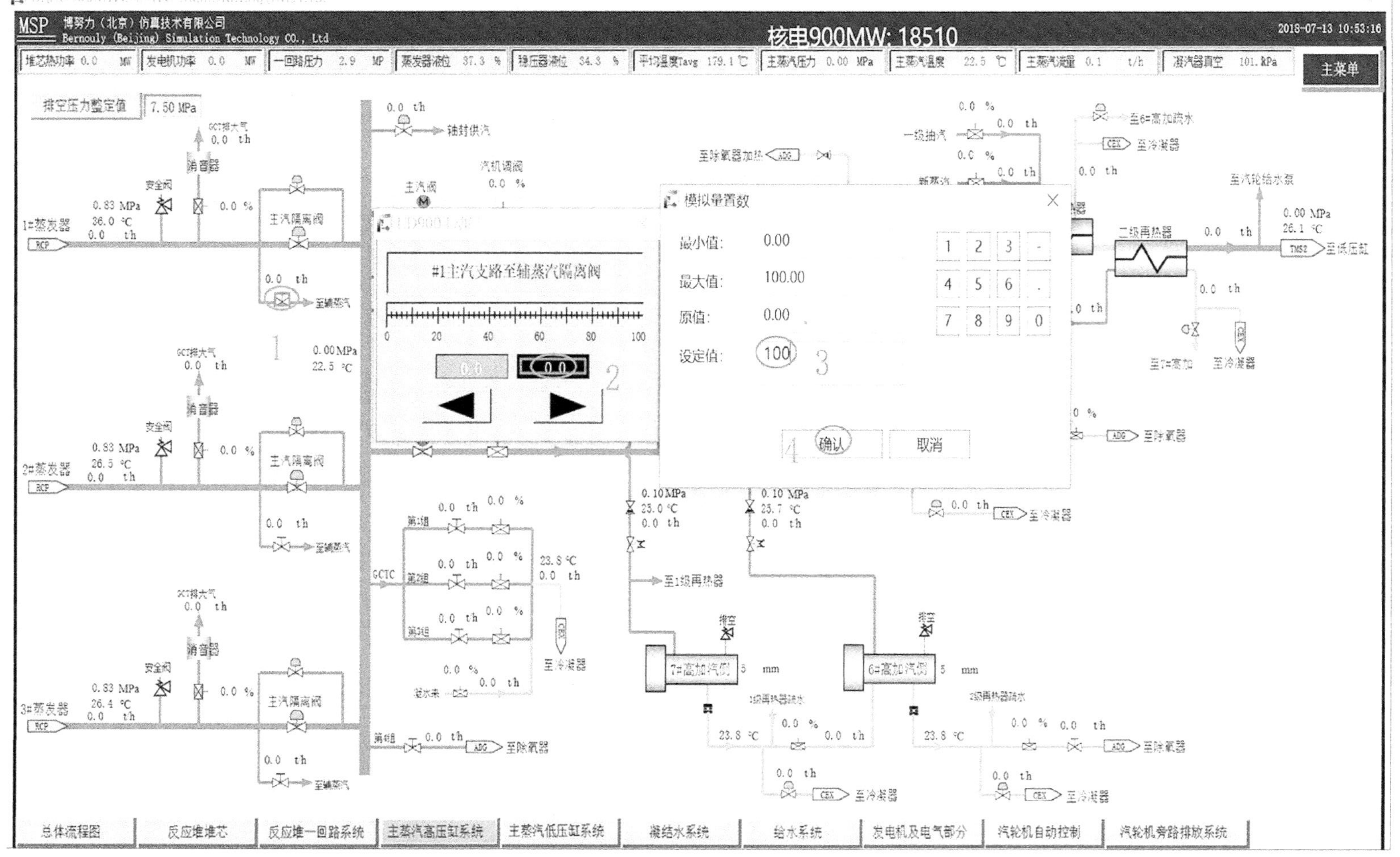

图 8-22 主汽支路至辅蒸汽隔离阀控制界面

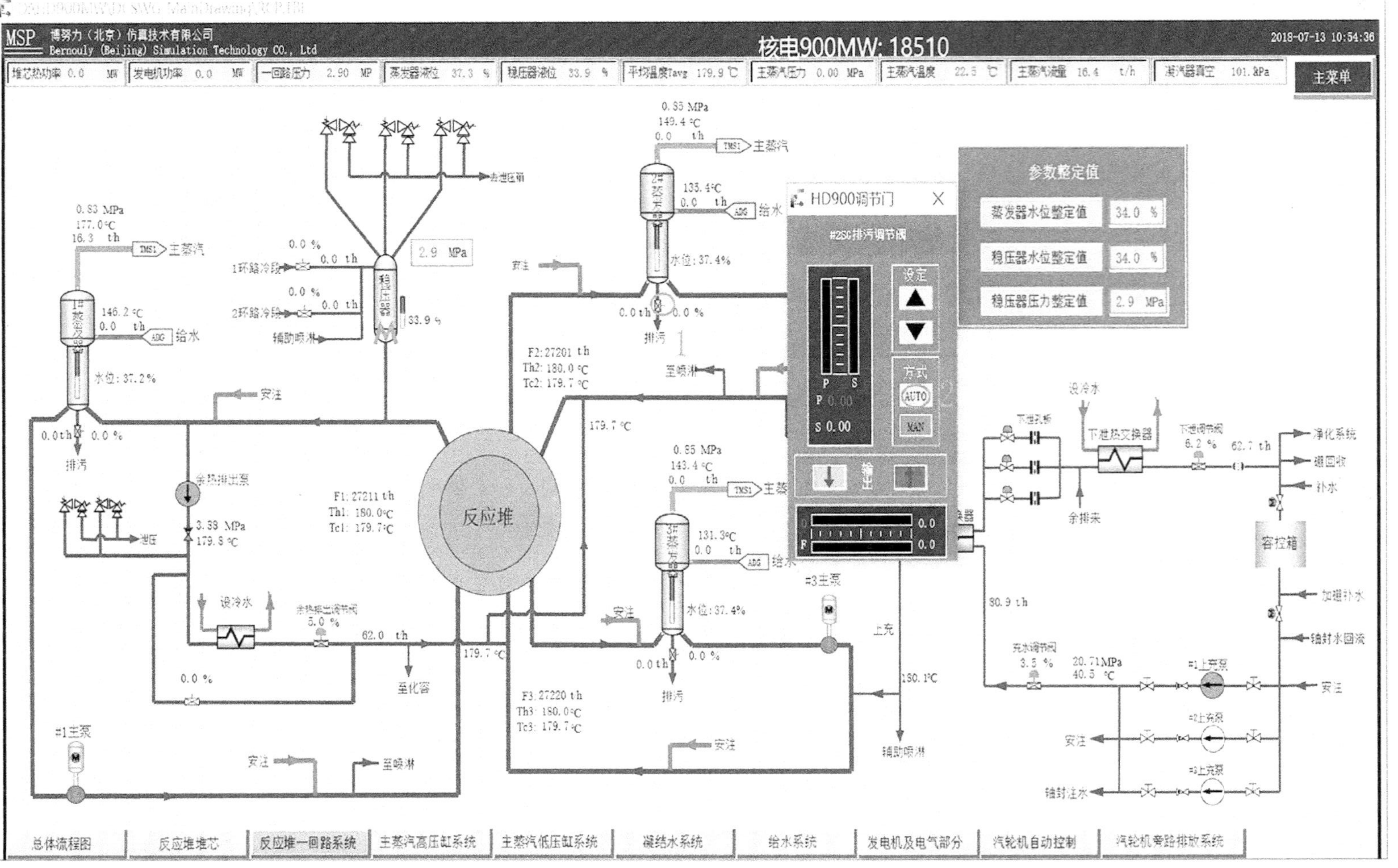

图 8-23　蒸汽发生器排污调节阀控制界面

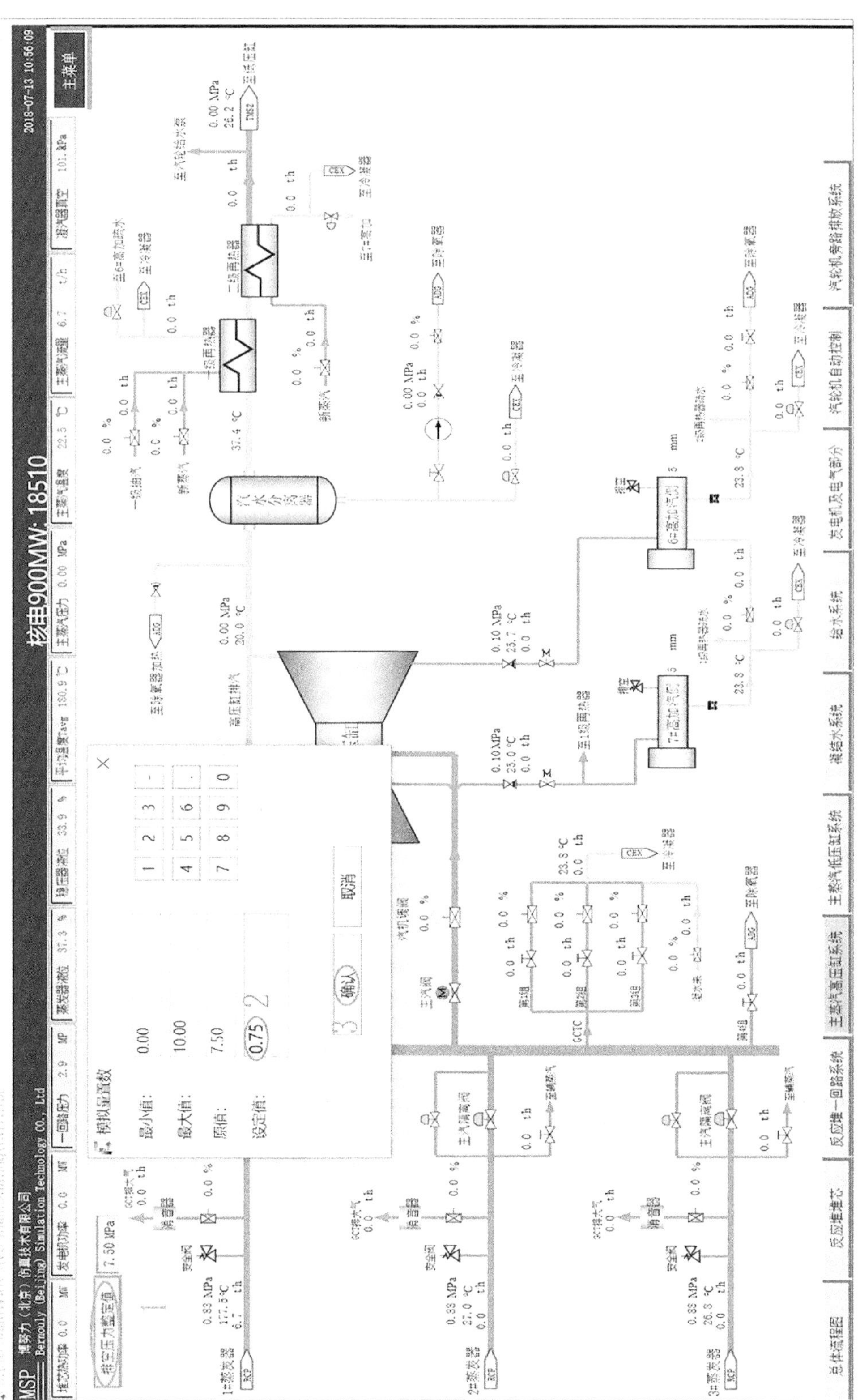

图 8-24 排空压力整定值设置界面

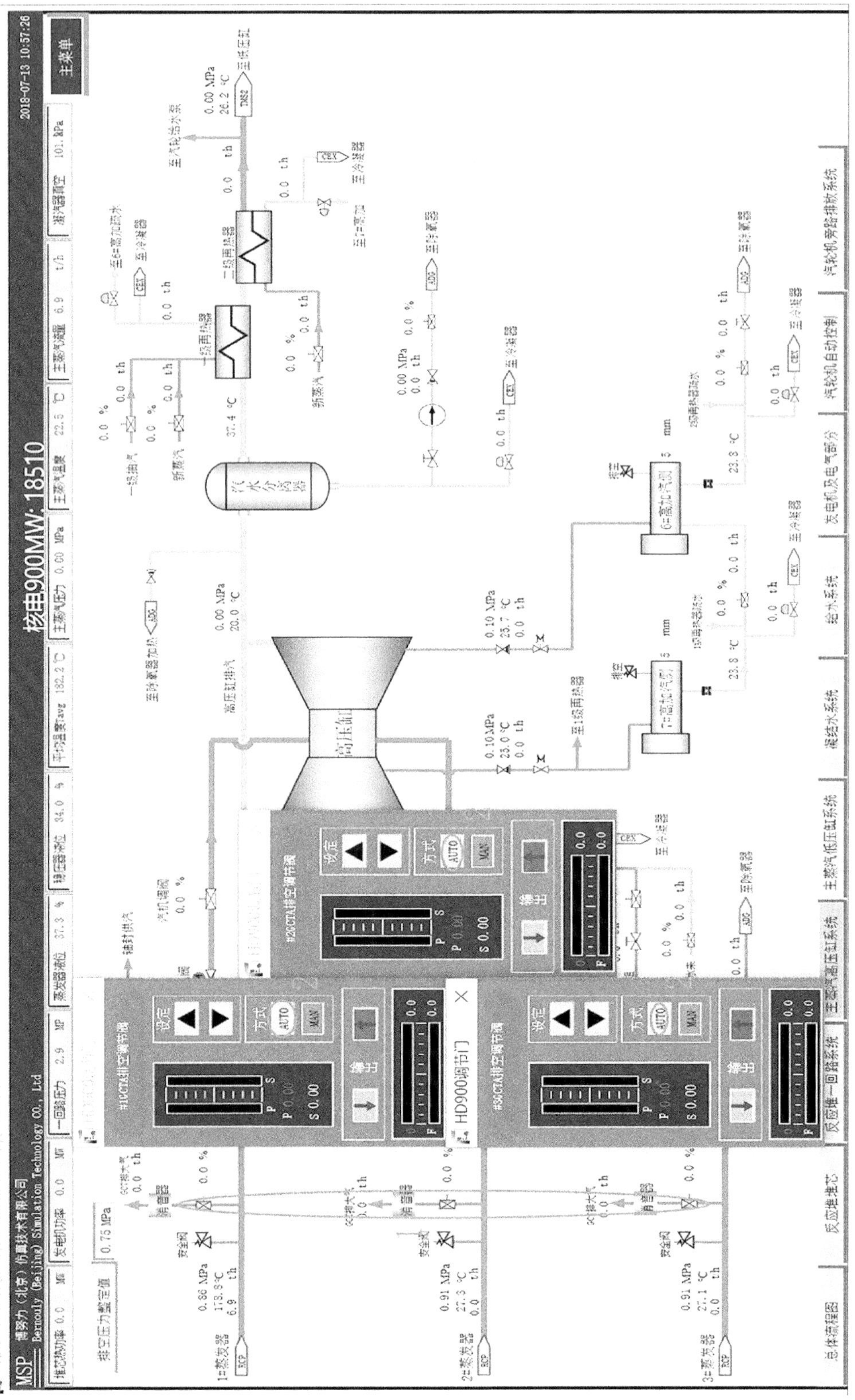

图 8-25　排空调节阀控制界面

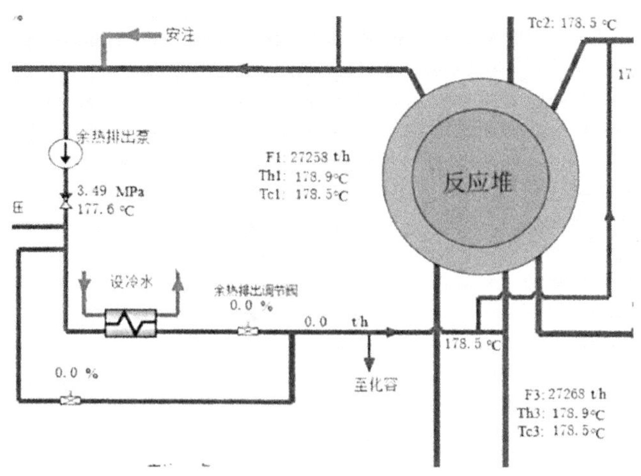

图 8-26　余热排出系统

8.1.3　反应堆至热备用状态

热备用状态是从冷停堆状态开始用主泵和稳压器电加热器的加热，或者从反应堆热停闭状态而获得。其特征为：反应堆处于临界状态，输出功率小于 $2\%P_n$，这个功率由堆外中间量程测量通道监测；

- 一回路冷却剂平均温度 T_{av} 调节到接近于反应堆空载下温度值 291.4℃；
- 稳压器内压力等于其整定值，处于自动压力调节状态（15.3MPa$<P<$15.5MPa 表压）；
- 稳压器内水位等于其整定值，处于自动调节状态；
- 用小流量调节阀维持蒸汽发生器内水位在空载下按程序计算所得数值上；
- 至少有两台主泵在运行，在升功率时，三台主泵都投入运行；
- 控制棒组停堆棒组处于完全抽出位置，调节棒组处于手动操作状态，并被保持于低插入限值，使反应堆具有在紧急停堆情况下所要求的负反应性裕度；
- 二回路已进行暖管，汽轮机在盘车，给水设备投入运行，蒸汽发生器疏水处于最大值（51t/h）。

操作步骤如下：

1. 除氧器上水，投辅汽加热

- 冷凝器水位设定值为 0.1m（NQQ_LV_SET=0.1），补水调门投自动，如图 8-27 和图 8-28 所示。
- 启动#1、#2 凝水泵，调速手动开至 50%（两组凝水泵相同，只用一组叙述），再循环开至 50%，控制界面如图 8-29 所示。

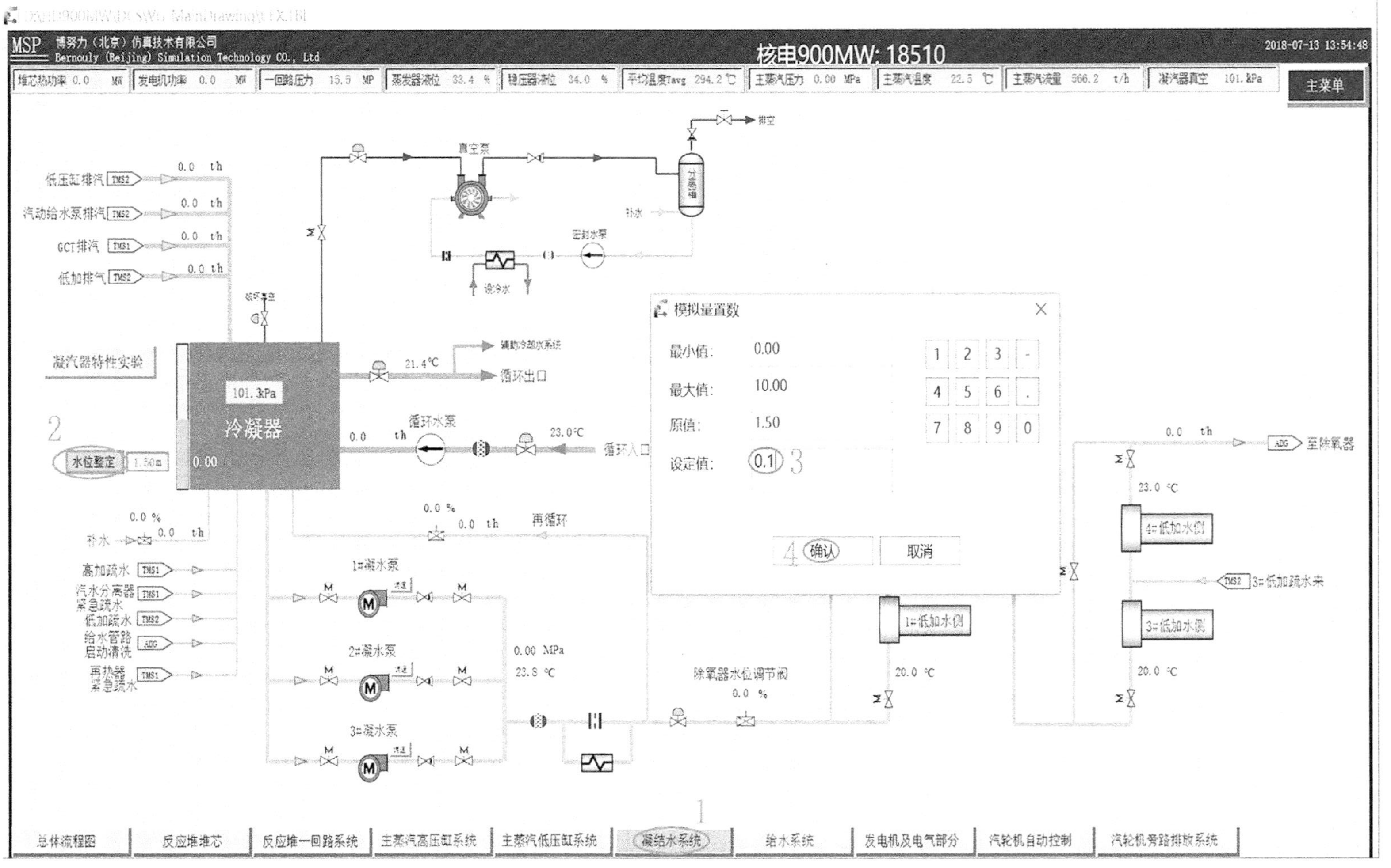

图 8-27　冷凝器水位整定值设置界面

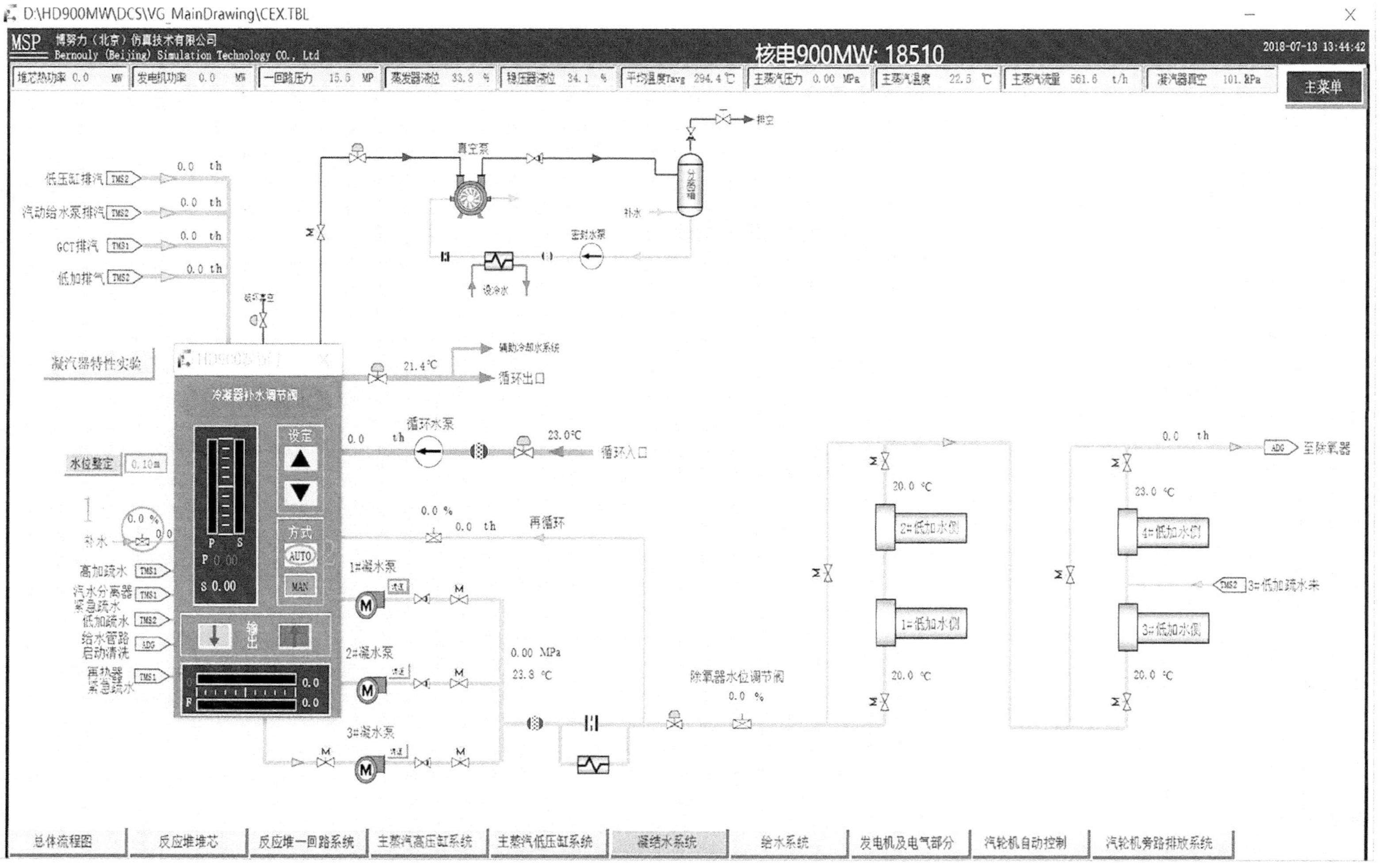

图 8-28　冷凝器补水门调节阀控制界面

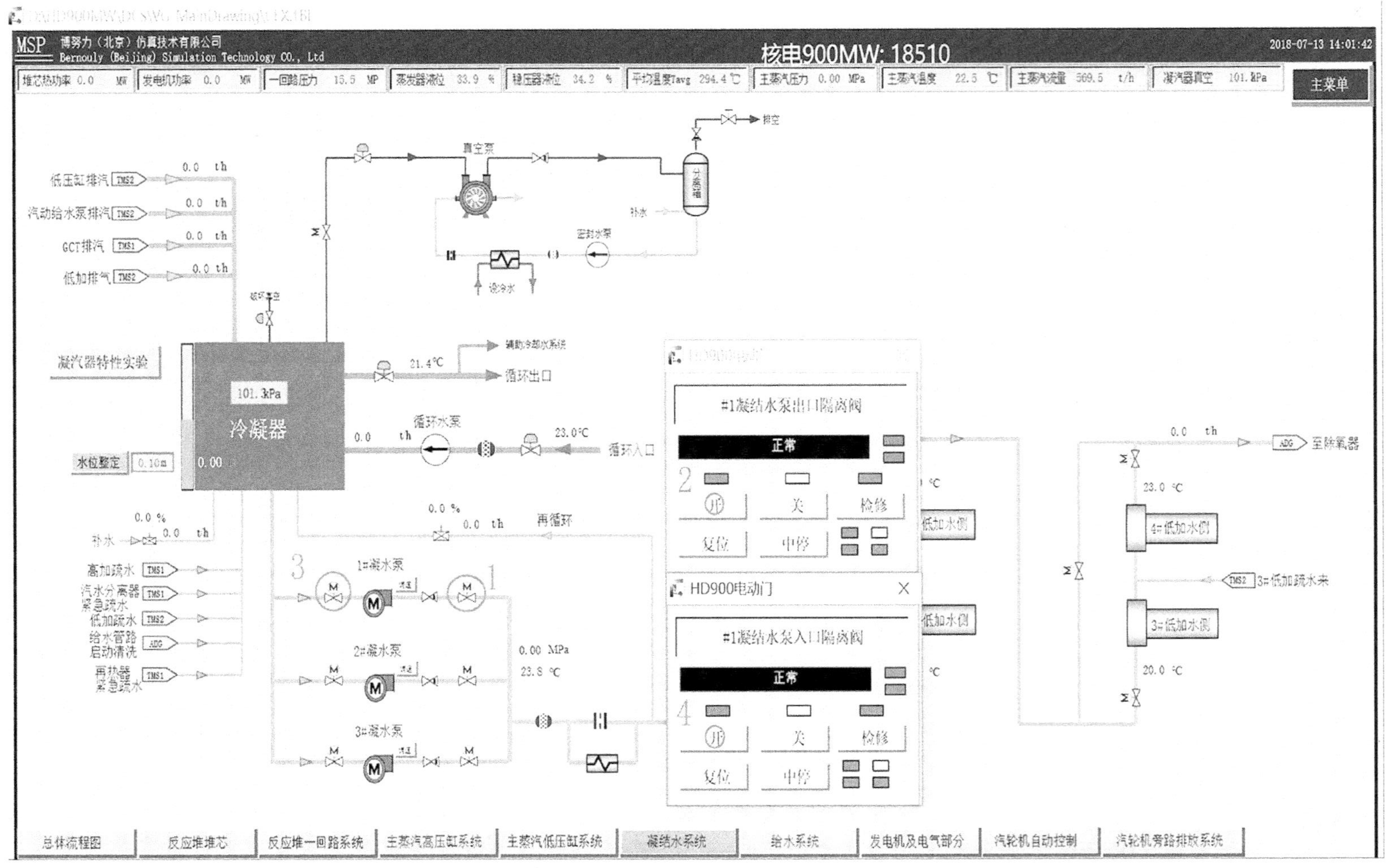

图 8-29(a)　凝水泵进、出口隔离阀控制界面

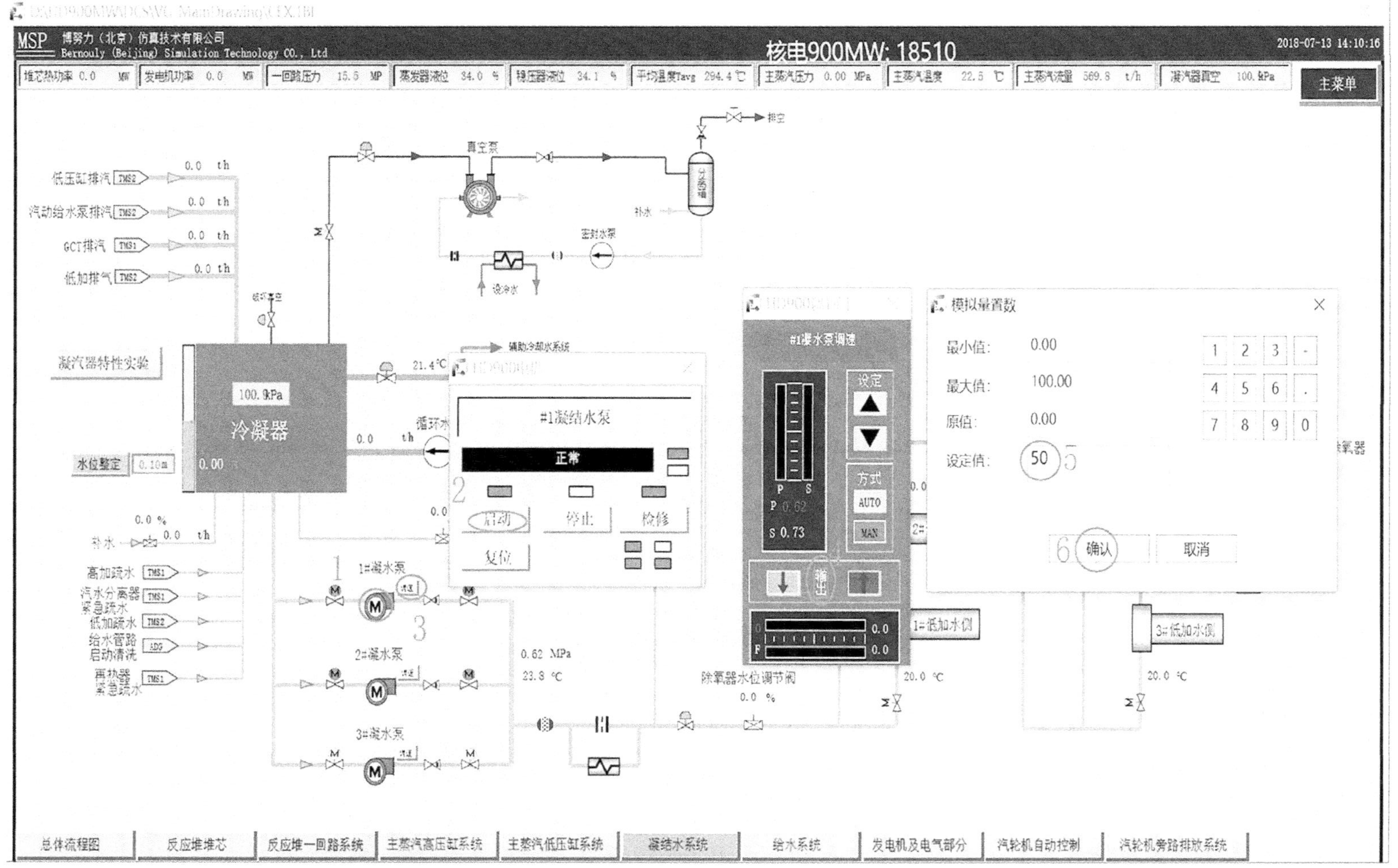

图 8-29(b) 凝水泵控制界面

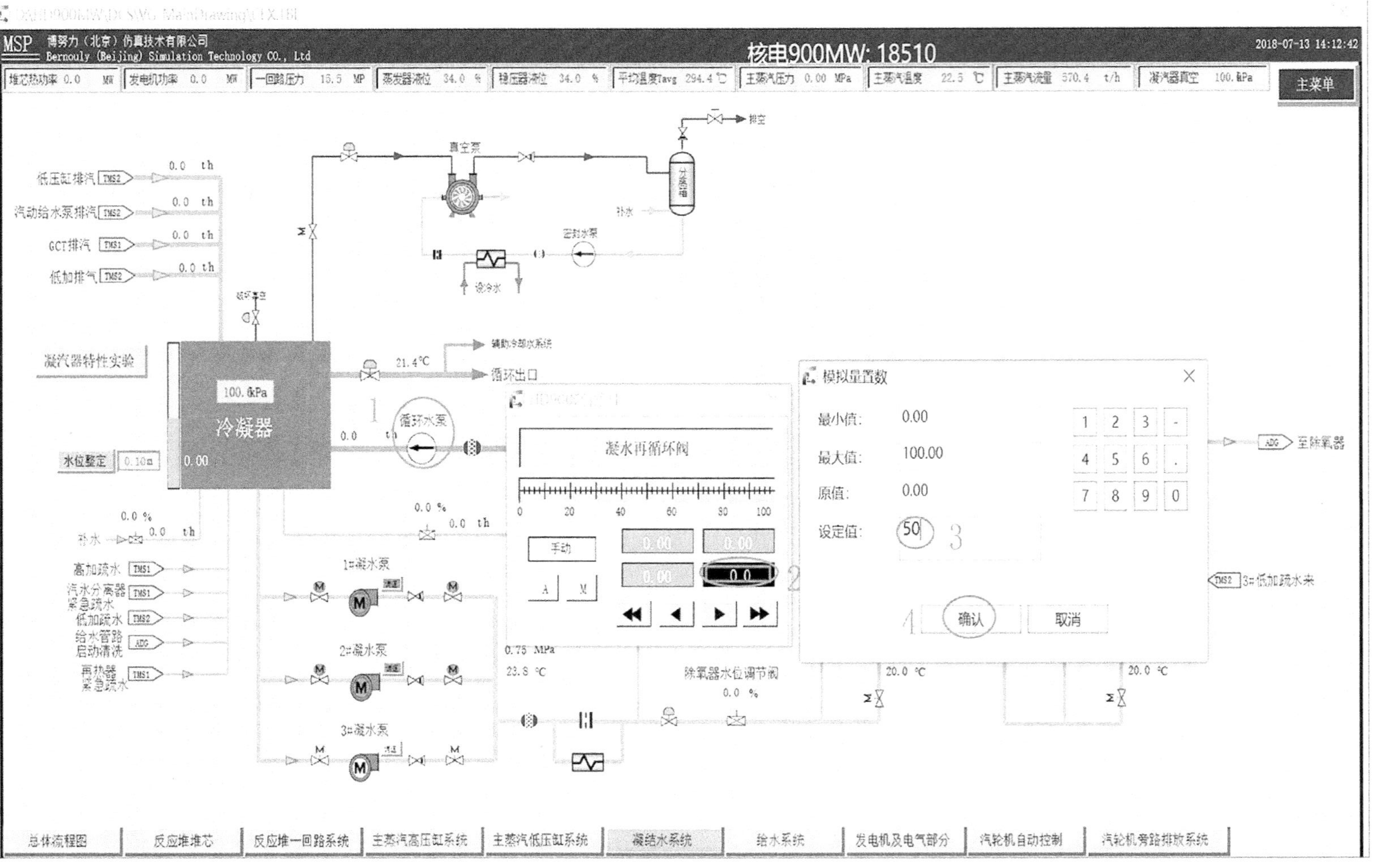

图 8-29(c)　冷凝器再循环阀控制界面

● 除氧器水位设定值为 1.0m(CYQ_LV_SET=1.0)，打开除氧器启动排气门，打开低加水侧各截止门，除氧器水位调节阀投自动，效果如图 8-30 所示。凝水系统如图 8-31 所示。

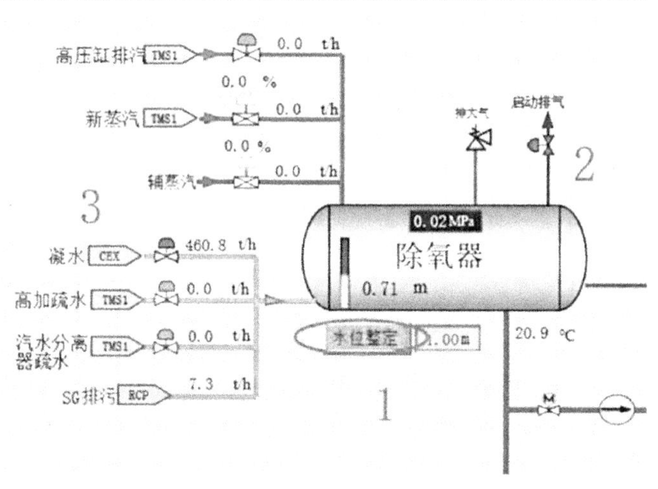

图 8-30　除氧器

● 除氧器辅汽加热供汽调门投自动，控制界面如图 8-32 所示。

● 凝水再循环调节阀逐步关小，最小至 10%(每次减少 2%即可)，控制界面如图 8-33所示。

● 除氧器压力加热至 0.15MPa，关闭启动排气阀，控制界面如图 8-34 所示。

2. SG 供水由辅给水 ASG 切至主给水旁路 ARE

(1)启动电动给水泵。

● 打开给水再循环阀至 70%，控制界面如图 8-35 所示。

● 打开电动给水支路各隔离阀，控制界面如图 8-36 所示。

● 启动前置泵，控制界面如图 8-37 所示。

● 启动电动给水泵，将调速手动开至 85%，设置界面如图 8-38 所示。

(2)旁路调节阀投自动。

● 打开高加前后隔离门;

● 打开各旁路调节阀前后隔离门;

● #1、#2、#3 旁路调节阀投自动。

效果如图 8-39 所示。

(3)ASG 切 ARE。

● 辅给水调节阀切手动，逐步关小开度(每步减小 5%~10%)至 0(此处只做一组演示)，控制界面如图 8-40 所示。

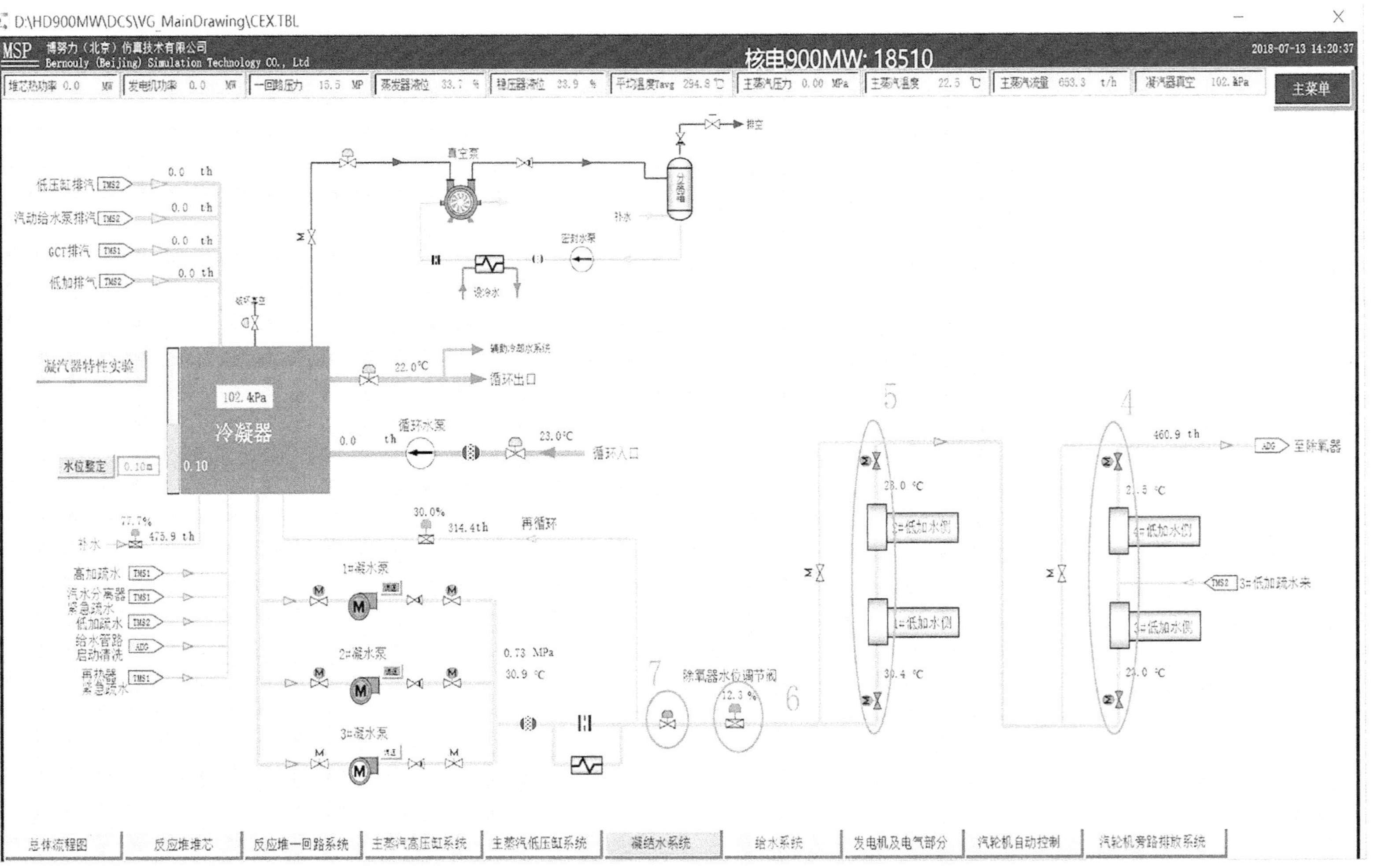

D:\HD900MW\DCS\VG_MainDrawing\CEX.TBL
博努力（北京）仿真技术有限公司
Bernouly (Beijing) Simulation Technology CO., Ltd
核电900MW: 18510
2018-07-13 14:20:37
主菜单
低压缸排汽
汽动给水泵排汽
GCT排汽
低加排气
真空泵
排空
补水
密封水泵
凝汽器特性实验
冷凝器
102.4kPa
水位整定
循环出口
循环水泵
循环入口
再循环
1#凝水泵
2#凝水泵
3#凝水泵
高加疏水
汽水分离器紧急疏水
低加疏水
给水管路启动清洗
再热器紧急疏水
除氧器水位调节阀
至除氧器
3#低加疏水来
总体流程图
反应堆堆芯
反应堆一回路系统
主蒸汽高压缸系统
主蒸汽低压缸系统
凝结水系统
给水系统
发电机及电气部分
汽轮机自动控制
汽轮机旁路排放系统

图 8-31　凝水系统

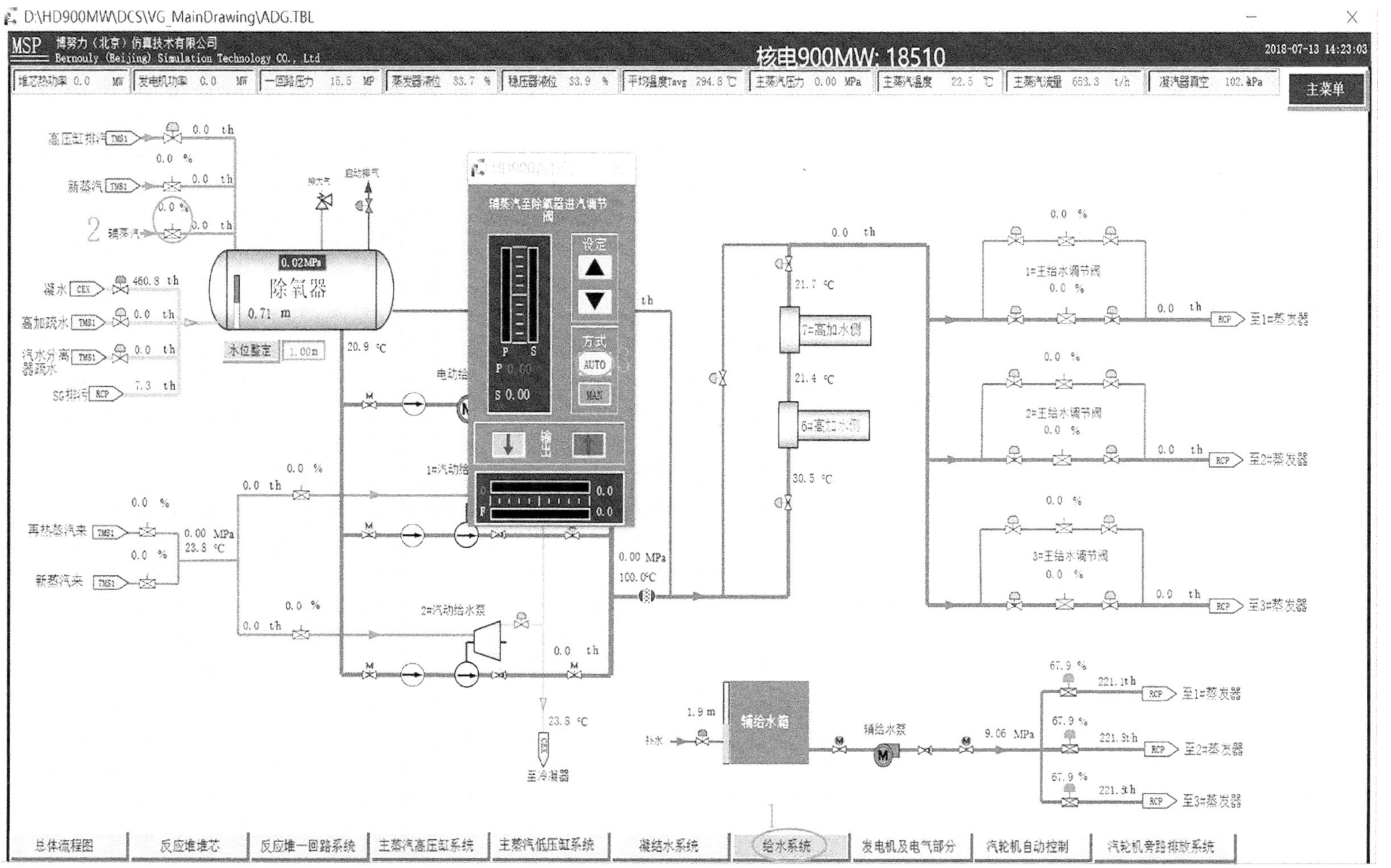

图 8-32 除氧器辅汽加热供汽调门控制界面

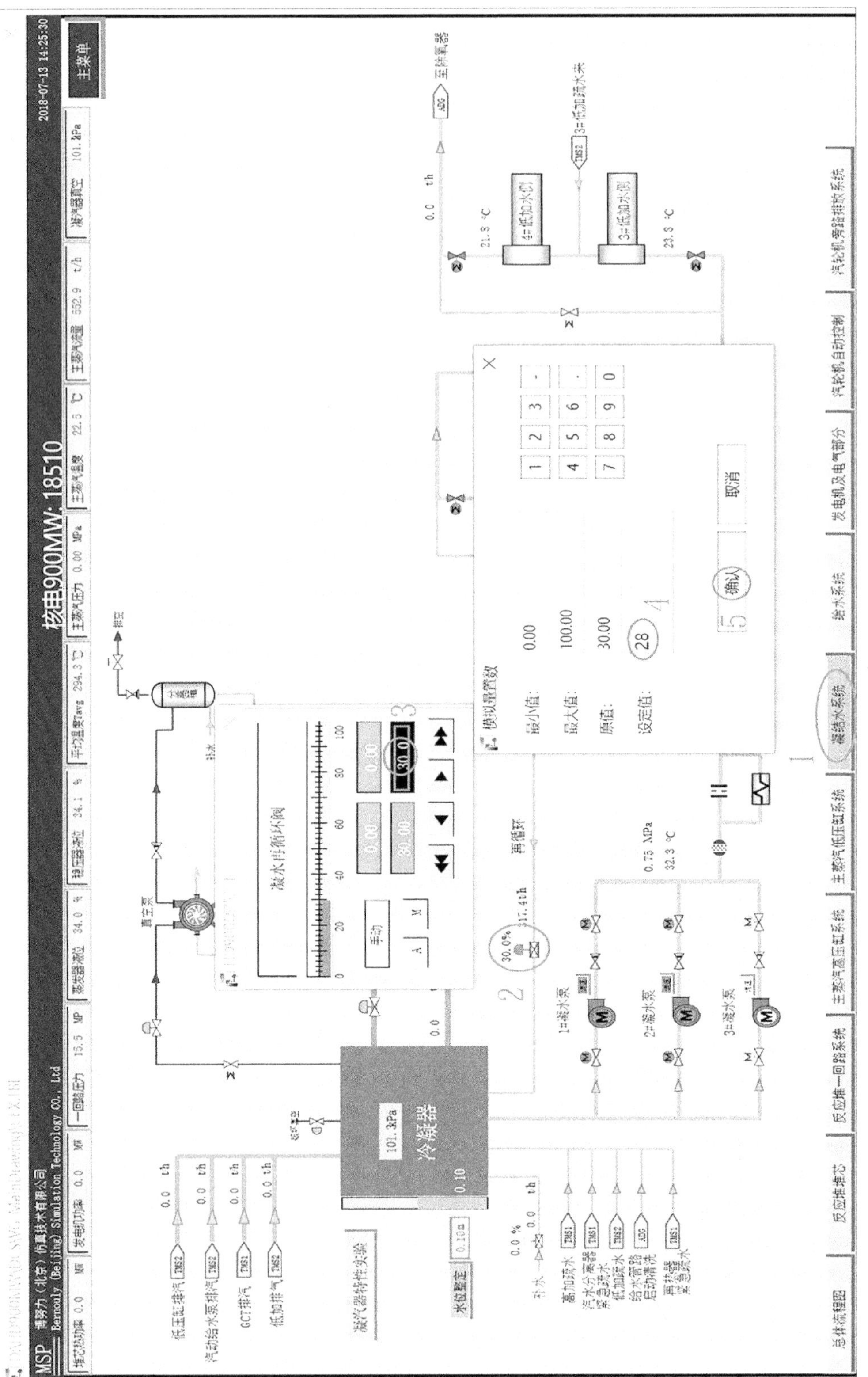

图 8-33　凝水再循环阀控制界面

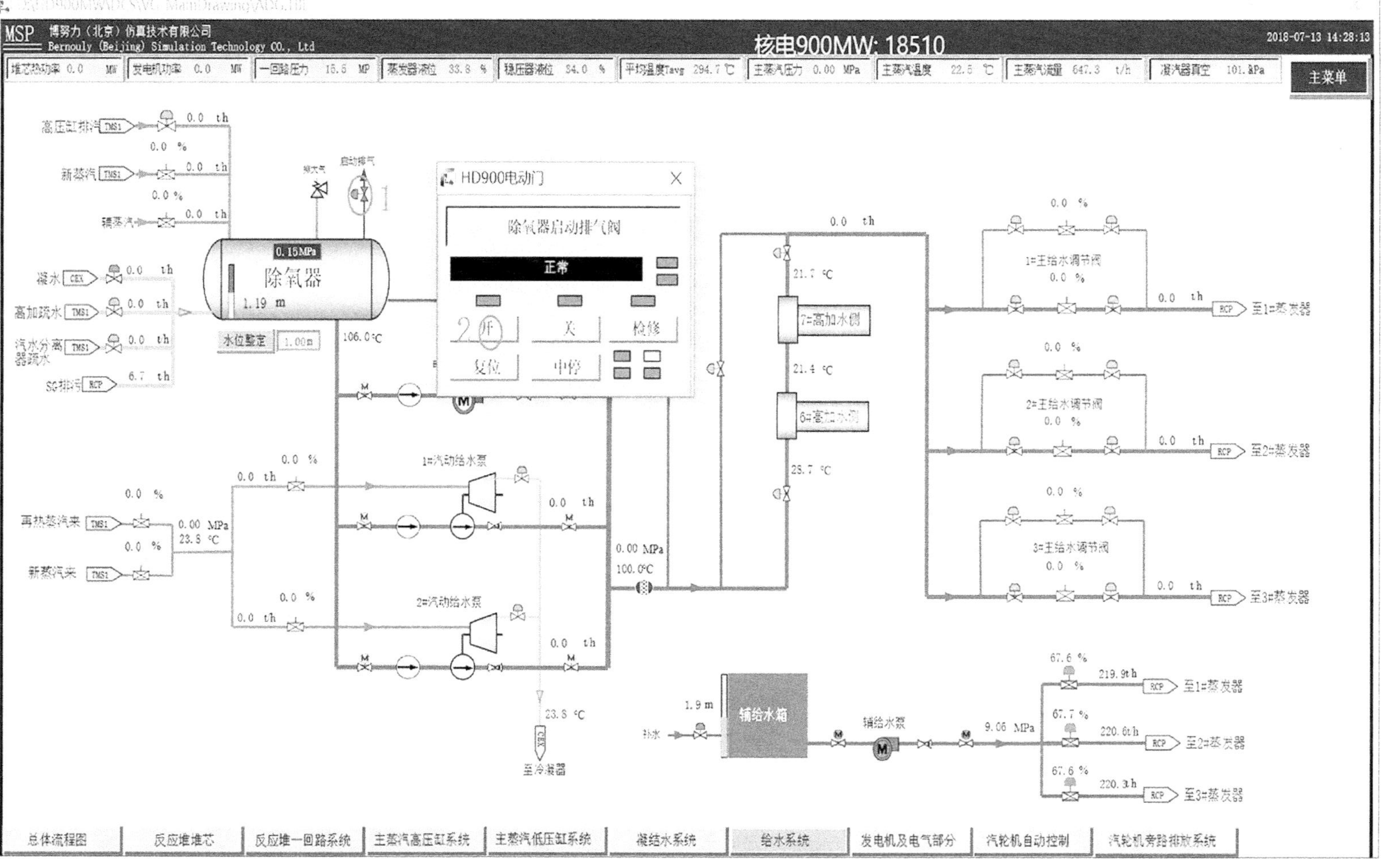

图 8-34 除氧器启动排气阀控制界面

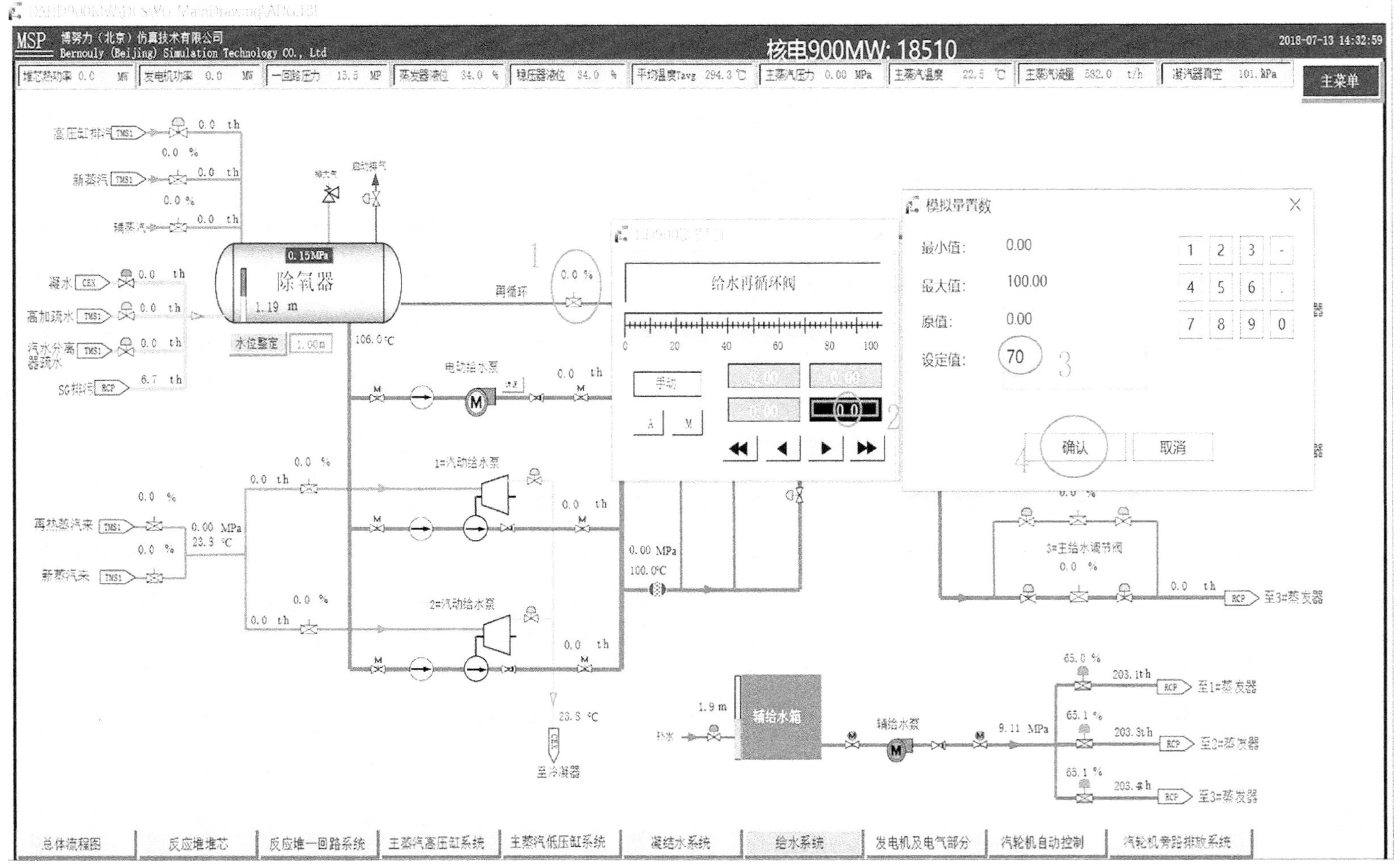

图 8-35　给水再循环阀控制界面

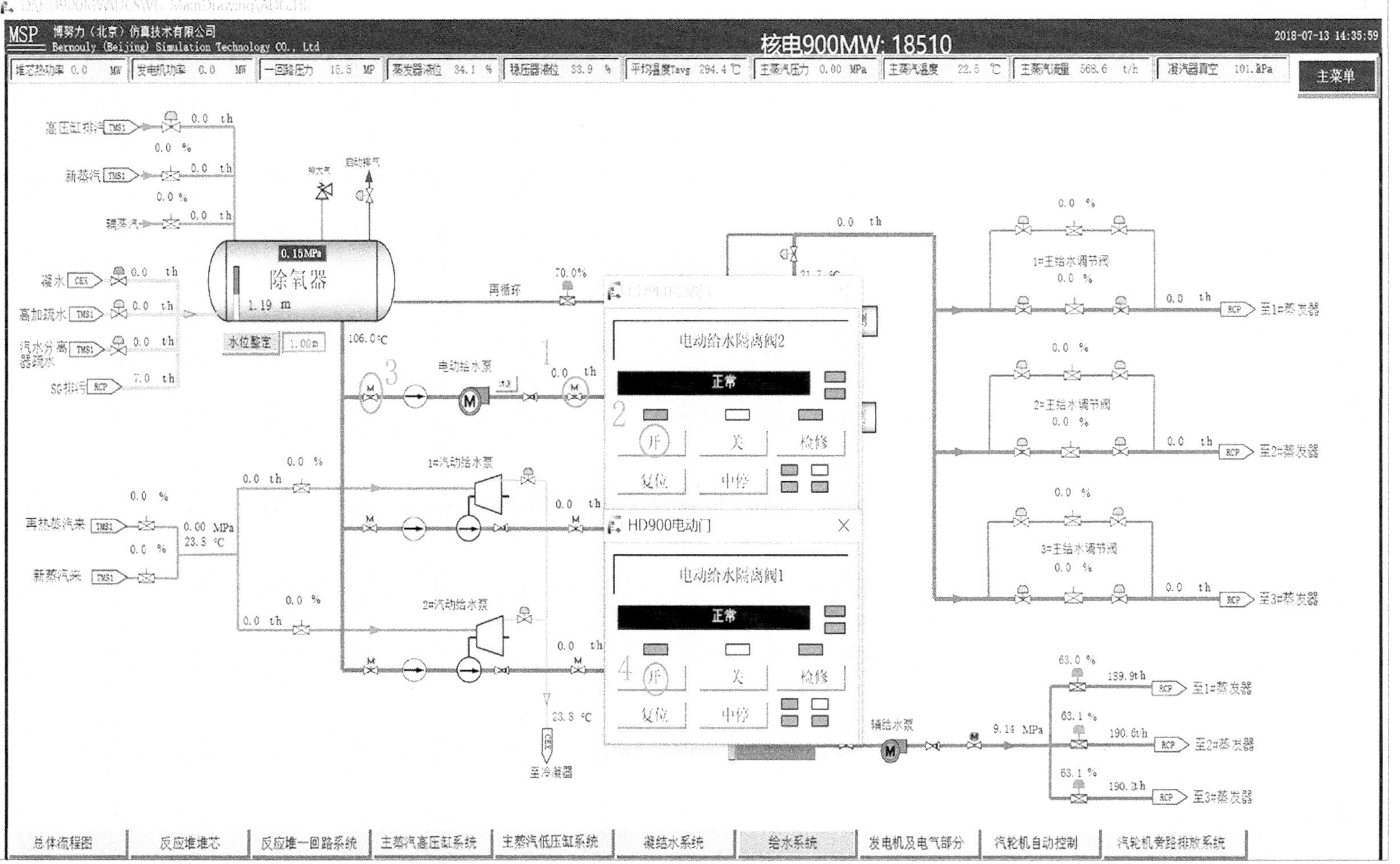

图 8-36 电动给水隔离阀控制界面

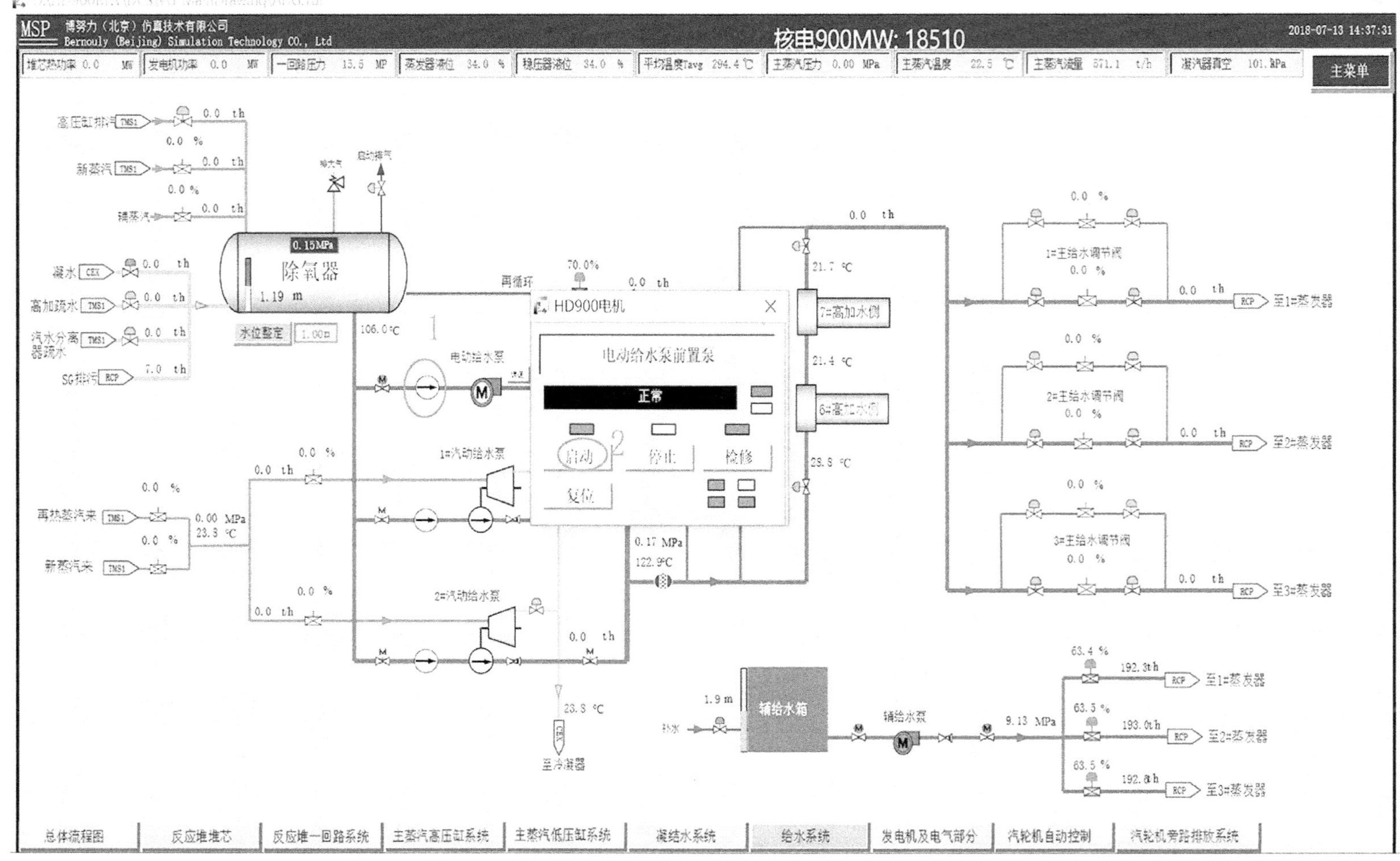

图 8-37　电动给水前置泵控制界面

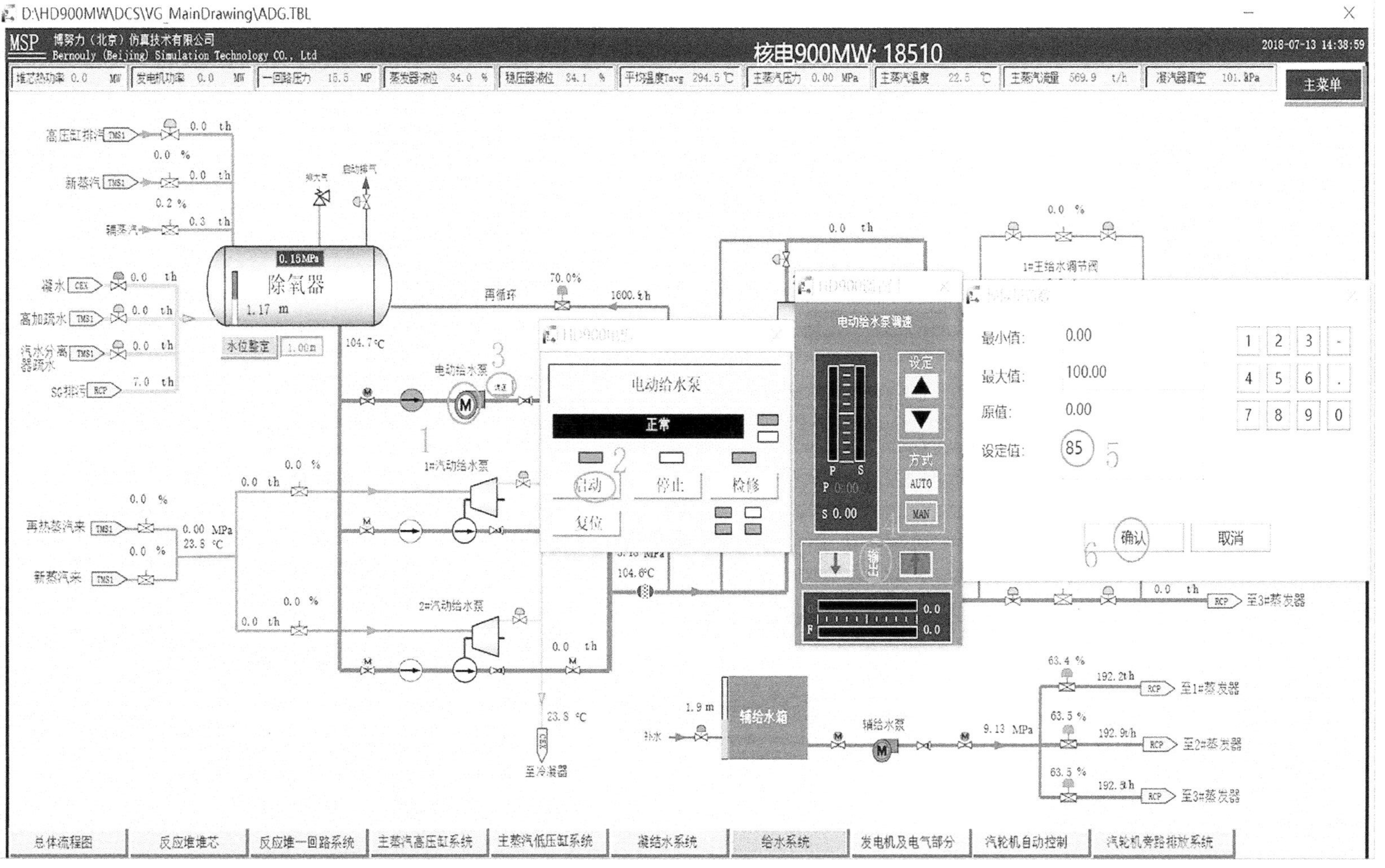

图 8-38 电动给水泵调速设置界面

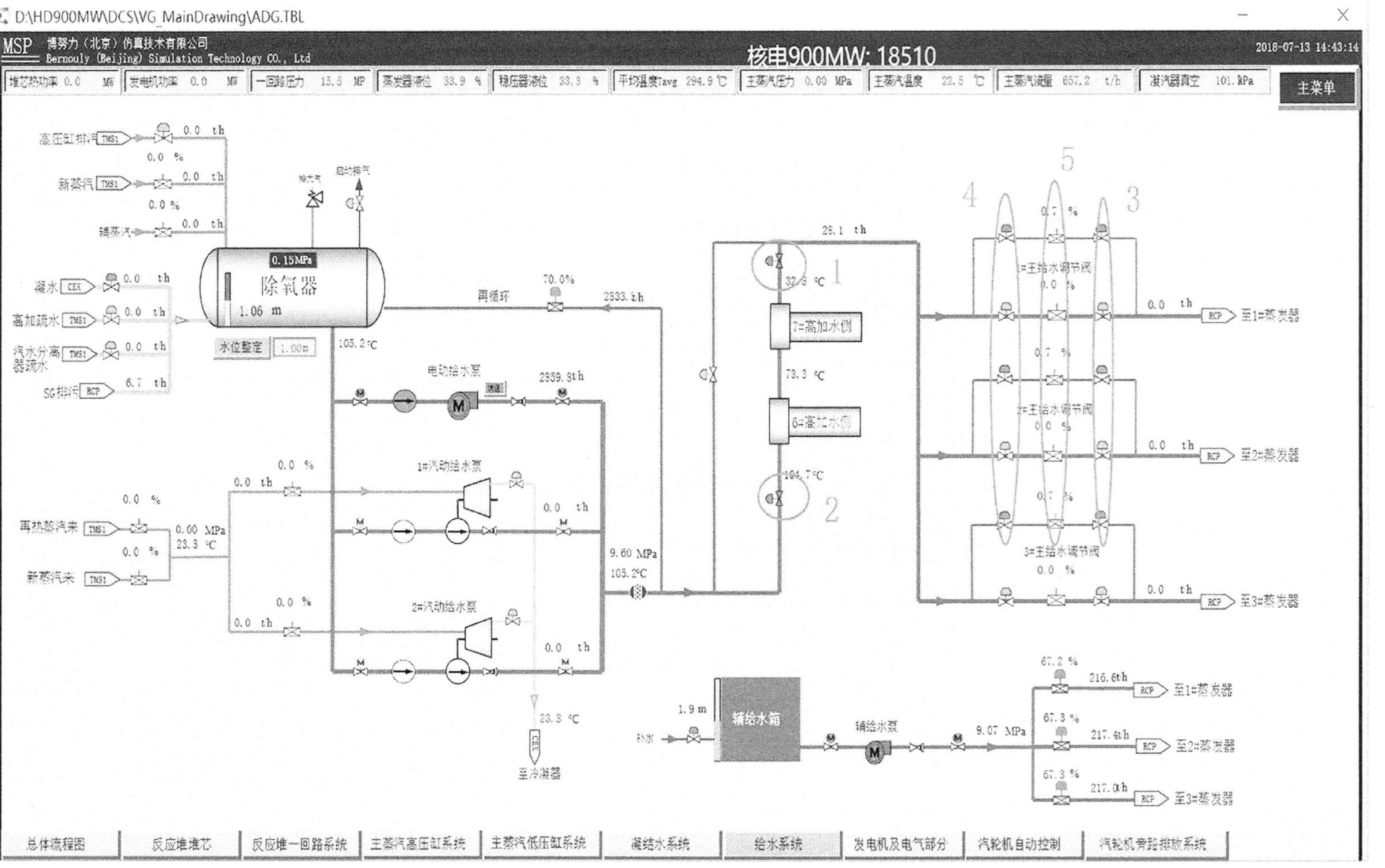
D:\HD900MW\DCS\VG_MainDrawing\ADG.TBL
MSP 博努力（北京）仿真技术有限公司 Bernouly (Beijing) Simulation Technology CO., Ltd
核电900MW: 18510
2018-07-13 14:43:14
主菜单
除氧器
0.15MPa
1.06 m
水位整定
再循环
电动给水泵
1#汽动给水泵
2#汽动给水泵
7#高加水侧
6#高加水侧
1#主给水调节阀
2#主给水调节阀
3#主给水调节阀
至1#蒸发器
至2#蒸发器
至3#蒸发器
辅给水箱
辅给水泵
至冷凝器
高压缸排汽
新蒸汽
辅蒸汽
凝水
高加疏水
汽水分离器疏水
SG排污
再热蒸汽来
新蒸汽来
补水
总体流程图
反应堆堆芯
反应堆一回路系统
主蒸汽高压缸系统
主蒸汽低压缸系统
凝结水系统
给水系统
发电机及电气部分
汽轮机自动控制
汽轮机旁路排放系统

图 8-39　给水系统

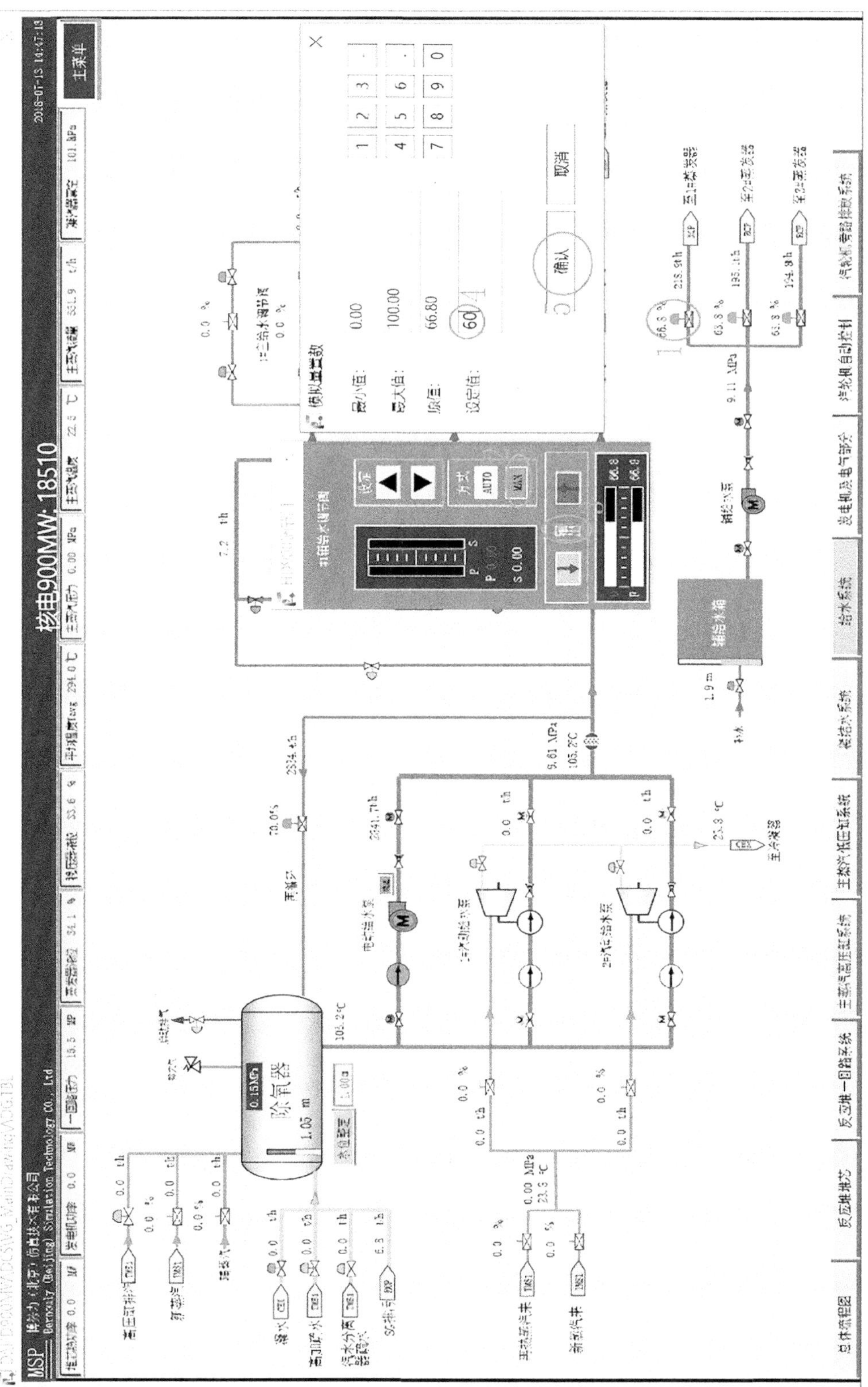

图 8-40 辅给水调节阀控制界面

- 同时减小再循环调门开度至 10%，此步骤与减小凝水再循环开度基本一致，不再赘述。
- 停运辅给水泵，关闭前后隔离门及辅给水箱补水门，效果如图 8-41 所示。

（注：切换时，SG 水位会有波动，但在正常范围内，会影响 RCP 温度波动，但最终会稳定在 295℃左右。）

3. 冷凝器建立真空

- 打开循环水泵及其进、出口隔离阀，启动循环水泵，控制界面如图 8-42 所示。
- 启动密封水泵，打开汽水分离器排气门，控制界面如图 8-43 和图 8-44 所示。
- 打开抽汽管路上的抽真空隔离阀，启动真空泵，控制界面如图 8-45 所示。
- 建立真空。

4. 反应堆至热备用状态

- 控制棒手动提棒至 285 步，即输出功率为 $2\%P_n$，反应堆至热备用状态，控制界面如图 8-46 所示。

8.1.4　至功率运行状态

反应堆达到功率运行状态时，其特征如下：

- 反应堆临界，输出功率处于$(30\%\sim40\%)P_n$；
- 一回路冷却剂平均温度 $T_{av}=291.4\pm1$℃；
- 一回路压力 $p=15.5$MPa(表压)；
- 汽轮机并网，汽轮机旁路系统处于自动控制状态；
- 蒸汽发生器经由水位调节主阀供水。

操作步骤如下：

1. 暖机、暖管

(1)控制棒手动提棒至 293 步，即输出功率为 $4.1\%P_n$，步骤与之前一致，不再赘述。

(2)打开#1、#2、#3 主蒸汽隔离阀，控制界面如图 8-47 所示。

(3)打开汽机轴封供汽阀，向汽机轴封供汽，控制界面如图 8-48 所示。

(4)暖机、暖管。

- 打开汽轮机自动控制画面，点击“挂闸”按钮，然后点击“运行”按钮，主汽门以及低压缸进汽门自动打开，控制界面如图 8-49～图 8-51 所示。
- 在控制设定点面板，设置转速目标值为 30r/min，当“保持”按钮自动变红后，点击“运行”。此时汽机进汽调门自动打开，进行暖机、暖管。控制界面如图 8-52 所示。

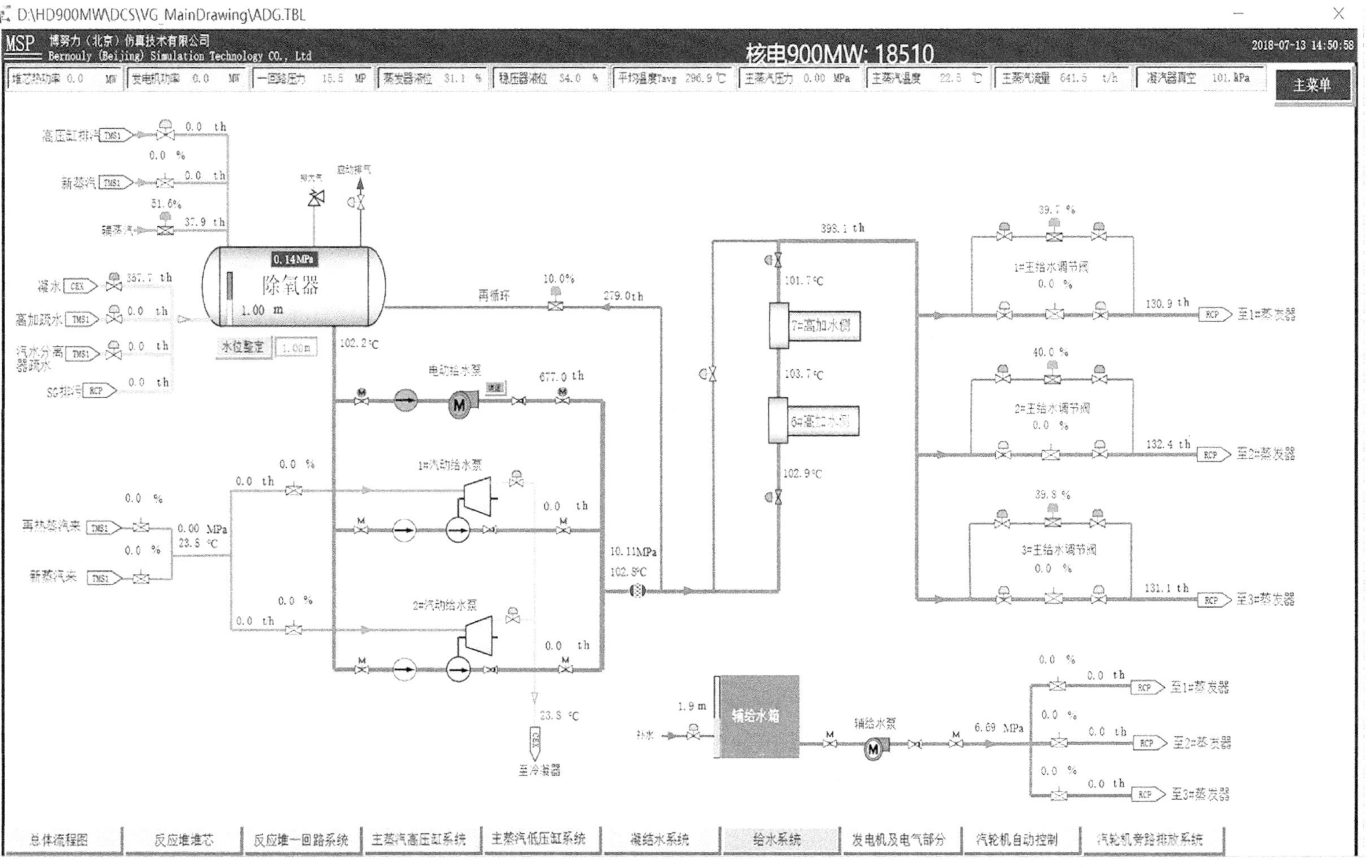
D:\HD900MW\DCS\VG_MainDrawing\ADG.TBL
博努力（北京）仿真技术有限公司
Bernouly (Beijing) Simulation Technology CO., Ltd
核电900MW: 18510
2018-07-13 14:50:58
主菜单
除氧器
0.14MPa
1.00 m
水位整定
再循环
电动给水泵
1#汽动给水泵
2#汽动给水泵
7#高加水侧
1#主给水调节阀
2#主给水调节阀
3#主给水调节阀
辅给水箱
辅给水泵
至冷凝器
至1#蒸发器
至2#蒸发器
至3#蒸发器
总体流程图
反应堆堆芯
反应堆一回路系统
主蒸汽高压缸系统
主蒸汽低压缸系统
凝结水系统
给水系统
发电机及电气部分
汽轮机自动控制
汽轮机旁路排放系统

图 8-41 给水系统

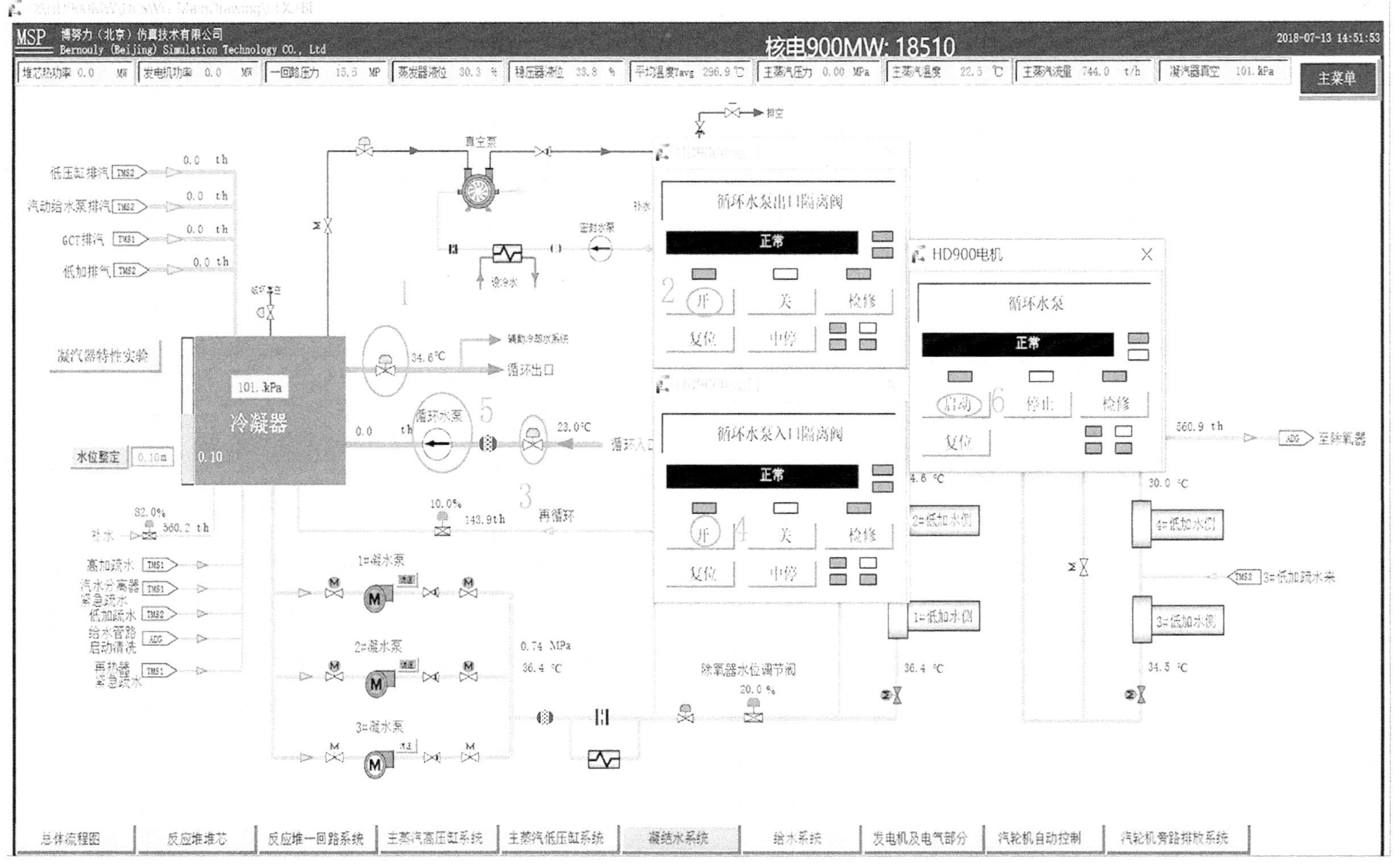

图 8-42　冷凝器循环水泵及其进、出口隔离阀控制界面

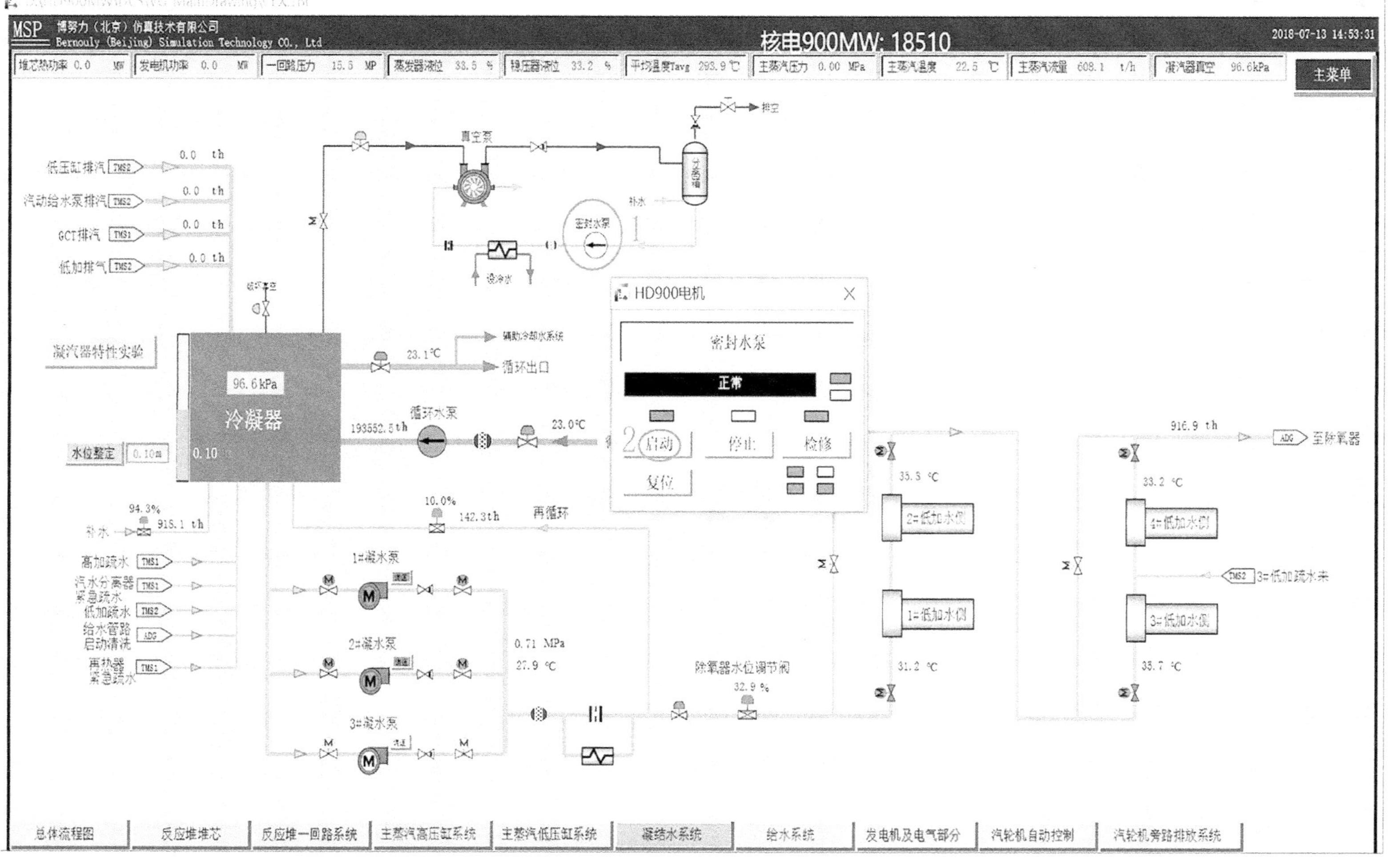

图 8-43 冷凝器抽真空密封水泵控制界面

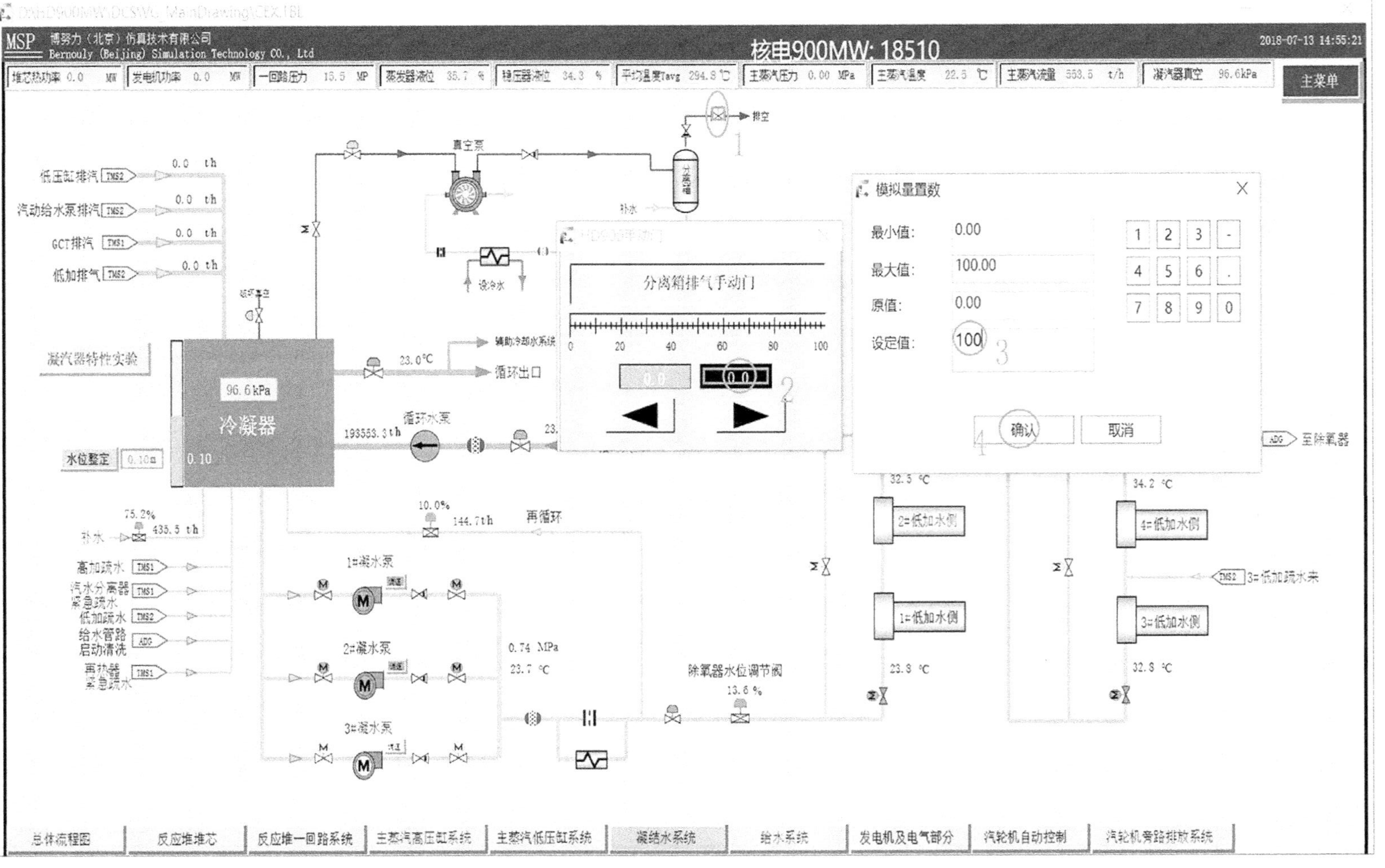

图 8-44　分离器排汽手动门控制界面

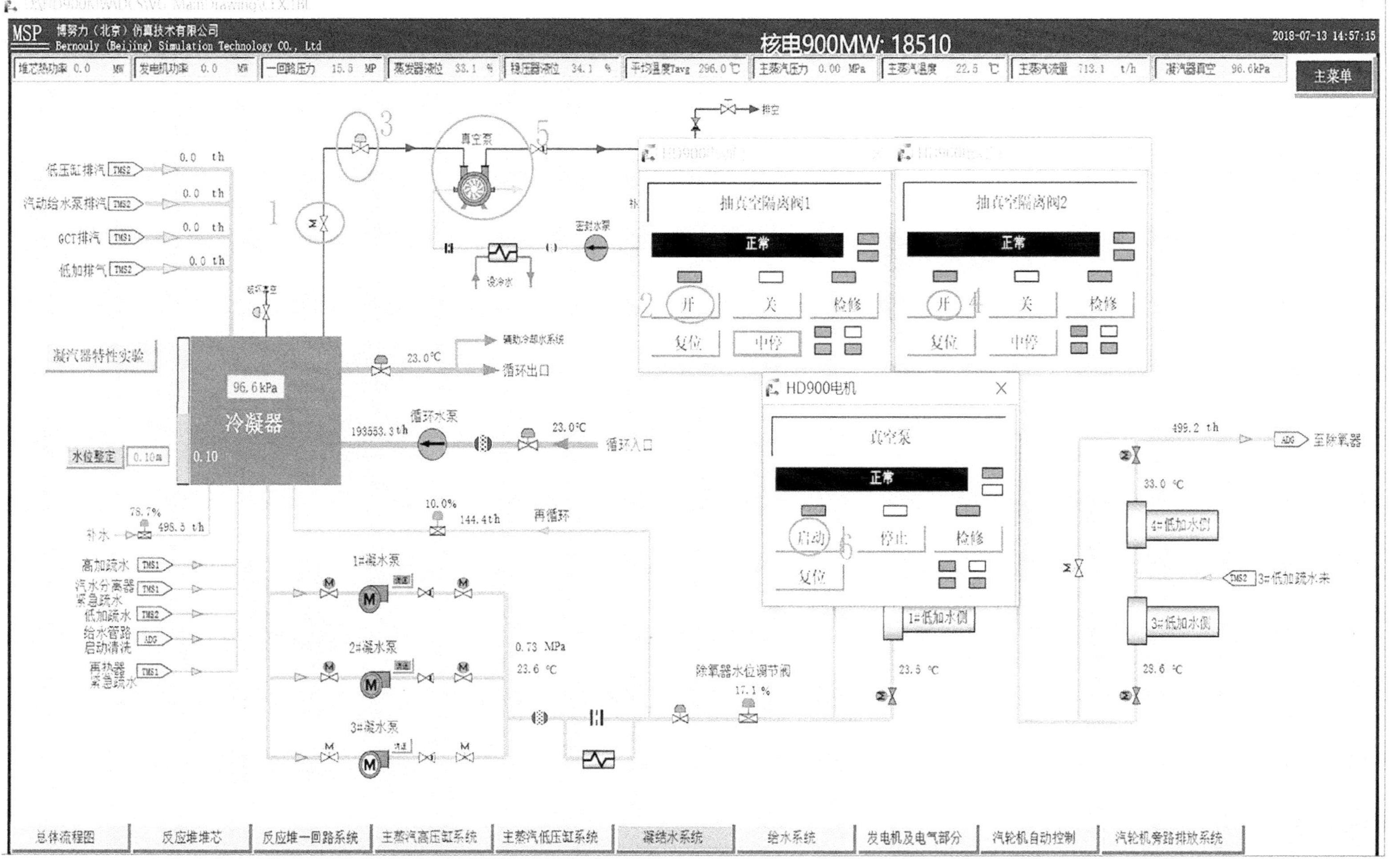

图 8-45　抽真空隔离阀与真空泵控制界面

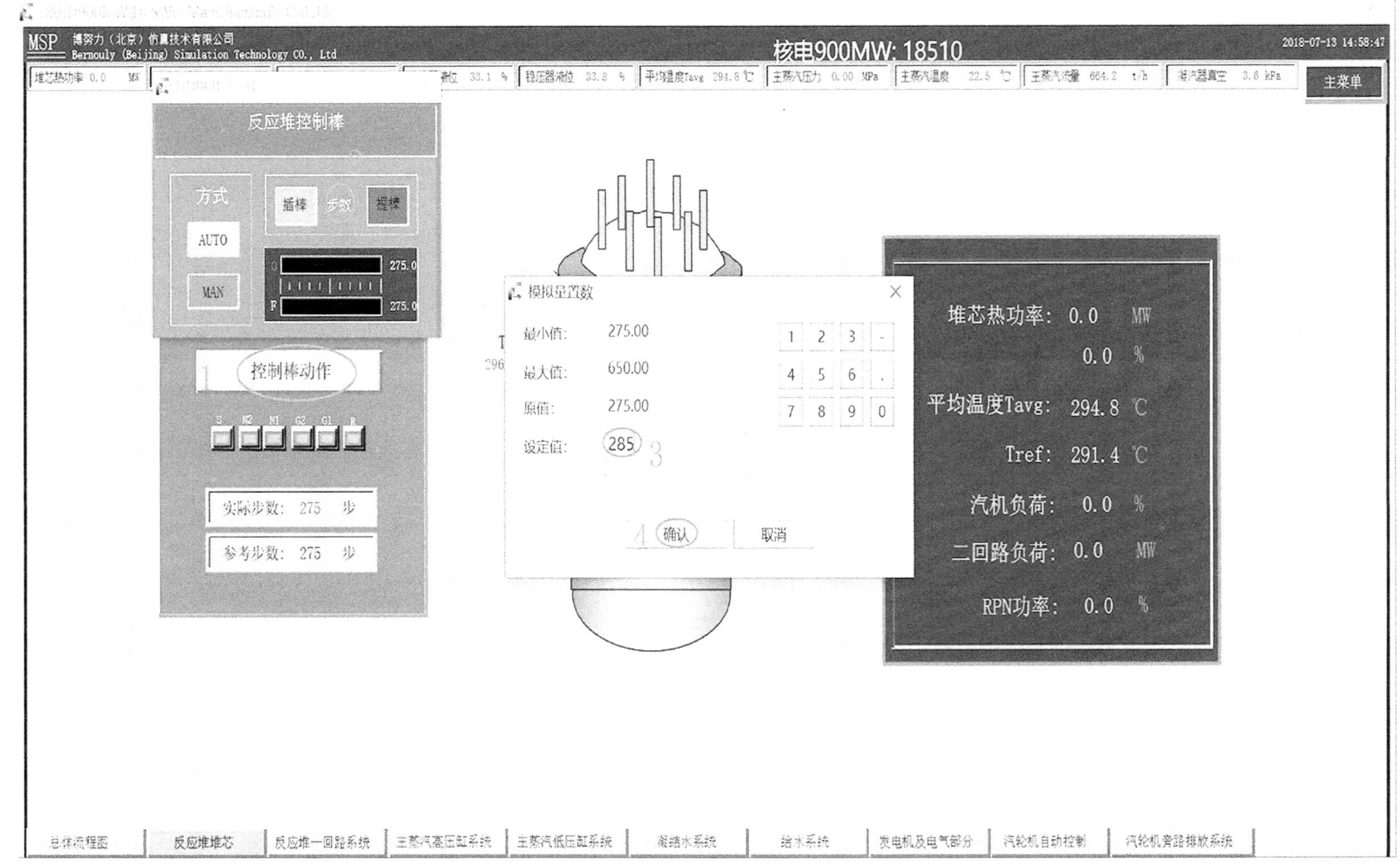

图 8-46　反应堆堆芯控制界面

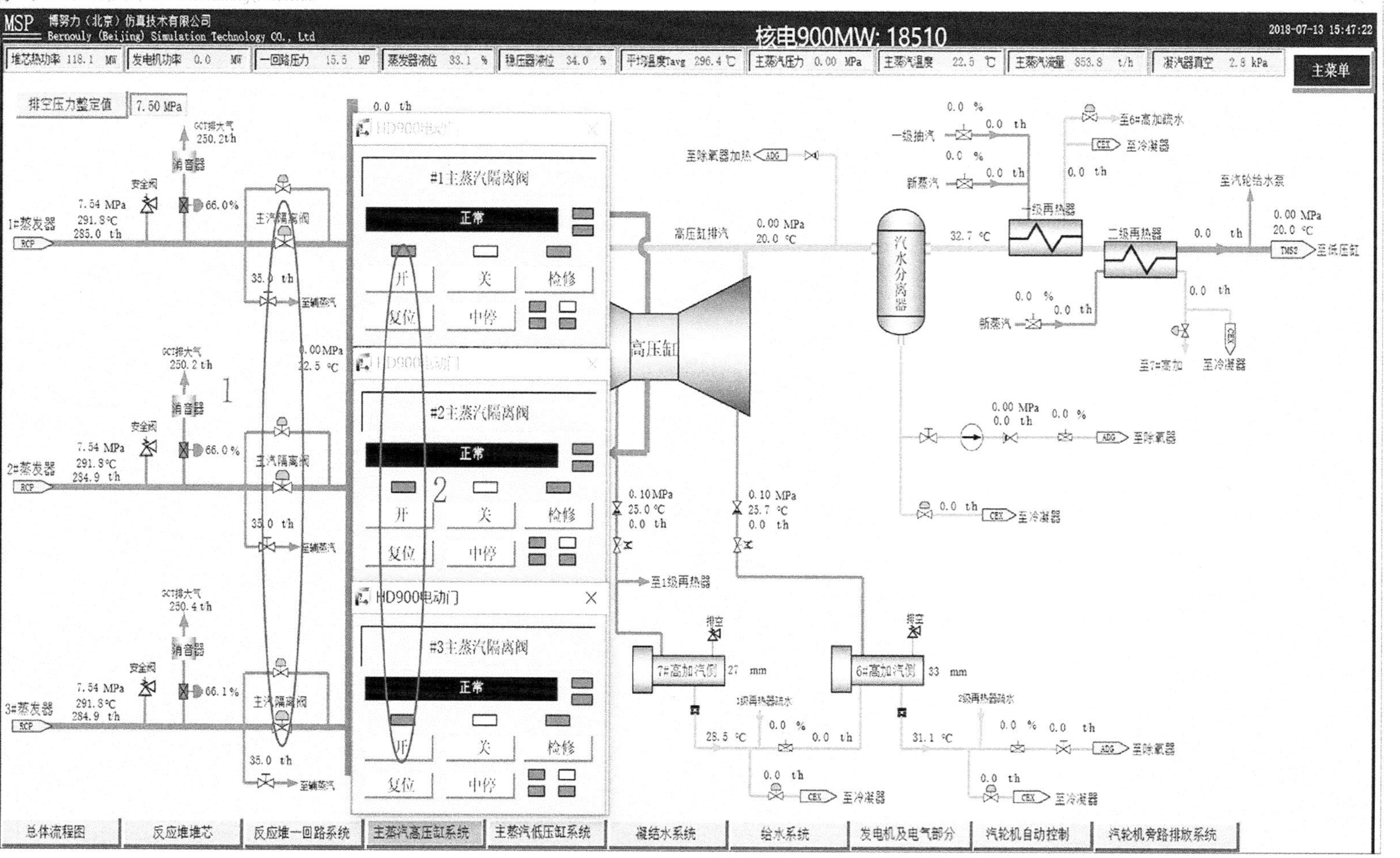

图 8-47　主蒸汽隔离阀控制界面

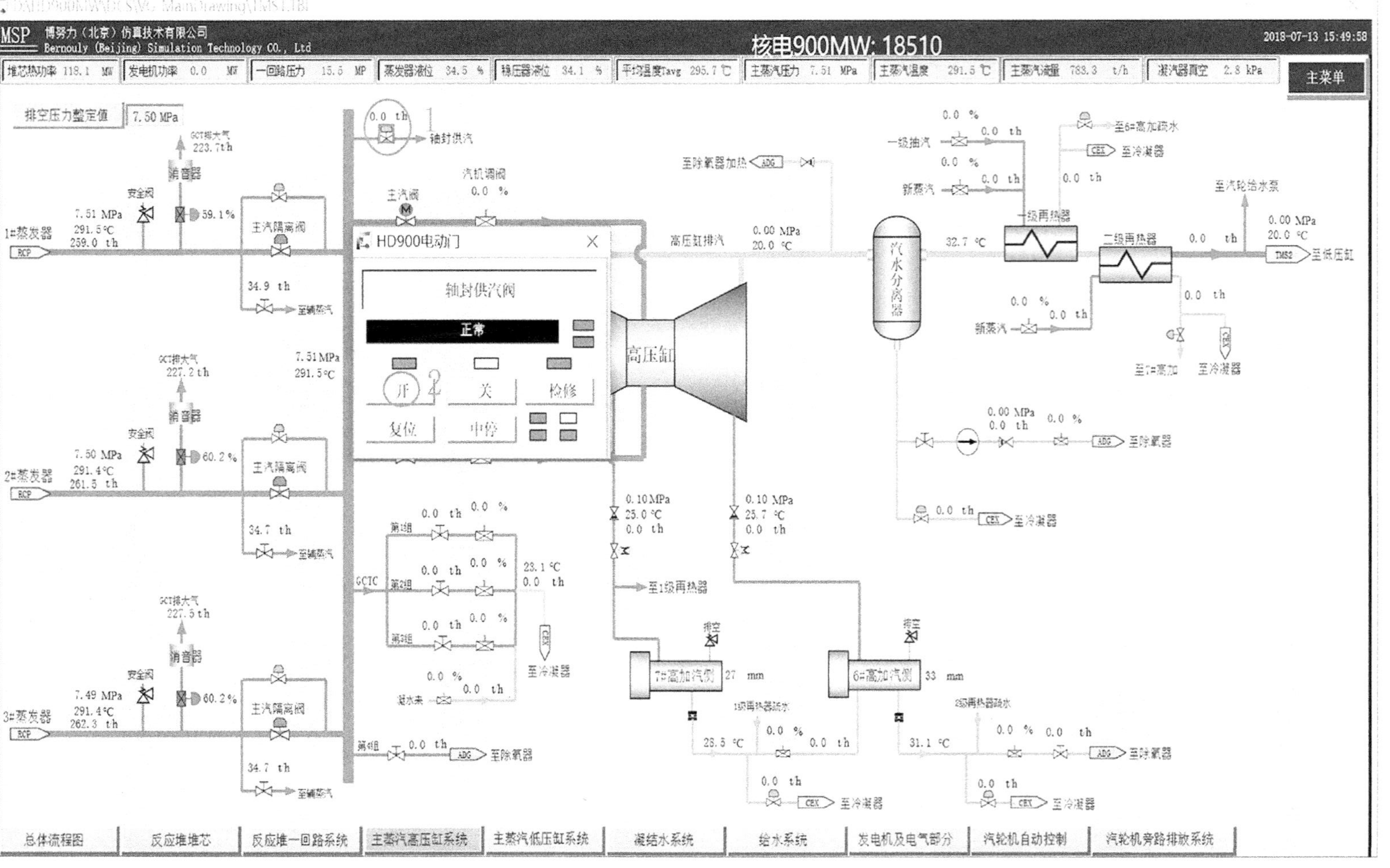

图 8-48　轴封供汽阀控制界面

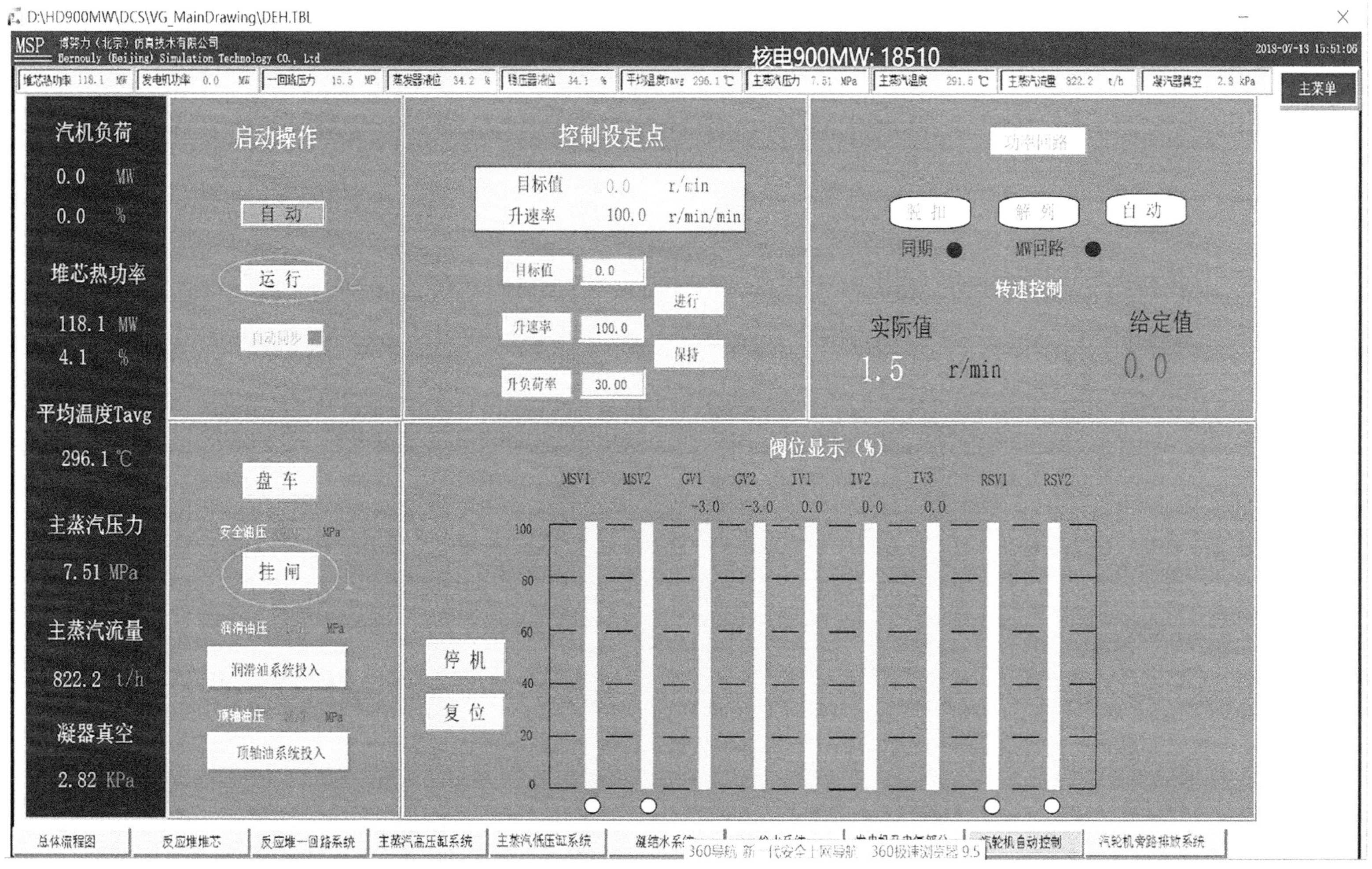

图 8-49 汽轮机自动控制界面

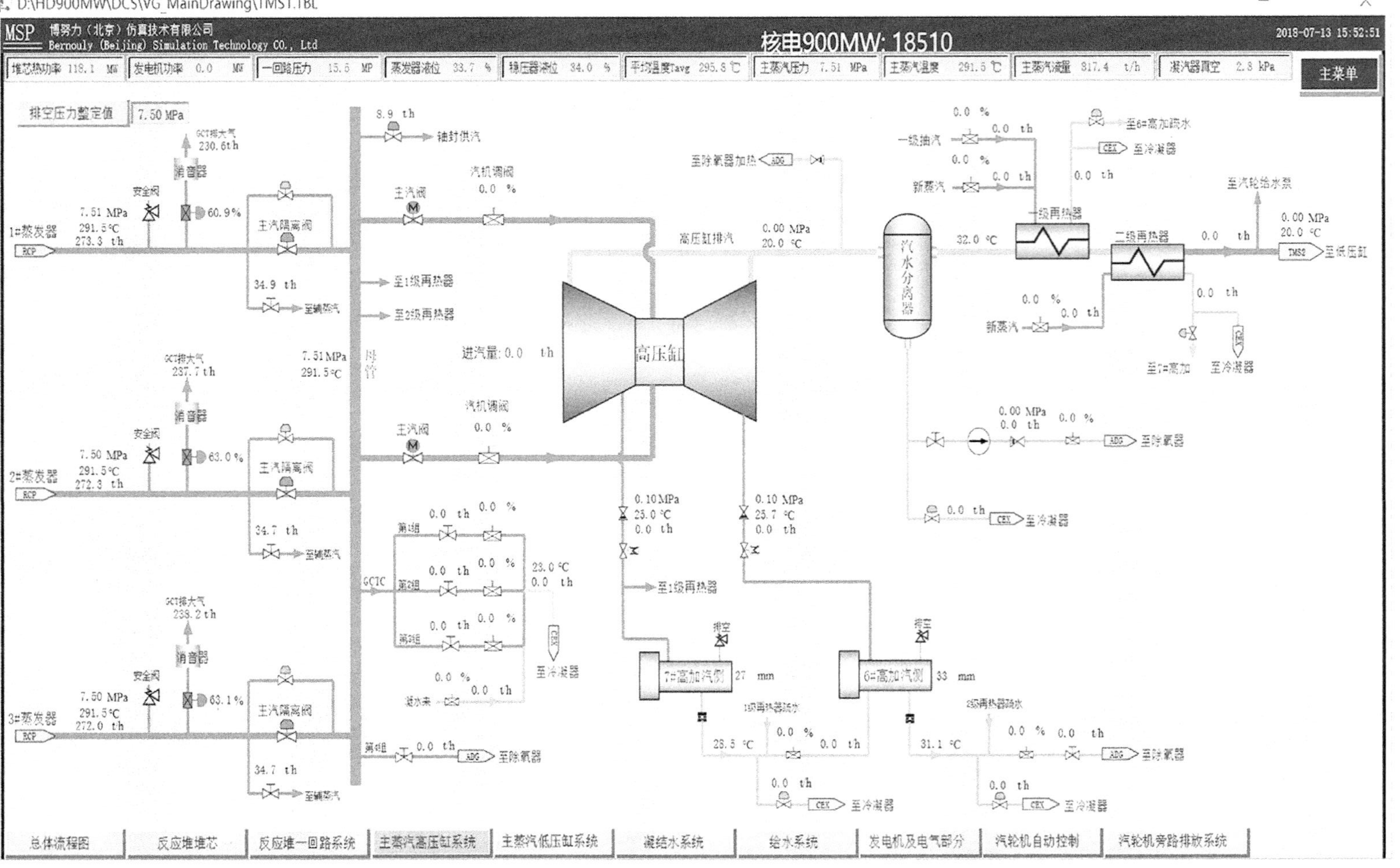

图 8-50　主蒸汽高压缸系统界面

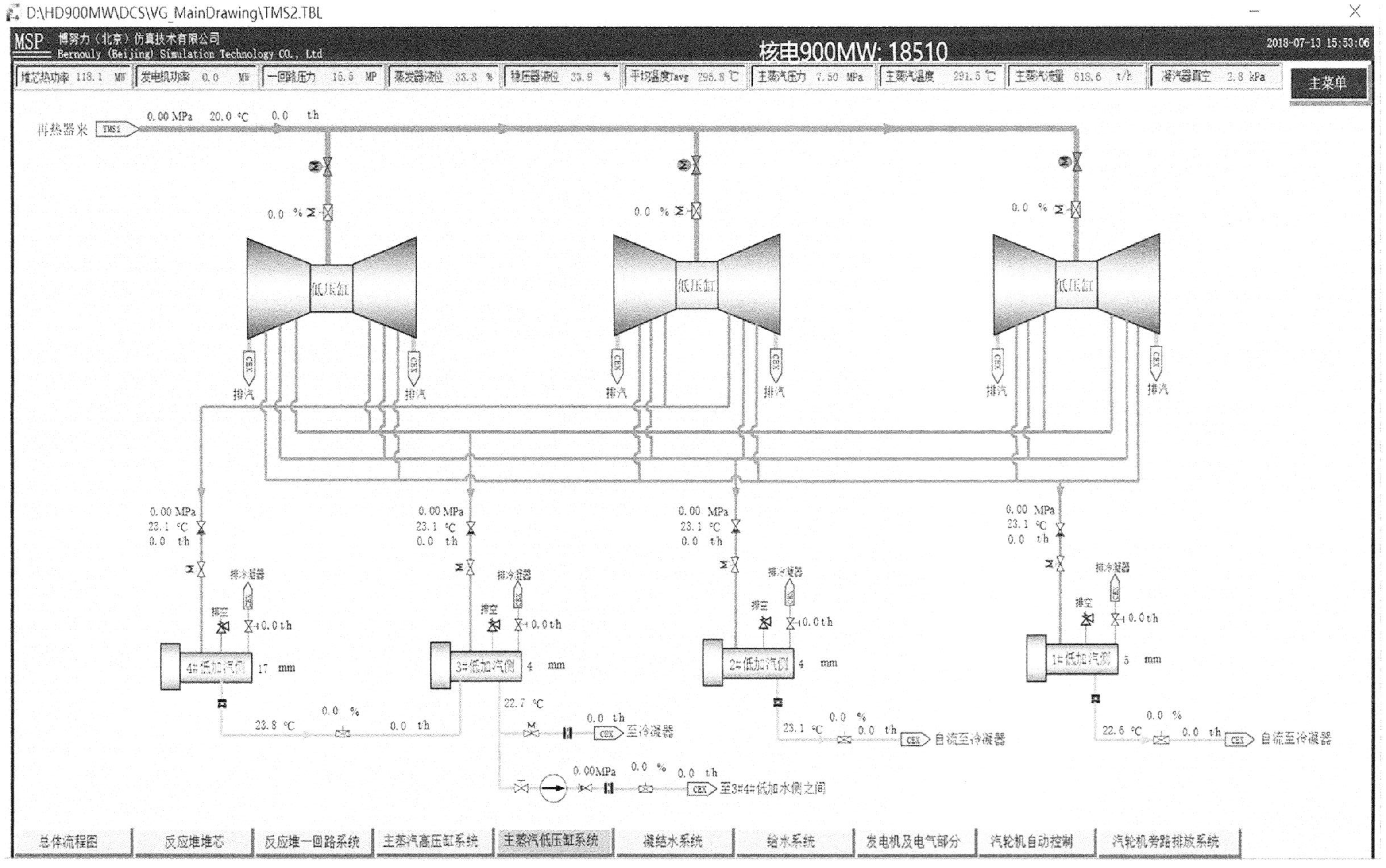

图 8-51　主蒸汽低压缸系统界面

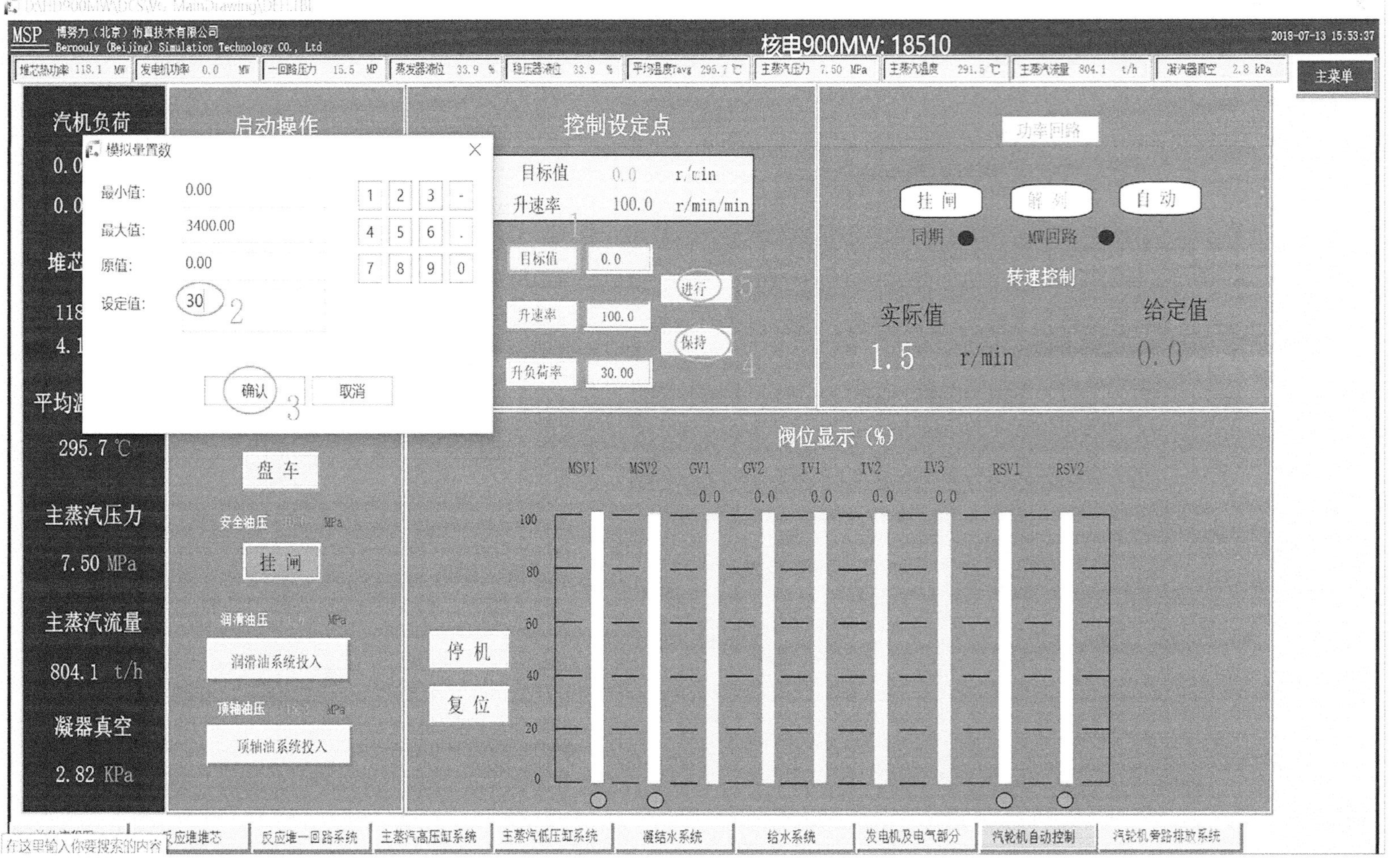

图 8-52　汽轮机自动控制界面

2. GCT_A 排空切换至 GCT_C

(1)打开主蒸汽高压缸系统界面，打开 GCTC 旁排至冷凝器的手动门(只演示一组)，如图 8-53 所示。

(2)打开汽轮机旁排系统界面，如图 8-54 所示。

具体顺序为：

- 压力设定值设定为 7MPa(也可将 GCT_A 压力整定值设为 7.0MPa，以便主汽压力尽快调整为 7.0MPa)；
- 温度整定值为 70℃；
- GCT_C 压力控制面板投自动；
- 投入“压力模式”；
- 待主汽压力基本稳定在 7.0MPa；

设定完成后的效果如图 8-55 所示。

(3)打开主蒸汽高压缸系统界面，GCTA 排大气调节阀切至手动，并逐步关闭(只做一组演示)，如图 8-56 所示。(注：每步 2%关闭速度慢一些，GCTC 调门打开调节速度较慢)

(4)通过 GCT_C 自动将 RCP 平均温度调整为零负荷整定值约 294℃。

8.1.5　汽机冲转、发电机并网

1. 投高、低压加热器

(1)控制棒手动提棒至 317 步，即输出功率约为 10%P_n。

(2)投高加：

- 打开#7 高加抽汽隔离阀，打开#7 高加疏水调节阀，并投自动；
- 打开#6 高加抽汽隔离阀，打开#6 高加疏水调节阀，并投自动；
- 打开#6 高加至除氧器疏水手动门、气动门。

效果如图 8-57 所示。

(3)投低加。

- 打开#4 低加抽汽隔离阀，打开排气至冷凝器手动门，打开其疏水调节阀，并投自动；
- 打开#3 低加抽汽隔离阀，打开排气至冷凝器手动门，打开其疏水调节阀，并投自动；打开疏水泵前手动门，启动疏水泵；
- 打开#2 低加抽汽隔离阀，打开排气至冷凝器手动门，打开其疏水调节阀，并投自动；
- 打开#1 低加抽汽隔离阀，打开排气至冷凝器手动门，打开其疏水调节阀，并投自动。

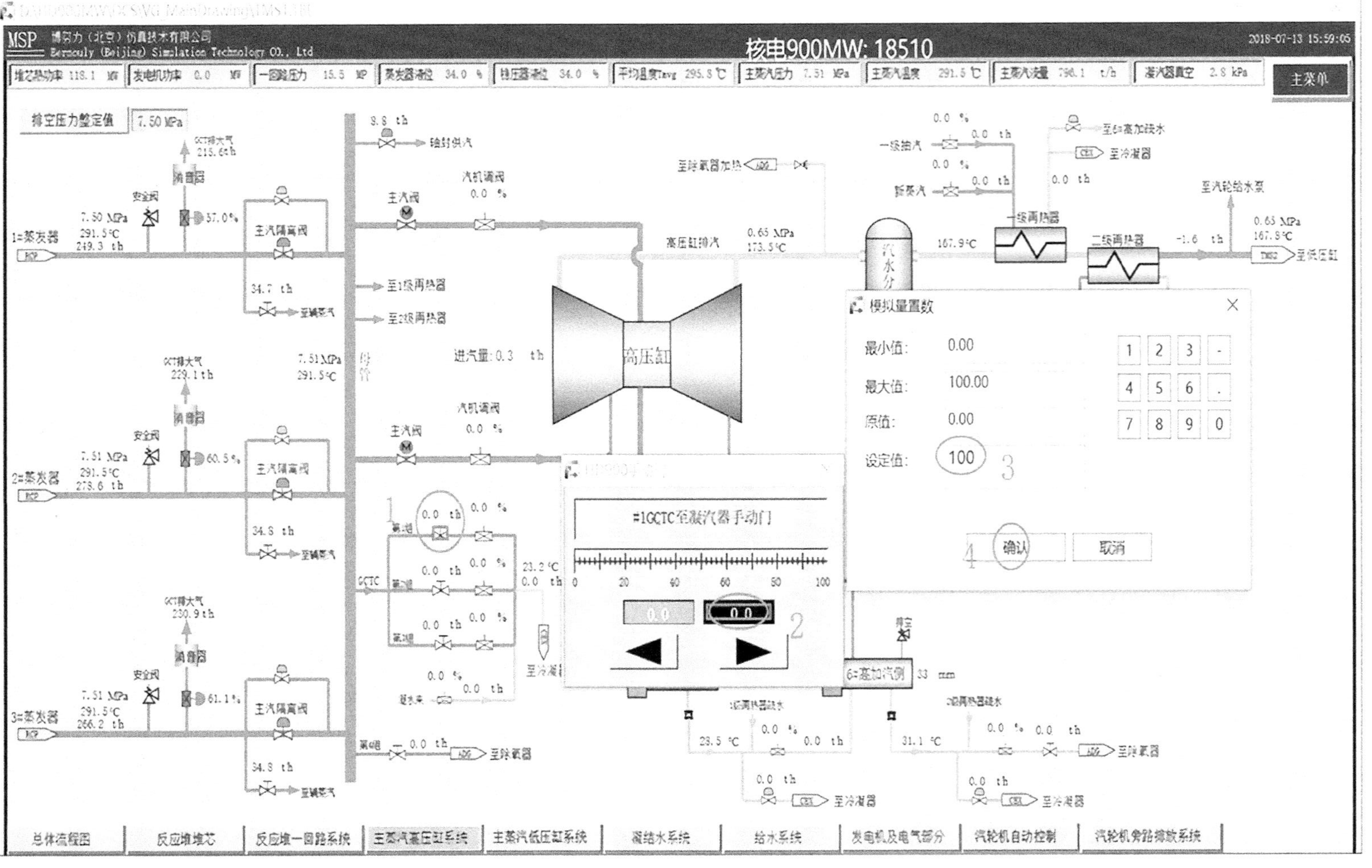

图 8-53　GCT-C 至冷凝器手动门控制界面

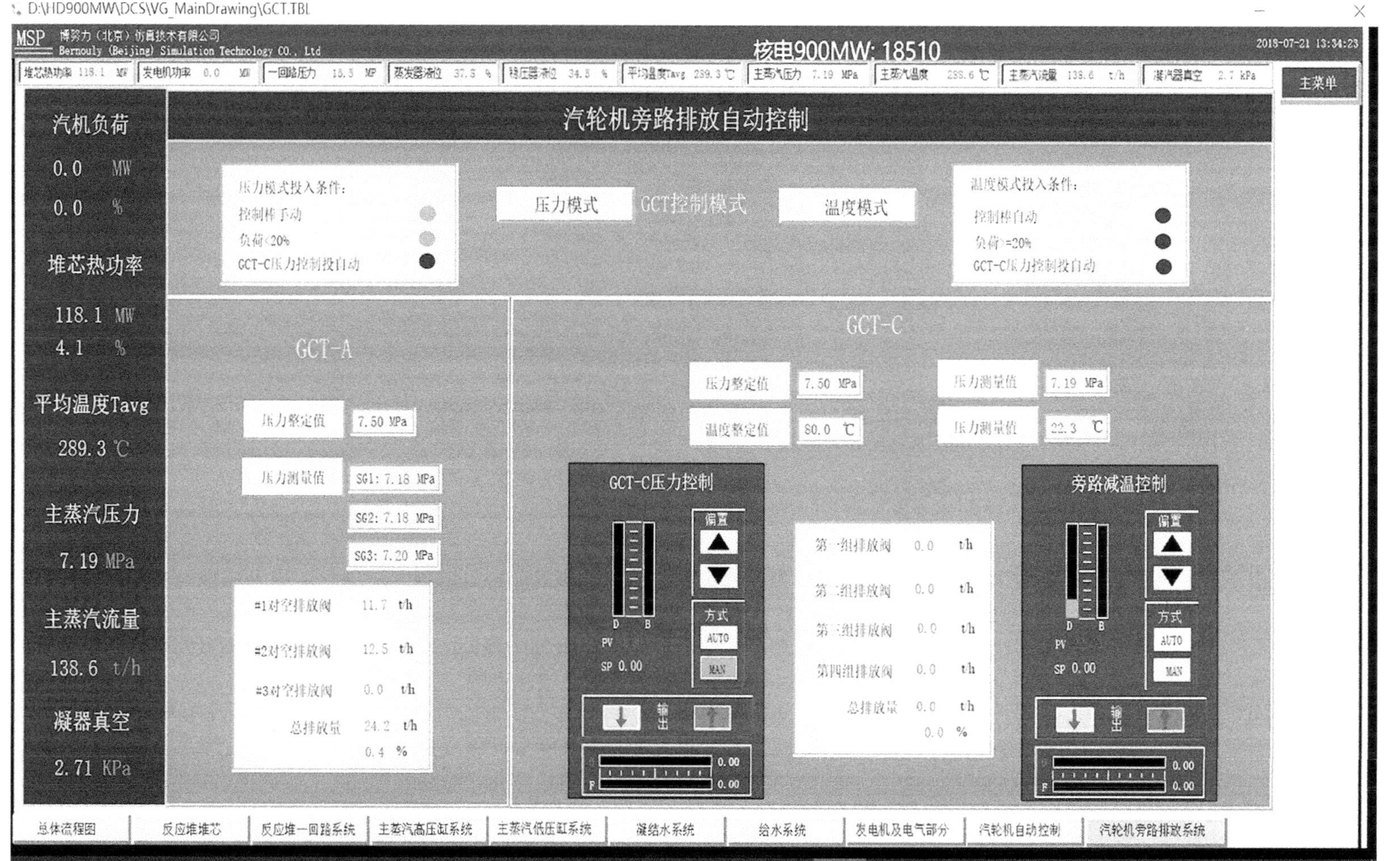

图 8-54　汽轮机旁排系统控制界面

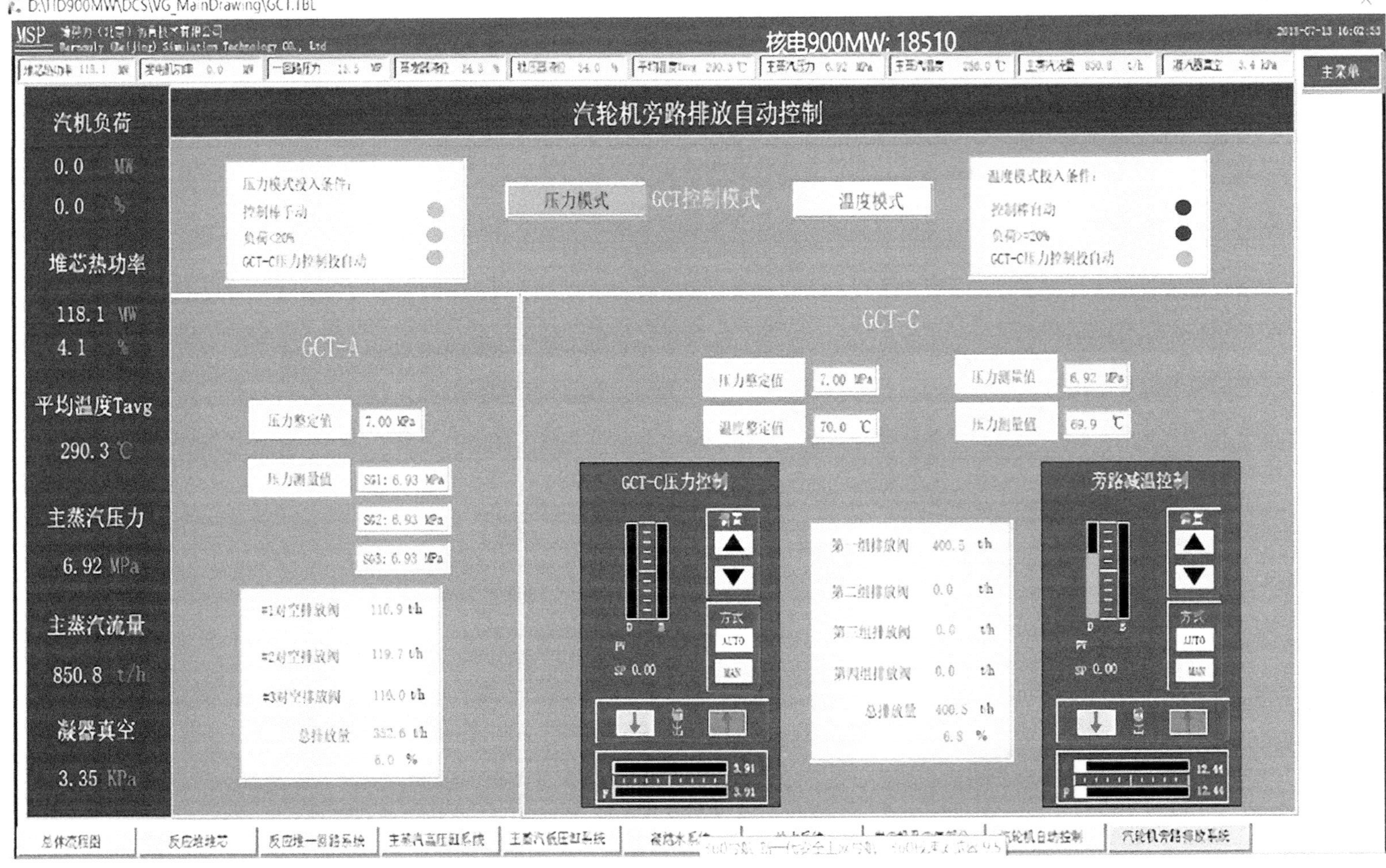

图 8-55　汽轮机旁排系统控制界面

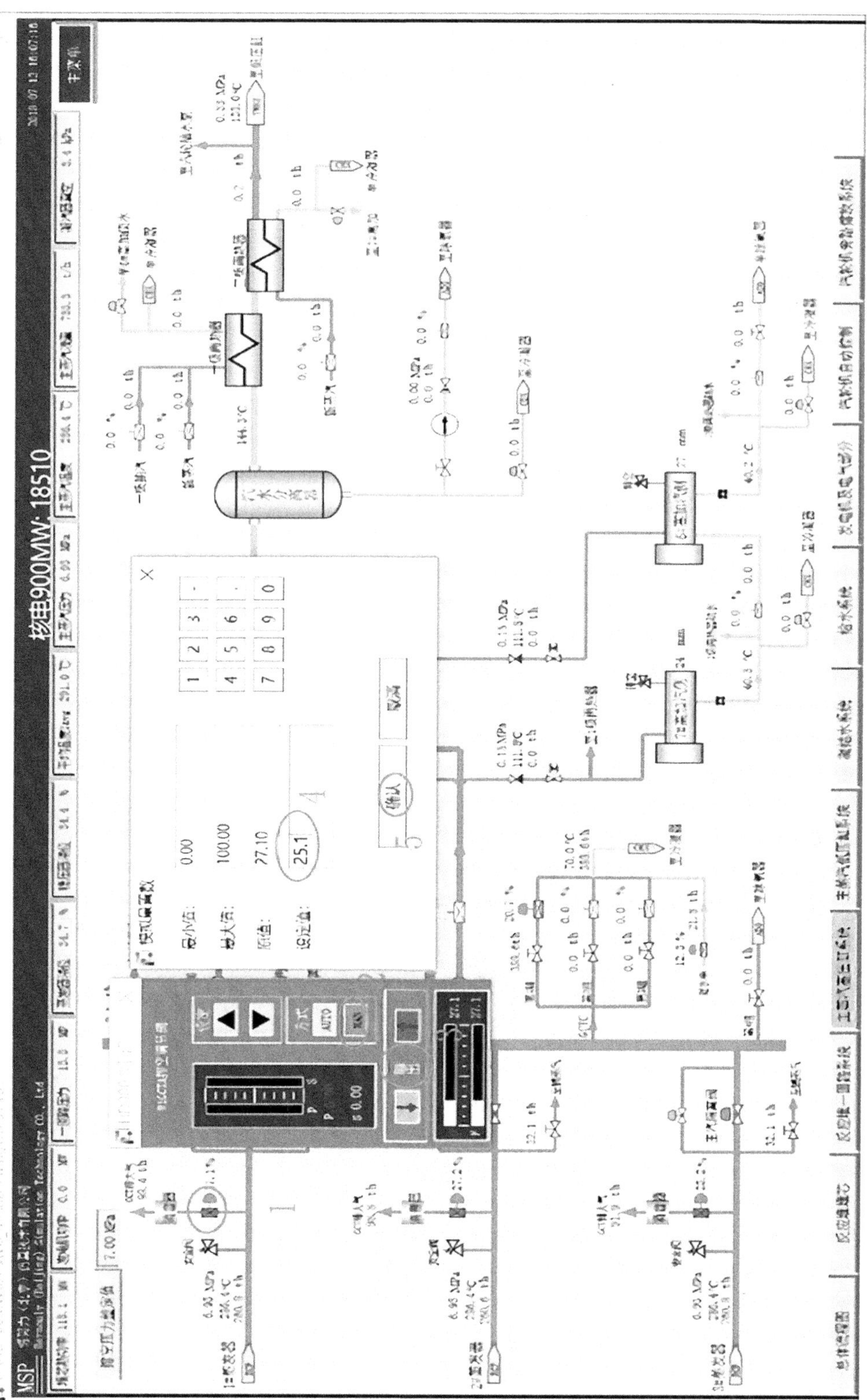

图 8-56　GCTA 排大气调节阀控制界面

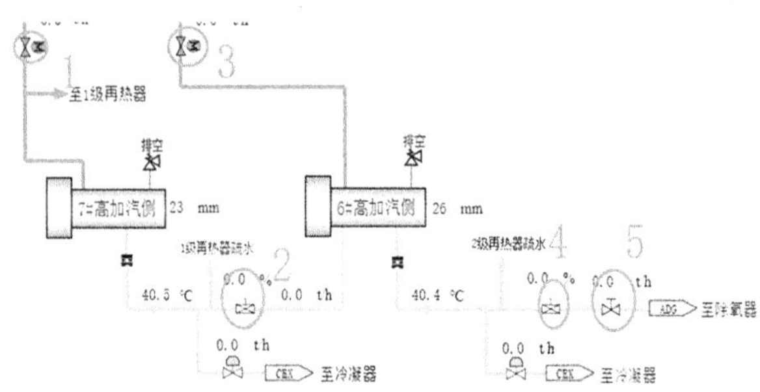

图 8-57　高压给水加热器(汽侧)

效果如图 8-58 所示。

2. 汽机冲转

(1)打开高压缸排汽至除氧器加热的进汽阀，控制界面如图 8-59 所示。

(2)打开汽轮机自动控制画面，点击“挂闸”按钮，然后点击“运行”按钮，主汽门以及低压缸进汽门自动打开。此步骤与之前图 8-49 基本一致，不再赘述。

(3)在控制设定点面板，设置转速目标值为 1000r/min，设置升速率为 100r/min，当“保持”按钮自动变红后，点击“运行”。此时汽机进汽调门自动打开，进行冲转。此步骤与之前图 8-52 基本一致，不再赘述。

(4)设置转速目标值为 2000r/min，设置升速率为 100r/min/min，点击“进行”，冲转至 2000r/min。此步骤与之前图 8-52 基本一致，不再赘述。

(5)设置转速目标值为 3000r/min，设置升速率为 100r/min，点击“进行”，直至冲转完成。此步骤与之前图 8-52 基本一致，不再赘述。

3. 发电机并网

(1)打开发电机及电气部分界面，点击励磁开关，点击“预合”“确认”，使其处于合闸状态；同理点击高厂变 A 分支断路器、B 分支断路器，点击“预合”“确认”，进行合闸，如图 8-60～图 8-62 所示。

(2)点击励磁就地控制柜面板，合上 A 套、B 套、C 套、D 套交流电源，点击“A 通道运行”，然后点击“建压”按钮，会发现励磁电压、励磁电流以及电压值在增大，当电压值小于 26. 5kV 时，点击“增磁”按钮，使其增大到 26. 5kV 以上，如图 8-63 所示。

(3)点击同期就地控制柜面板，合上同期表开关，同期方式选择“自动”，如图 8-64 所示。

(4)当看到汽机自控控制画面中“自动同步”按钮变红时，按顺序做如下步骤操作：

- 点击“投入自动同步”按钮；
- 约 20s 之后，汽机并网成功，功率回路按钮显示；
- 点击“功率回路”按钮，投入功率回路；
- 设置汽机最小负荷为 50MW，设置升负荷率为 50MW/min；
- 点击“运行”，则汽机自动运行调整为 50MW。

类似效果如图 8-65 所示。

(注：升速过程中应监测各轴承、转子及外缸胀差变化及机组振动)

(5)打开发电机及电气部分，断开高备变高压侧断路器，点击“预分”“确认”按钮，由外电源切换至汽轮发电机供电，如图 8-66 所示。

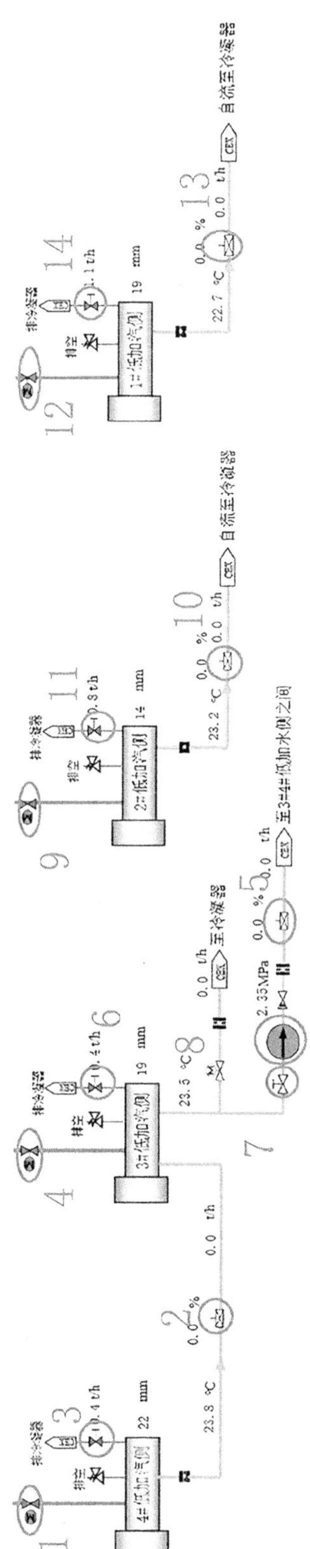

图 8-58 低压给水加热器(汽侧)

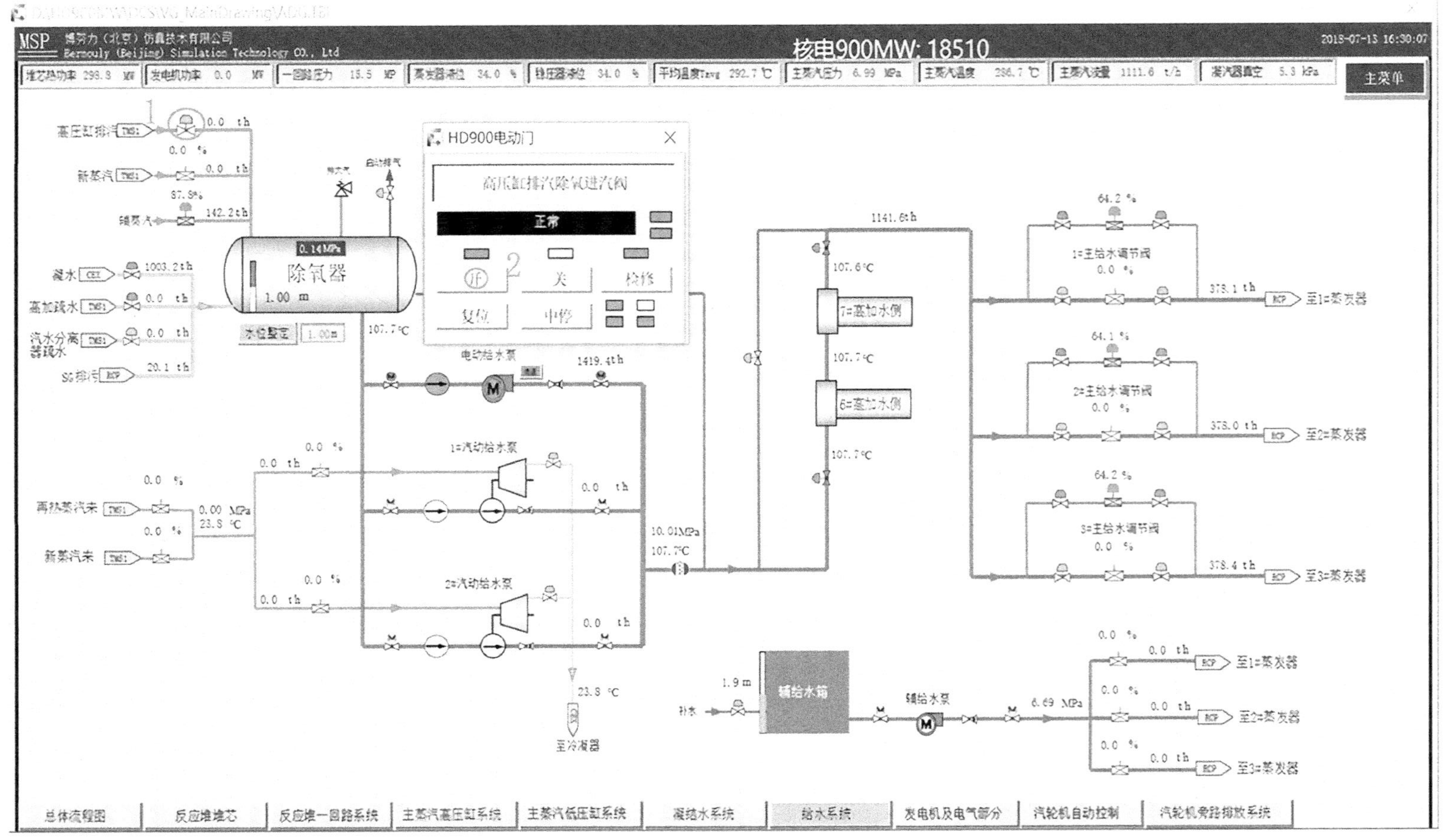

图 8-59　高压缸排汽至除氧器进汽阀控制界面

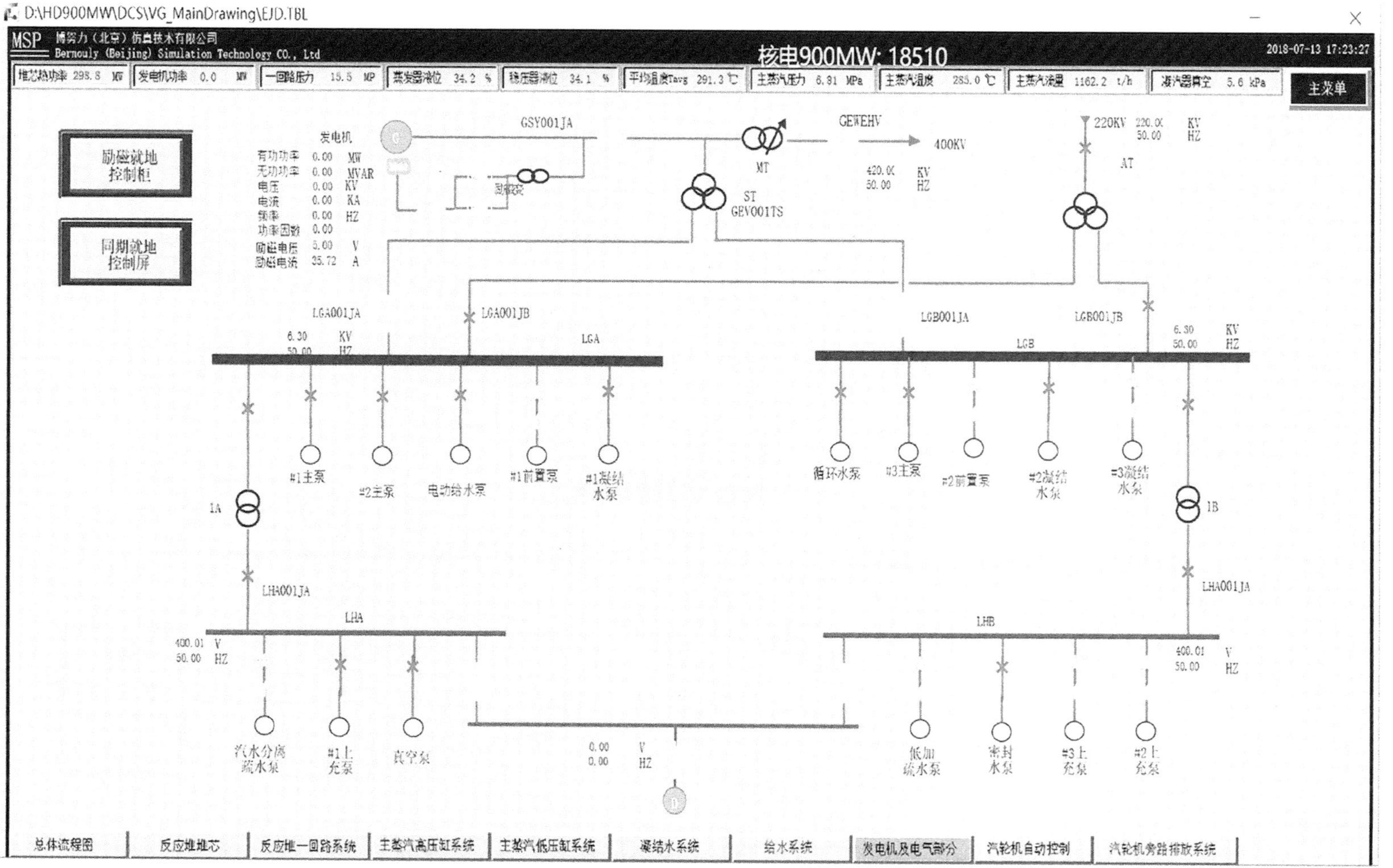

图 8-60 发电机及电气部分控制界面

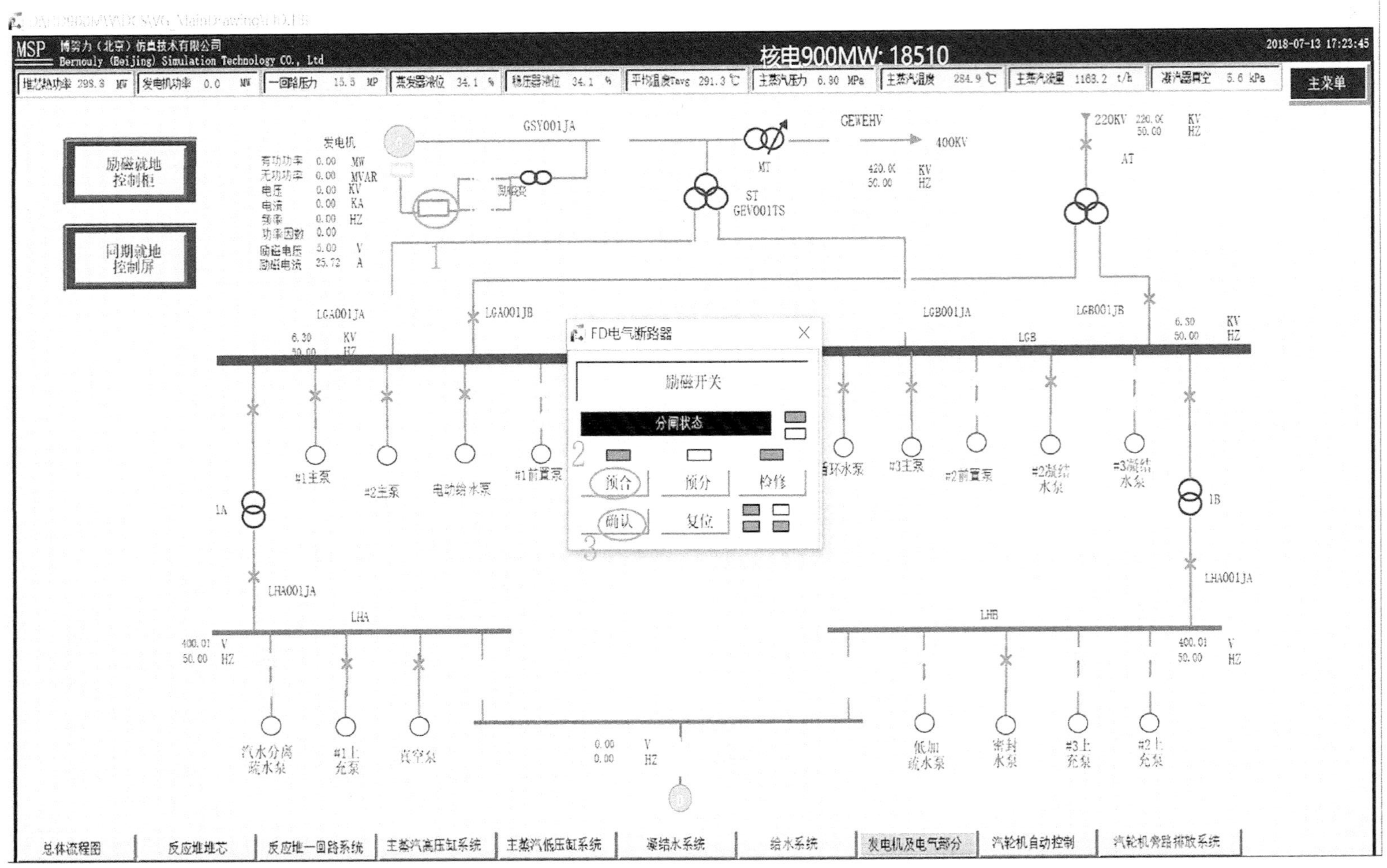

图 8-61　励磁开关控制界面

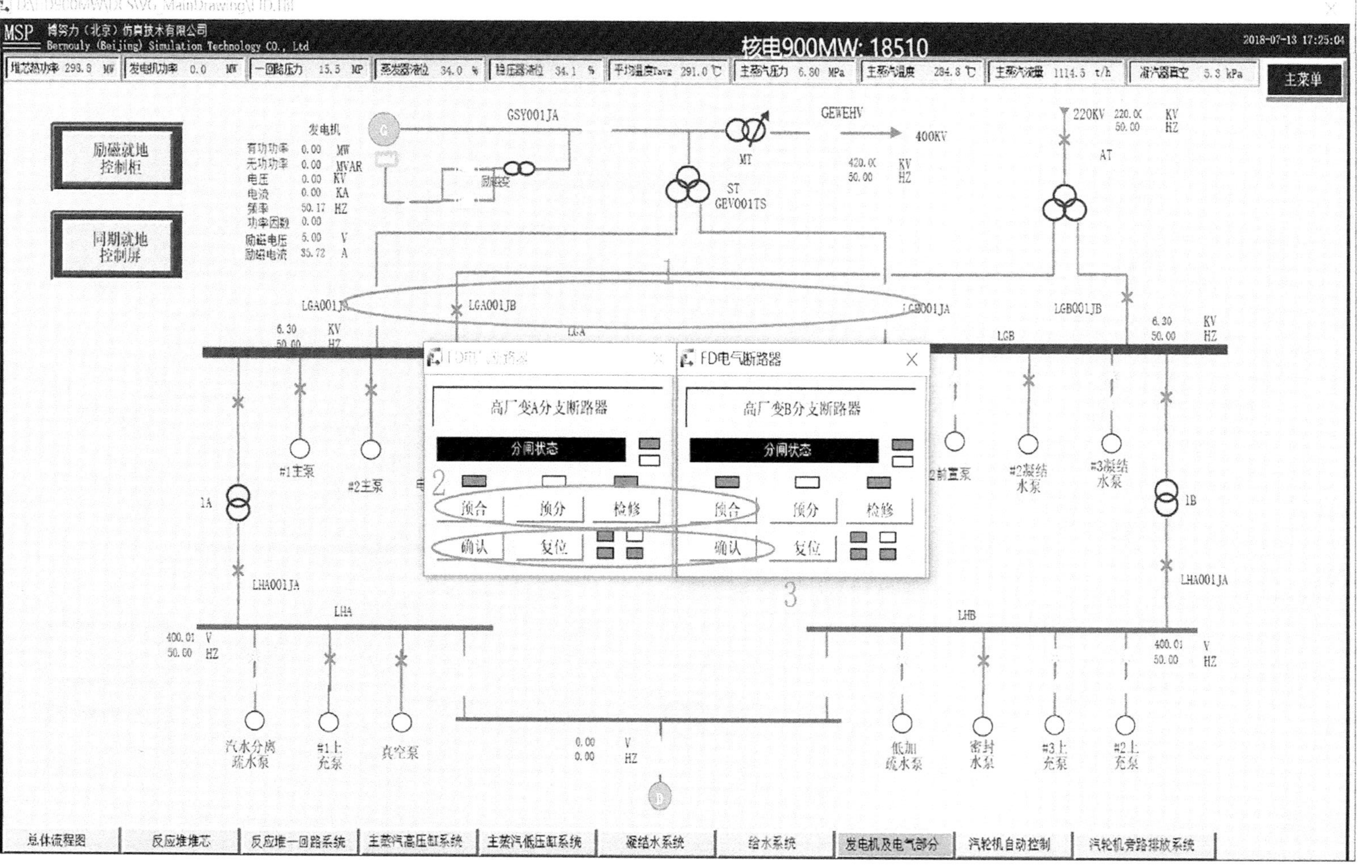

图 8-62 分支断路器控制界面

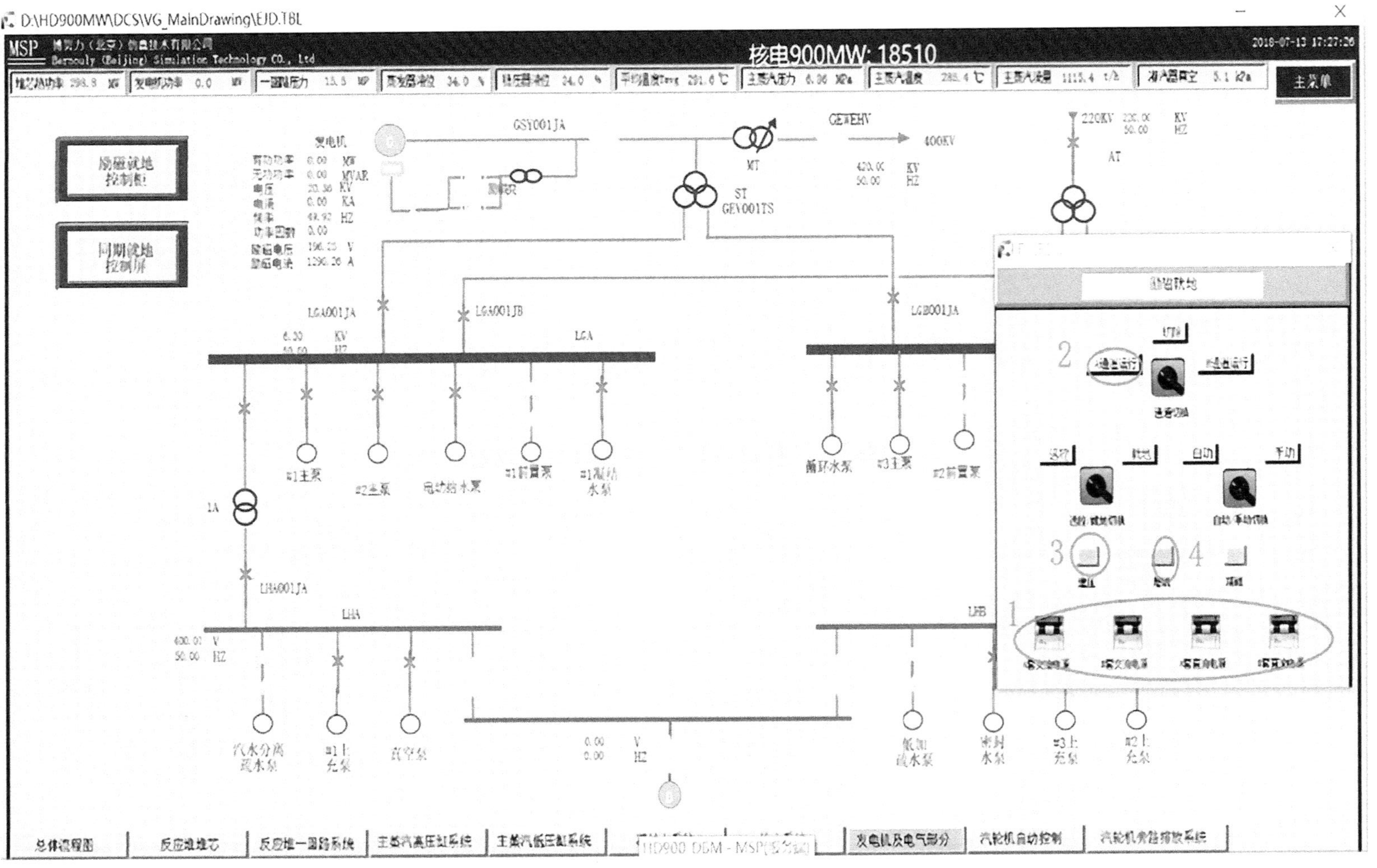

图 8-63　励磁就地控制柜面板

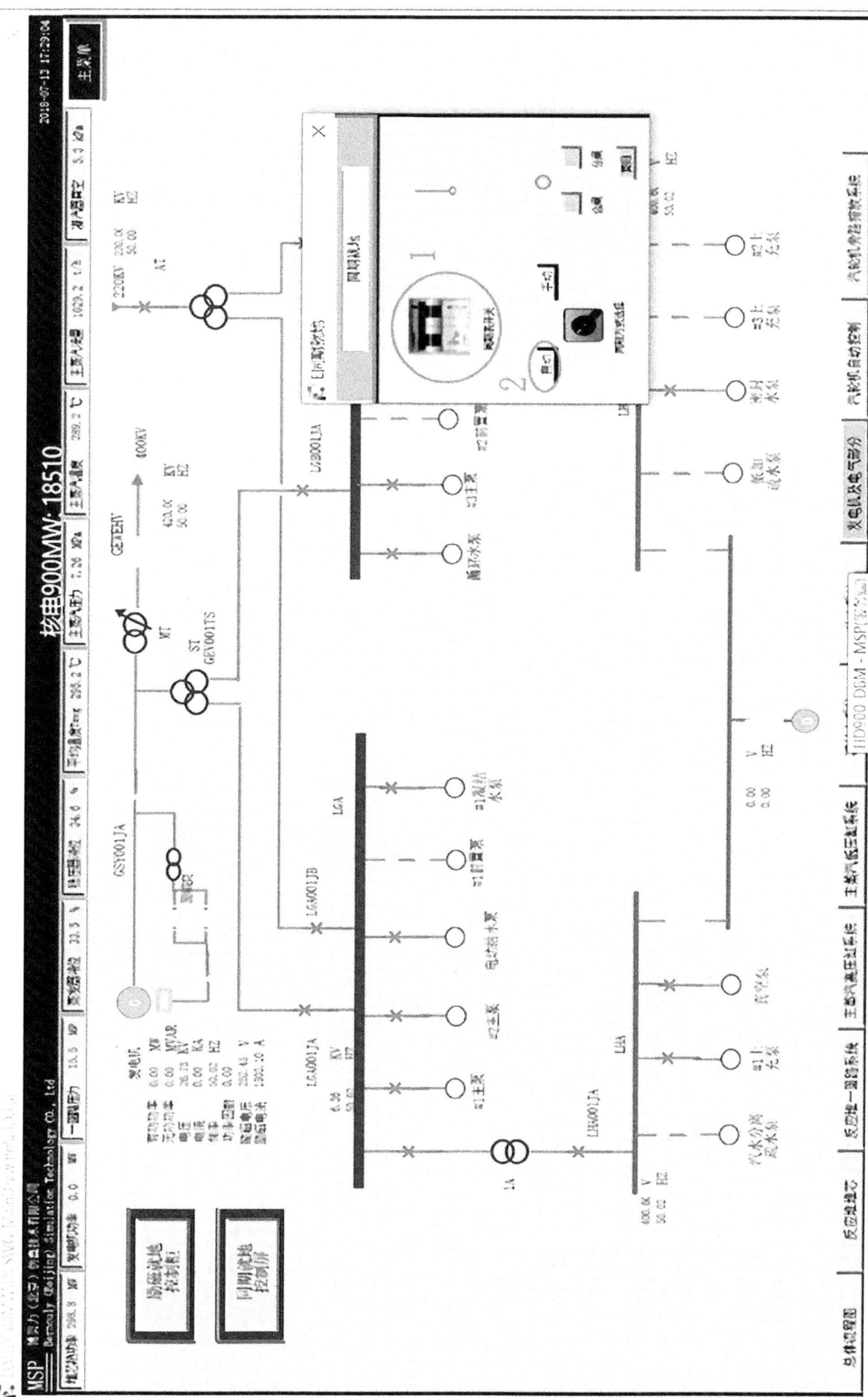

图 8-64　同期就地控制柜面板

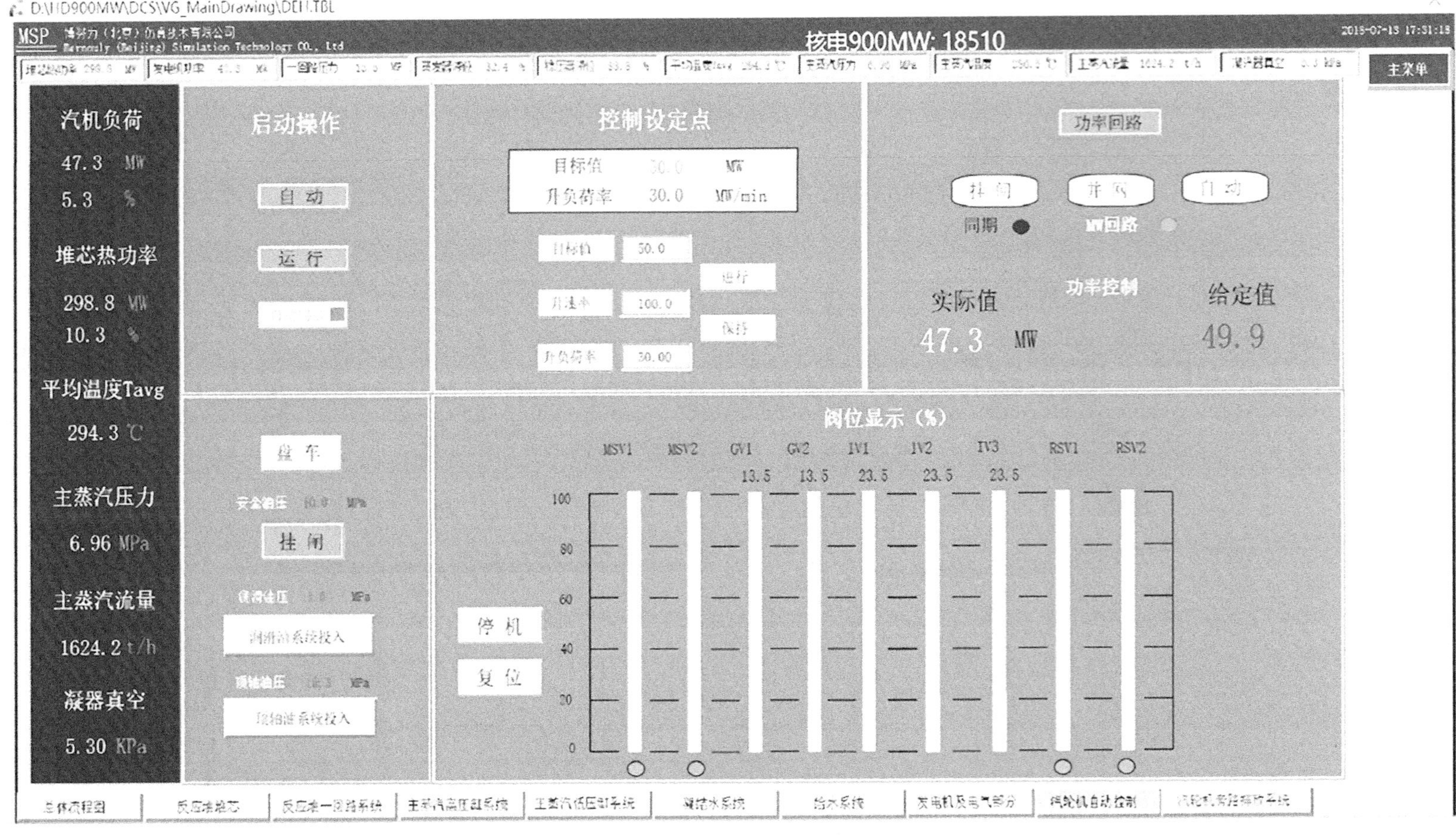

图 8-65　汽轮机自动控制界面

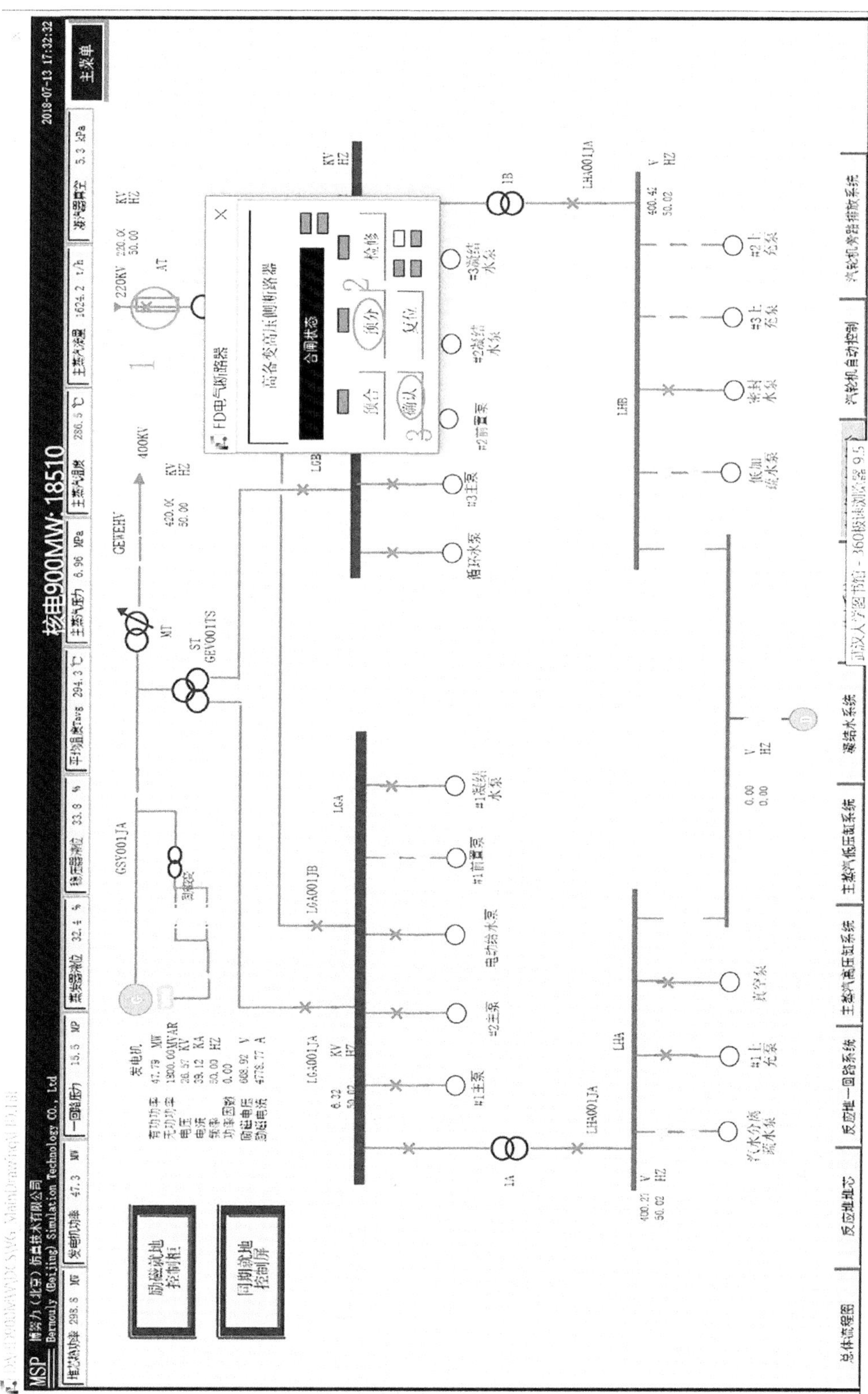

图 8-66　高备变高压侧断路器控制界面

8.2　二回路升功率至额定负荷

8.2.1　升功率至 15%P_n

1. 投再热器

(1)打开一级再热器疏水隔离门，手动增加高压缸一级抽汽至再热器调门开度，至 80%，如图 8-67 所示。

(2)打开二级再热器疏水隔离门，手动增加主蒸汽至二级再热器调门开度，至 80%，与上一步类似，不再赘述。

(3)打开汽水分离器疏水泵前手动门，打开出口调门并投自动，打开至除氧器疏水气动门，启动疏水泵，如图 8-68 所示。

2. 升功率至 15%P_n

(1)关闭凝水再循环调节阀，关闭给水再循环调节阀，设置凝汽器水位设定值为 1.5m，#1、#2 凝水泵调速投自动，相关操作方法在前文已提及，这里不再赘述；

(2)手动设定汽机负荷目标值为 80MW，改变升负荷率为 30MW/min，点击“进行”按钮，进行升负荷，同时手动提棒至 15%P_n(步数 335 步)，相关操作方法在前文已提及，这里不再赘述。

(3)关闭辅汽至除氧器加热蒸汽调节阀，如图 8-69 所示。

3. 电动给水泵切换汽动泵，旁路给水切换至主给水

(1)打开#1、#2、#3 主给水支路给水调节阀前后的气动隔离阀，相关操作方法在前文已提及，这里不再赘述；

(2)电动给水泵调速投自动，相关操作方法在前文已提及，这里不再赘述；

(3)打开#1、#2 汽动给水泵前、后隔离阀以及前置泵，相关操作方法在前文已提及，这里不再赘述；

(4)手动打开再热蒸汽至小机供汽阀至 50%，打开#1、#2 小机排汽阀，打开#1、#2 小机进汽调门，并投自动，以一组为例，如图 8-70 所示。

(5)停运电动给水泵。

- 电动给水泵调速切手动，速度逐渐减小为 0，停运电动给水泵，相关操作方法在前文已提及，这里不再赘述；
- 停运前置泵，相关操作方法在前文已提及，这里不再赘述；
- 关闭泵前、后电动门，相关操作方法在前文已提及，这里不再赘述。
- 关闭给水再循环门，相关操作方法在前文已提及，这里不再赘述。

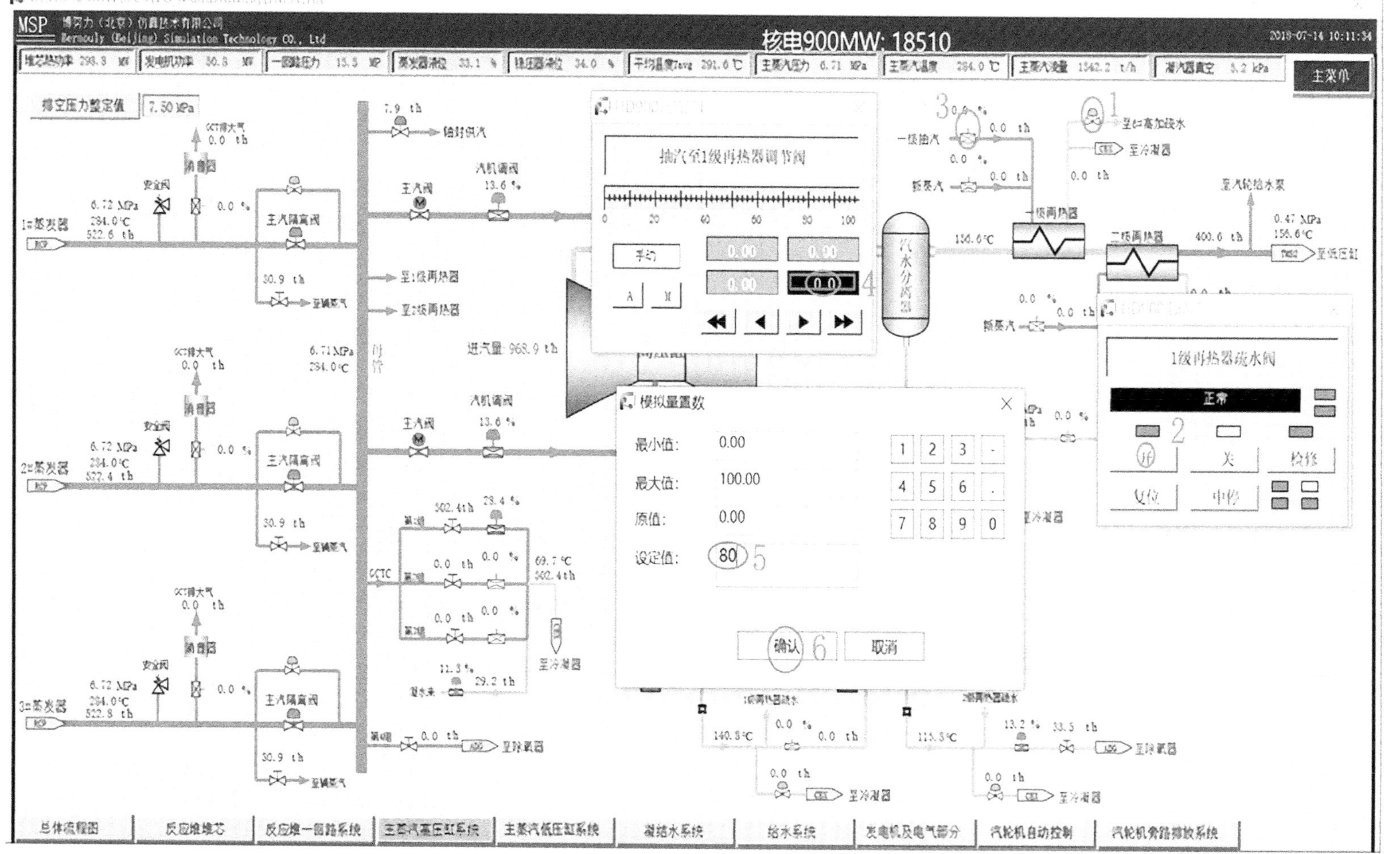

图 8-67 第一级再热器疏水阀及高压缸抽汽至第一级再热器调节阀控制界面

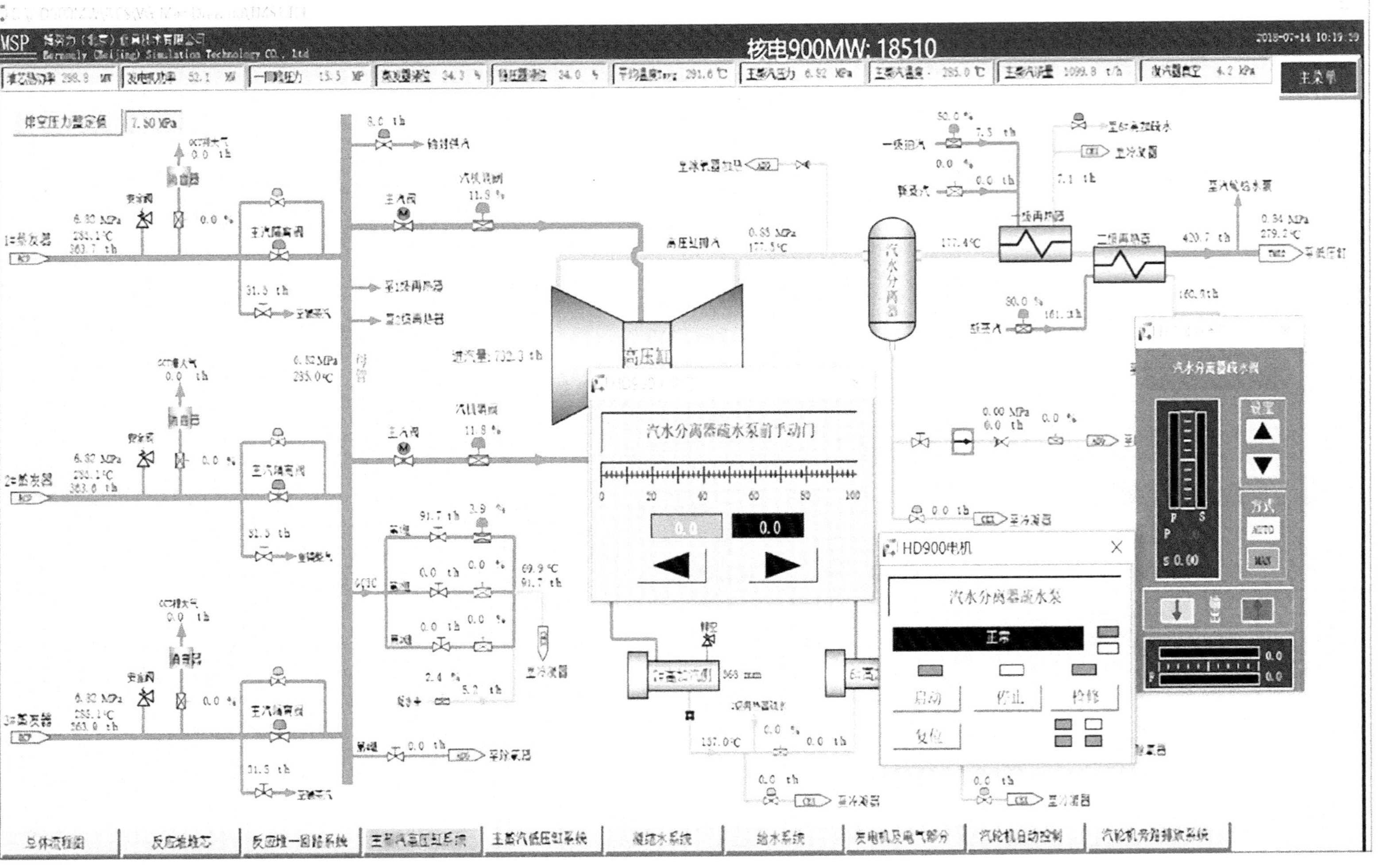

图 8-68　汽水分离器相关阀件控制界面

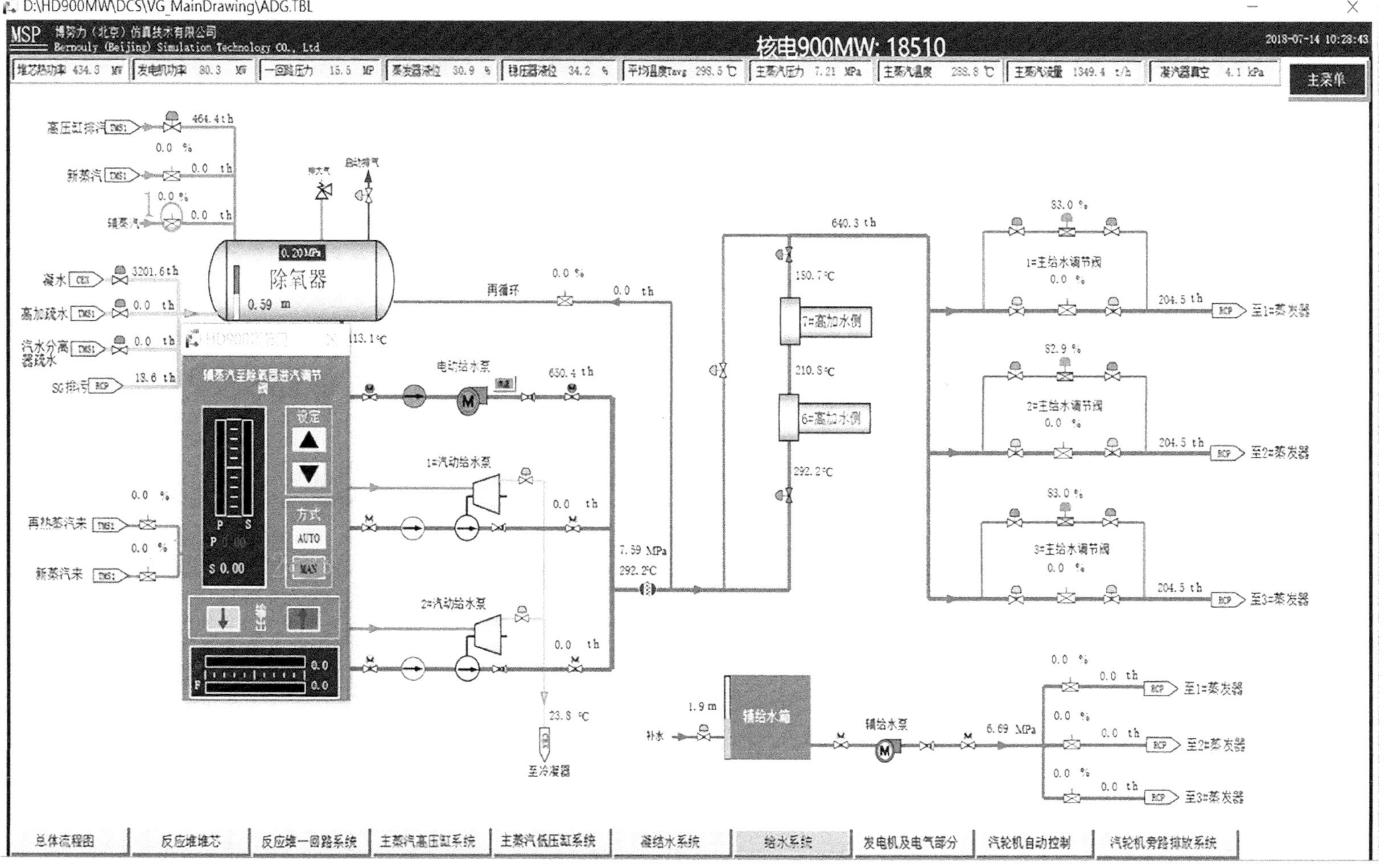

图 8-69　辅蒸汽至除氧器进汽调节阀控制界面

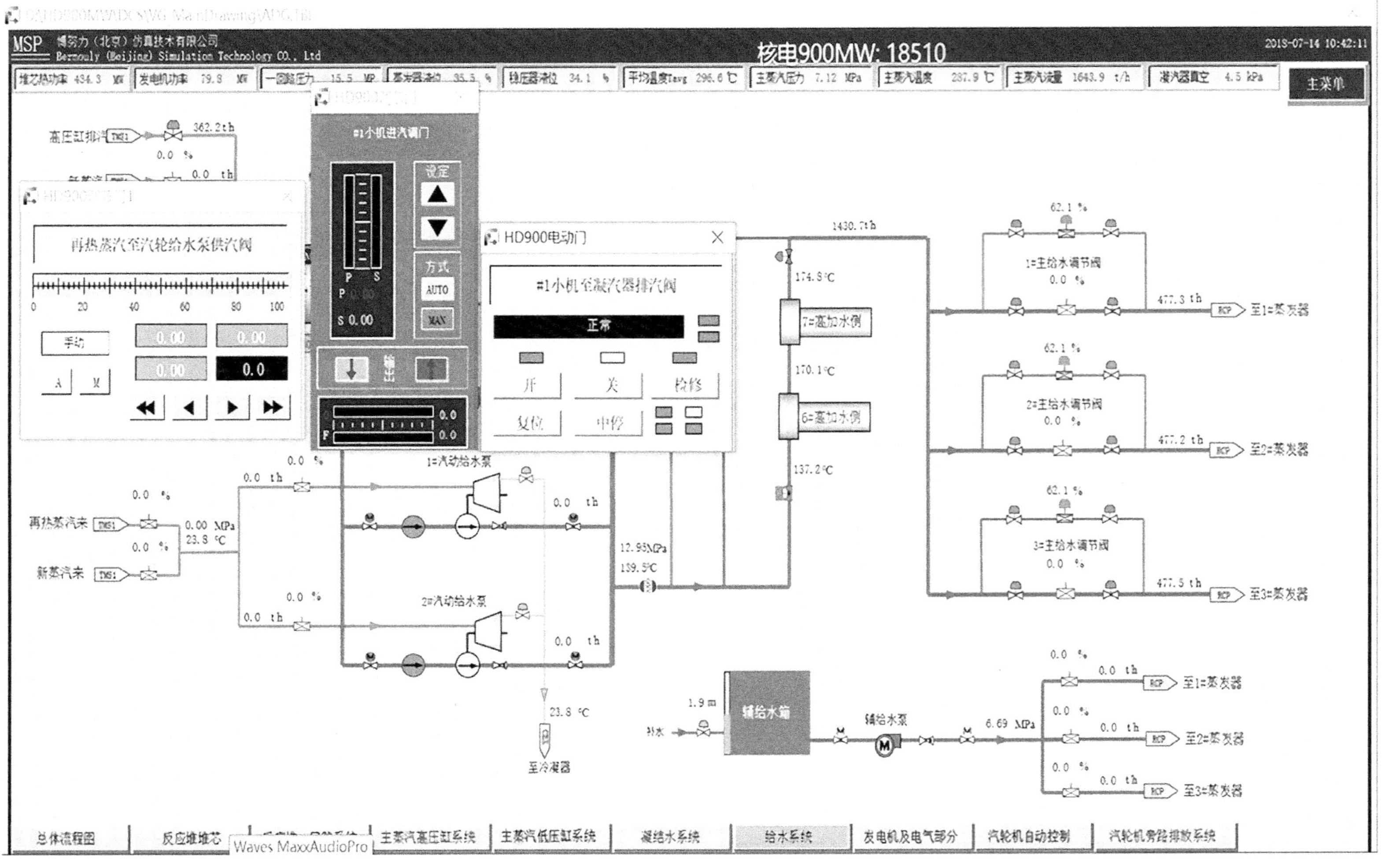

图 8-70　小机供汽相关阀件控制界面

(6)旁路给水切换至主给水。

- #1、#2、#3 主给水调节阀投自动；
- #1、#2、#3 旁路调节阀切至手动；
- 逐步关小旁路给水调节阀，直至为零；
- 主给水调节阀自动调节 SG 水位。

最后效果如图 8-71 所示。

(7)反应堆控制棒投自动，控制界面如图 8-72 所示。

8.2.2 由 15%P_n 升功率至满负荷

1. 汽机升负荷至 100MW

- 设置汽机负荷目标值为 100MW；
- 设定升负荷率为 30MW/min；
- 点击"运行"按钮，控制棒自动跟随，升负荷至 100MW。

(注：相关操作方法在前文已提及，这里不再赘述)

2. 汽机升负荷至 200MW

- 设置汽机负荷目标值为 200MW；
- 设定升负荷率为 30MW/min；点击"运行"按钮，控制棒自动跟随，升负荷至 200MW；(注：前两步相关操作方法在前文已提及，这里不再赘述)
- 汽机负荷≥20%，投入温度模式，控制棒自动跟随汽机负荷，并保证 RCP 温度不超过限值，控制界面如图 8-73 所示；
- 蒸发器 SG 水位整定值设为 50%，相关操作方法在前文已提及，这里不再赘述；
- 再热蒸汽至汽轮给水泵供汽阀手动开至 85%，相关操作方法在前文已提及，这里不再赘述。

3. 汽机升负荷至 350MW

- 设置汽机负荷目标值为 350MW；
- 设定升负荷率为 30MW/min；
- 点击"运行"按钮，控制棒自动跟随，升负荷至 350MW。

(注：相关操作方法在前文已提及，这里不再赘述)

4. 汽机升负荷至 550MW

- 设置汽机负荷目标值为 550MW；
- 设定升负荷率为 30MW/min；
- 点击"运行"按钮，控制棒自动跟随，升负荷至 550MW。

(注：相关操作方法在前文已提及，这里不再赘述)

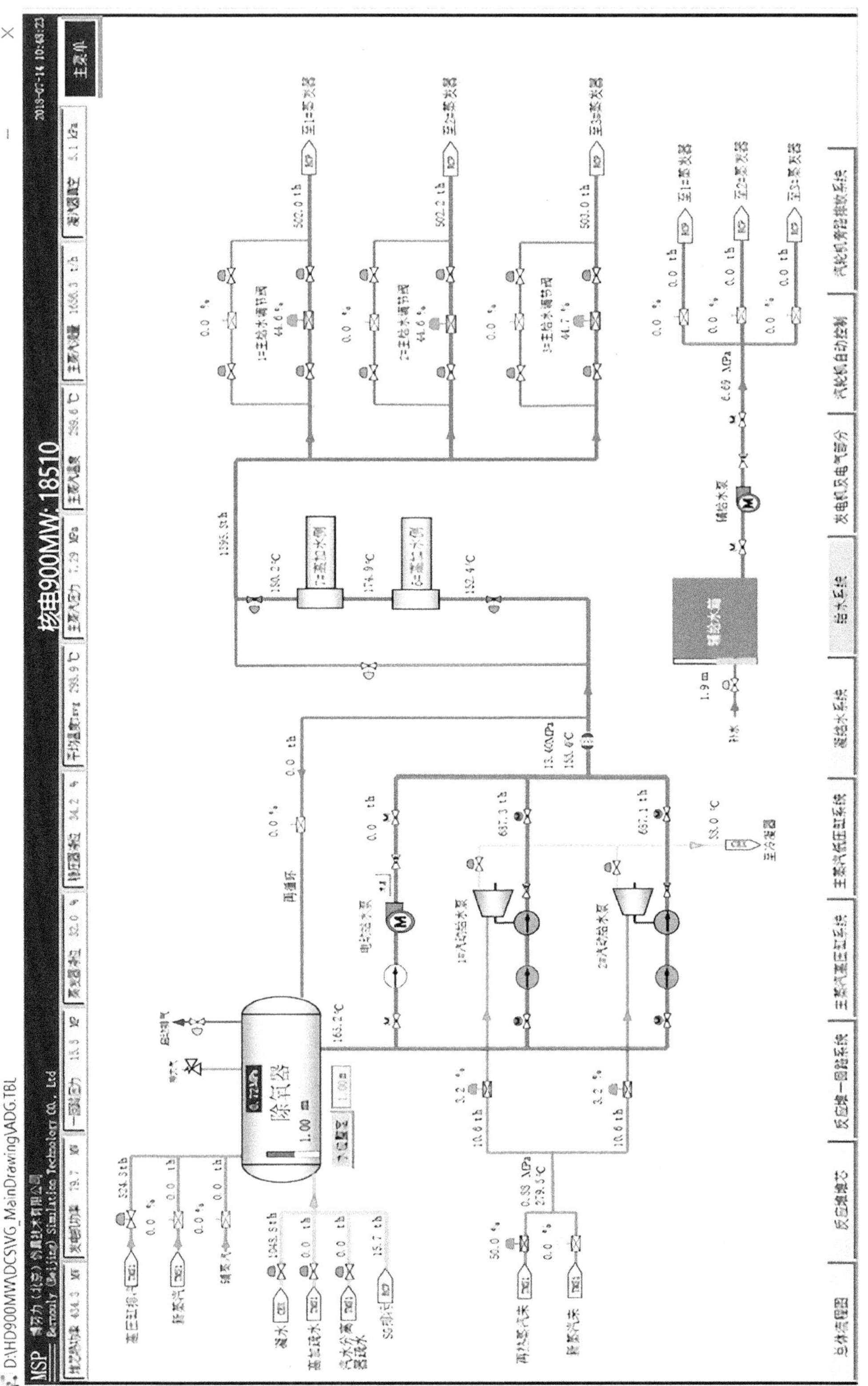

图 8-71　给水系统

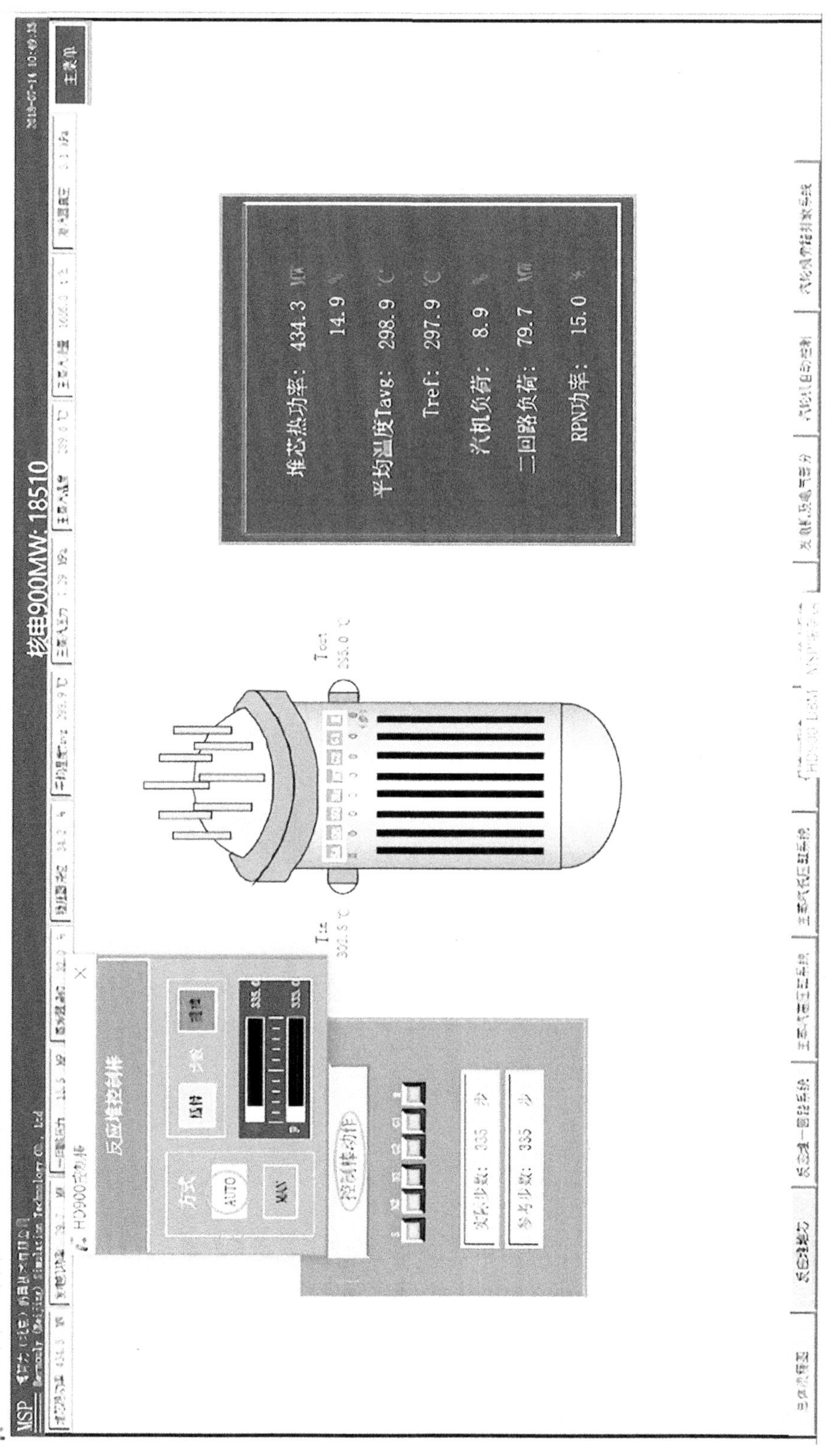

图 8-72 反应堆控制棒控制界面

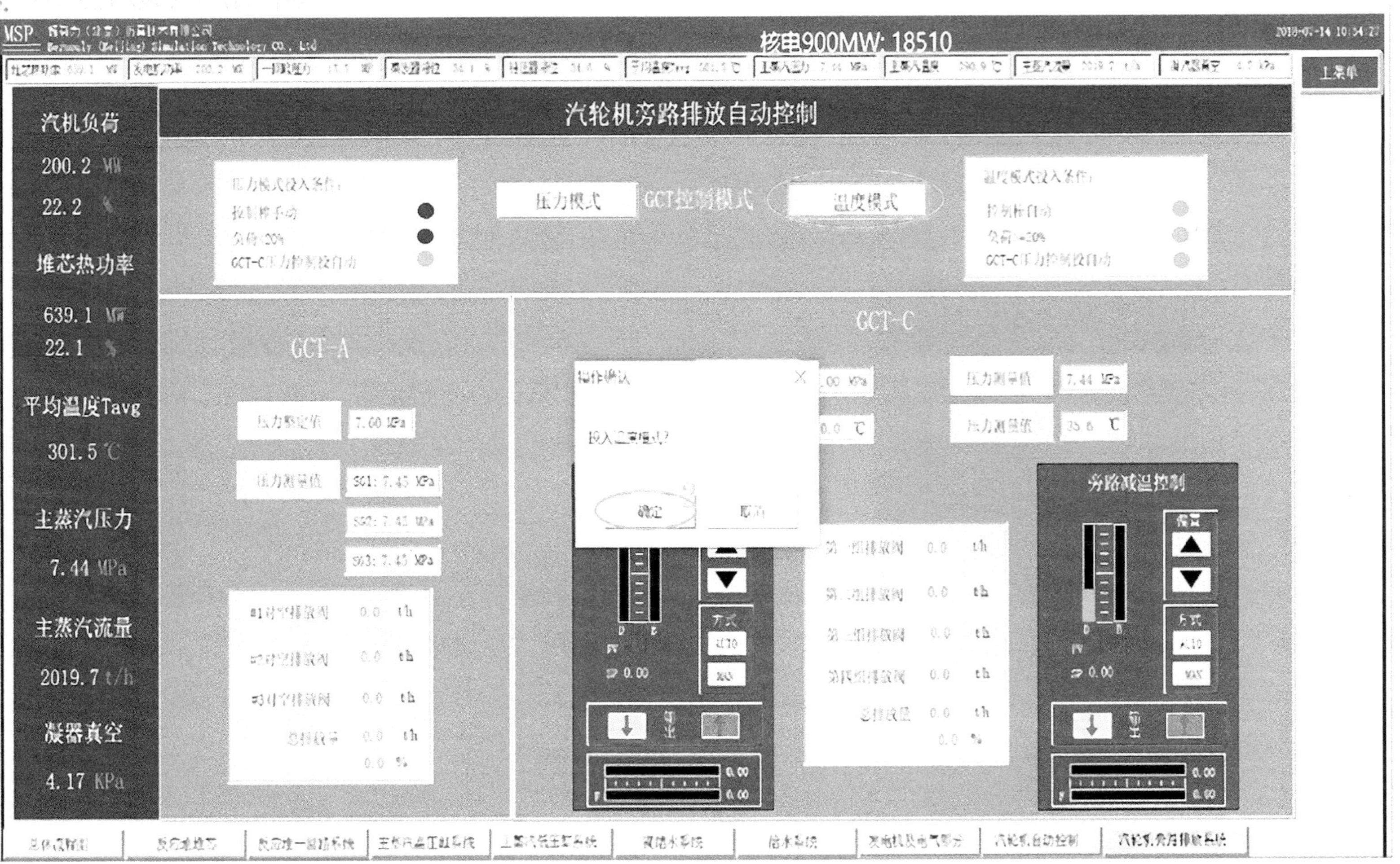

图 8-73 汽轮机旁路排放系统控制界面

5. 汽机升负荷至 750MW

- 设置汽机负荷目标值为 750MW；
- 设定升负荷率为 30MW/min；
- 点击“运行”按钮，控制棒自动跟随，升负荷至 750MW。

（注：相关操作方法在前文已提及，这里不再赘述）

6. 汽机升负荷至 900MW

- 设置汽机负荷目标值为 900MW；
- 设定升负荷率为 30MW/min；
- 点击“运行”按钮，控制棒自动跟随，升负荷至 900MW。

（注：相关操作方法在前文已提及，这里不再赘述）

8.3 功率摆动试验

为了验证核电厂对负荷阶跃变化不超过±10%额定功率的瞬态响应特性和自动跟踪负荷能力，分别在低负荷（25%P_n）、中负荷（50%P_n）、中高负荷（75%P_n）和满负荷（100%P_n）下进行负荷摆动试验。试验应从低负荷开始，通过汽轮机自动控制系统，降低汽轮发电机组负荷 10%P_n，待系统稳定后，增加汽轮发电机组负荷 10%P_n。在负荷阶跃变化的过渡过程中，实时测量一回路热工参数（冷却剂温度、压力、稳压器水位）和二回路热工参数（蒸汽流量、压力、蒸汽发生器水位、给水流量）。一般要求核电站设计能够承受±10%P_n的负荷阶跃变化，全自动操作，依靠控制调节系统吸收过渡响应，使运行工况自动趋于稳定。因此，在核电站的实际试验过程中不应出现蒸汽排放系统和稳压器安全阀的动作，更不允许发生停机、停堆等现象。在此，以在满负荷状态下的功率摆动试验为例，讲解功率摆动试验的操作流程。

（1）汽机降 10%P_n（90MW）负荷至 810MW。

- 设置汽机负荷目标值为 810MW；
- 设定升负荷率为 30MW/min（此处实际功能为降负荷）；
- 点击“运行”按钮，控制棒自动跟随，降负荷至 810MW。

（注：相关操作方法在前文已提及，这里不再赘述）

（2）降负荷过程中，获取实时热工参数。

在 MSP 服务端中，从降负荷开始到降负荷结束，大约每 15s 点击一次暂停键，如图 8-74 所示。

- 点击“仿真”菜单，选中“工况”一栏，点击“保存工况”，如图 8-75 所示。
- 修改好文件名称，选好文件夹（在此之前应新建一个），点击“保存”按钮，如图 8-76 所示。

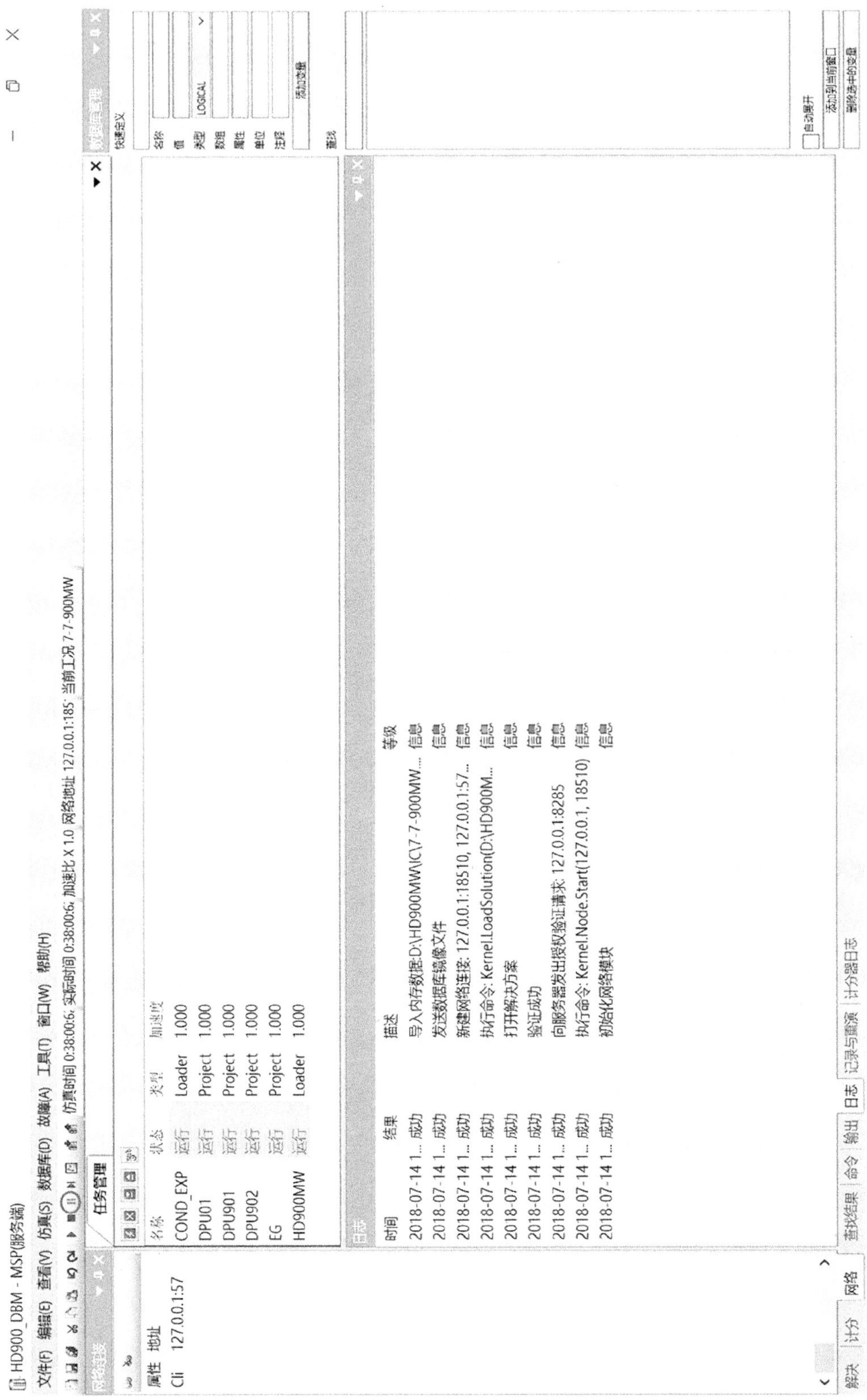

图 8-74　MSP 客户端

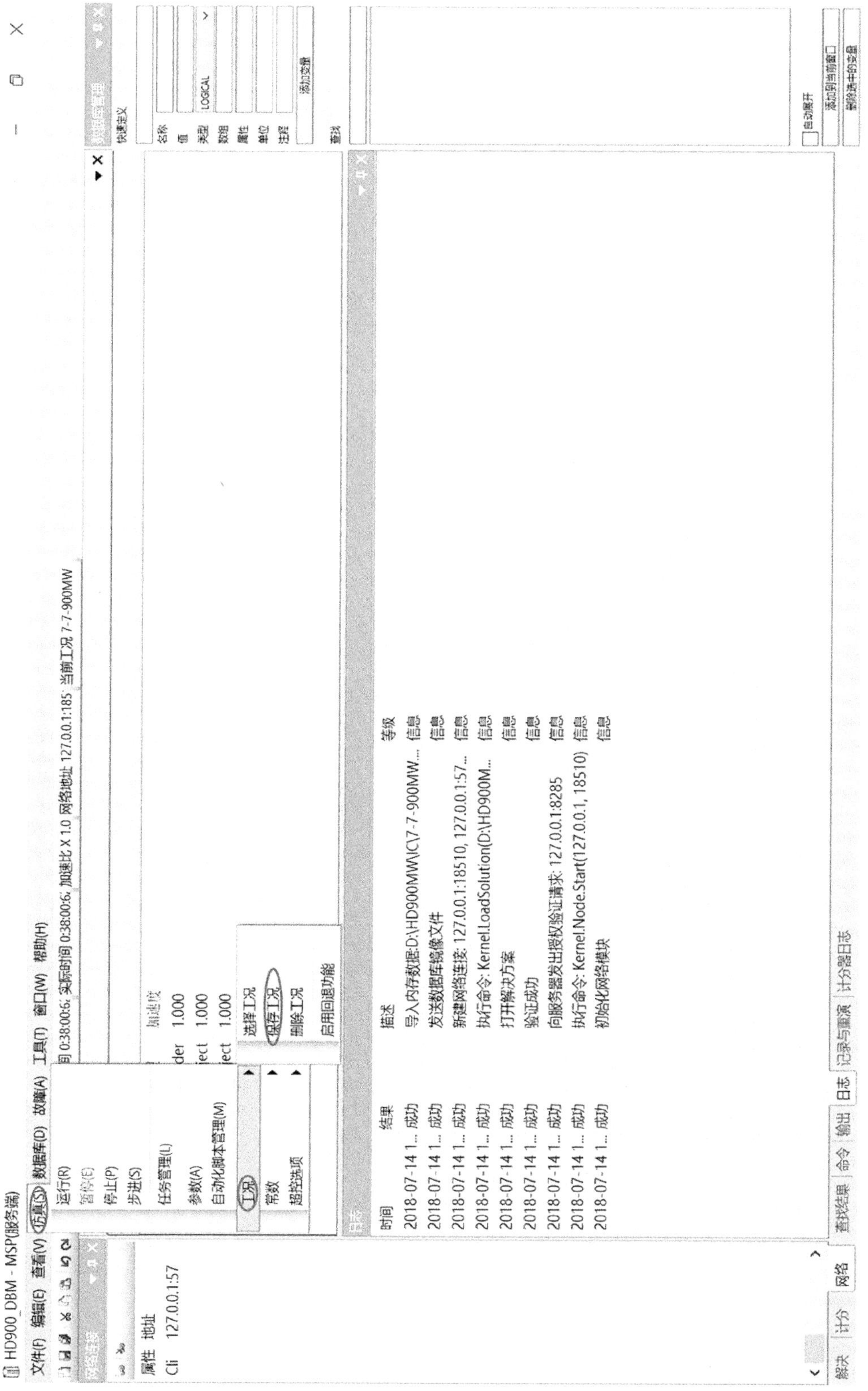

HD900_DBM - MSP(服务端)
文件(F) 编辑(E) 查看(V) 仿真(S) 数据库(D) 故障(A) 工具(T) 窗口(W) 帮助(H)
运行(R)
暂停(E)
停止(P)
步进(S)
任务管理(L)
参数(A)
自动化脚本管理(M)
工况
常数
超控选项
选择工况
保存工况
删除工况
启用回退功能
0:38:00:6; 实际时间 0:38:00:6; 加速比 X 1.0 网络地址 127.0.0.1:185 当前工况 7-7-900MW
属性 地址
Cli 127.0.0.1:57
时间 结果 描述 等级
2018-07-14 1... 成功 导入内存数据:D:\HD900MW\IC\7-7-900MW... 信息
2018-07-14 1... 成功 发送数据库镜像文件 信息
2018-07-14 1... 成功 新建网络连接: 127.0.0.1:18510, 127.0.0.1:57... 信息
2018-07-14 1... 成功 执行命令: Kernel.LoadSolution(D:\HD900M... 信息
2018-07-14 1... 成功 打开解决方案 信息
2018-07-14 1... 成功 验证成功 信息
2018-07-14 1... 成功 向服务器发出授权验证请求: 127.0.0.1:8285 信息
2018-07-14 1... 成功 执行命令: Kernel.Node.Start(127.0.0.1, 18510) 信息
2018-07-14 1... 成功 初始化网络模块 信息
解决 计分 网络 查找结果 命令 输出 日志 记录与重演 计分器日志
快速定义
名称
值
类型 LOGICAL
数组
属性
单位
注释
添加变量
查找
自动展开
添加到当前窗口
删除选中的变量

图 8-75 MSP 客户端

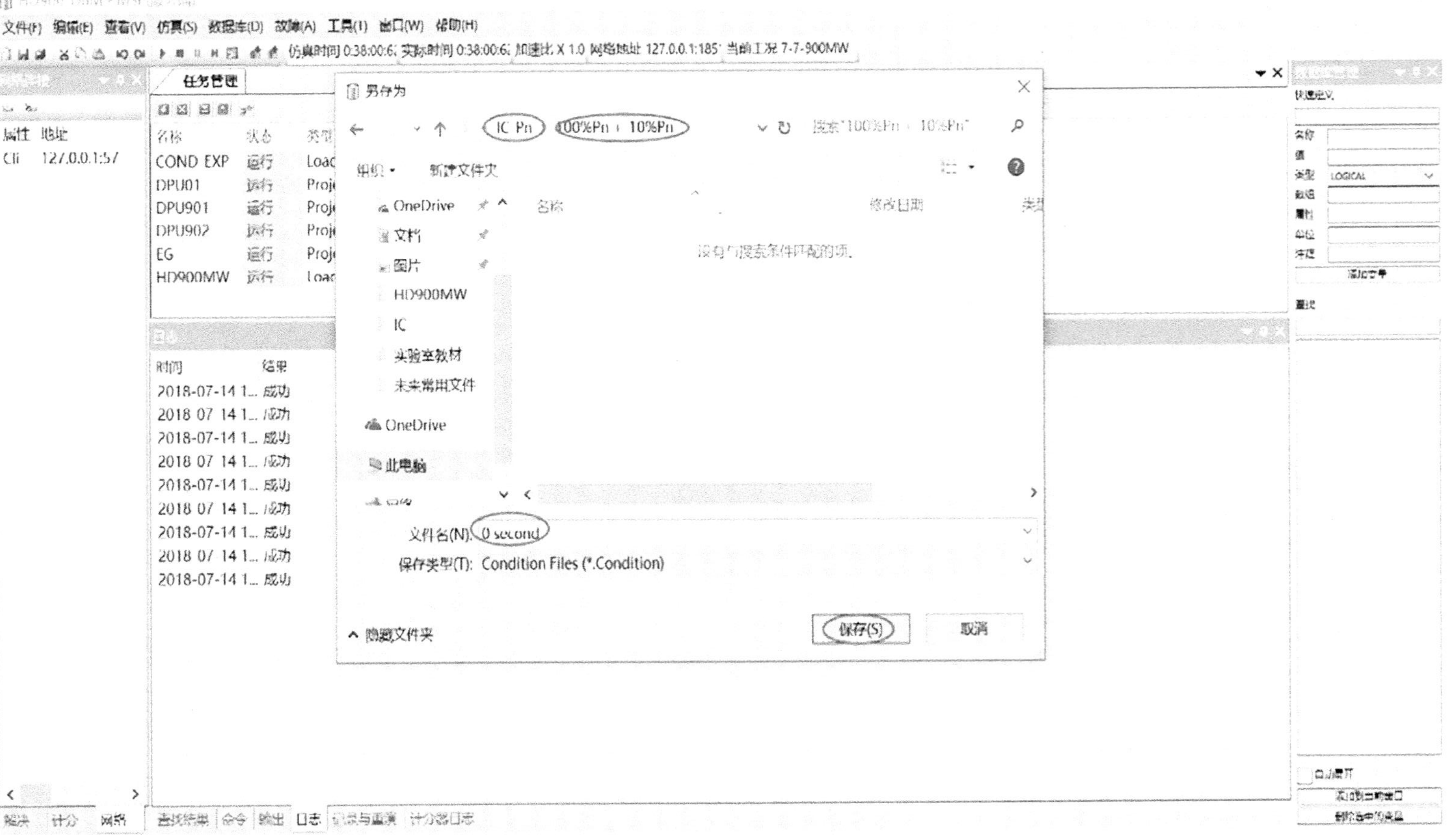
另存为
IC Pn
100%Pn
10%Pn
新建文件夹
OneDrive
文档
图片
HD900MW
IC
此电脑
文件名(N): 0 second
保存类型(T): Condition Files (*.Condition)
隐藏文件夹
保存(S)
取消
任务管理
名称
状态
COND EXP
DPU01
DPU901
DPU902
EG
HD900MW
时间
结果
日志

图 8-76　MSP 客户端

(3)汽机升 10%P_n(90MW)负荷至 900MW。

- 设置汽机负荷目标值为 810MW;
- 设定升负荷率为 30MW/min;
- 点击"运行"按钮,控制棒自动跟随,降负荷至 810MW。

(注:相关操作方法在前文已提及,这里不再赘述)

(4)升负荷过程中,获取实时热工参数。

- 在 MSP 服务端,从升负荷开始到升负荷结束,每 15s 点击一次暂停键;
- 点击"仿真"菜单,选中"工况"一栏;
- 点击"保存工况"按钮;
- 修改好文件名称,选好文件夹(在此之前应新建一个),点击"保存"按钮。

(注:相关操作方法在前文已提及,这里不再赘述)

8.4 甩负荷至厂用电实验

在核电站运行过程中,甩负荷是比较容易发生的,常见的原因有:

- 电网频率不正常,例如因周波低于 49Hz 而甩去部分负荷;
- 电网故障(如短路),电压降到 70%并且持续时间大于 0.95s,超过了电网故障的排除时间,汽轮发电机组与电网解列,甩去全部外负荷。当失去全部外负荷时,不希望发生汽轮机组跳闸、反应堆紧急停闭。为此,希望核电站具有甩全负荷的能力,在设计上可使蒸汽旁路系统排放高达 85%额定蒸汽量,配合反应堆阶跃至 10%P_n,然后带 5%P_n的厂用电负荷继续运行。如果电厂负荷的适应能力比较小(例如旁路阀排放只有 40%额定蒸汽量,多余蒸汽向空排放),则将由保护系统引起反应堆紧急停闭。在甩负荷试验进行时,反应堆处于自动跟踪负荷变化状态,有关的控制系统工作正常并置于自动控制方式,汽轮机组置于调节器控制,电网已做好接收负荷变化的准备。然后,分别在低负荷(25%P_n)、中负荷(50%P_n)、中高负荷(75%P_n)和满负荷(100%P_n)下,打开主变压器的断路器,突然甩去全部外负荷,观察各系统的响应特性和瞬变后的稳定能力,并测定反应堆功率、一回路冷却剂平均温度、稳压器压力与水位、二回路蒸汽压力等热工参数随时间的变化以及汽轮机组调速系统的动态特性。

在此,以在满负荷状态下的甩负荷至厂用电试验为例,讲解功率摆动试验的操作流程。

(1)进入发电机及电气系统,断开主变压器高压断路器,控制界面如图 8-77 所示。

(2)在甩负荷过程中,获取实时热工参数。

- 在 MSP 服务端,从甩负荷开始到结束,大约每 15 秒点击一次暂停键;
- 点击"仿真"菜单,选中"工况"一栏,点击"保存工况"按钮;
- 修改好文件名称,选好文件夹(在此之前应新建一个)。

(注:相关操作方法在前文已提及,这里不再赘述)

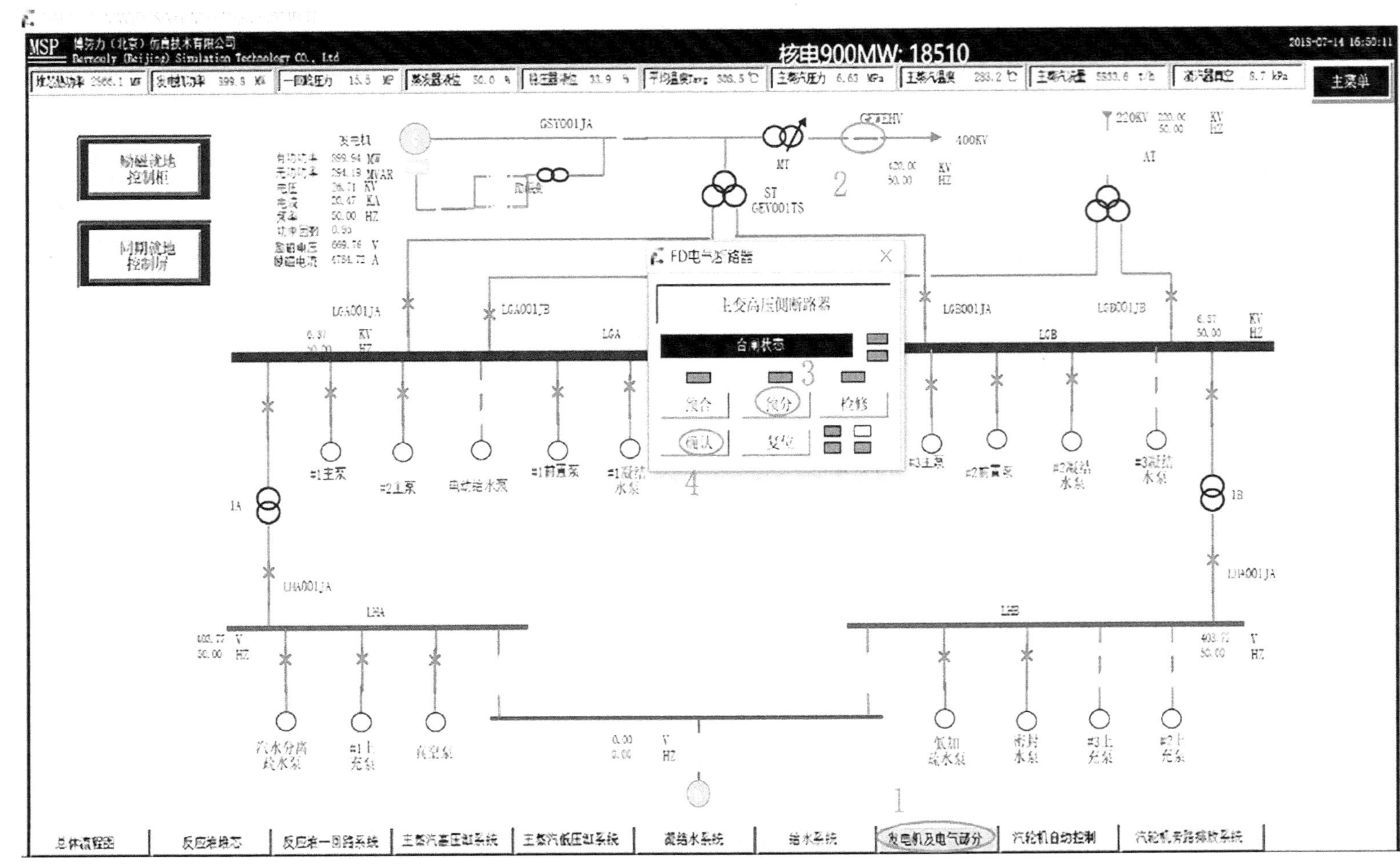

图 8-77　主变压器高压断路器控制界面

附　　录

附录一　模拟机启动过程基本规程

下表显示的就是核电模拟机启动过程的基本规程，包括启动中的一系列步骤及相关注意事项。

操作/核对	标志	位置	备注
1　启动准备 核对下列条件已满足 至少一台 RCP 泵在运行中		RCP	看流量(初始状态) 流量不需要调整
RCP 压力由 RCV013VP 自动控制在 2.5MPa	RCV408RC 自动	RCV	2.5~2.7MPa
冷却剂温度控制在 60~90℃		主参数	RCV 图初始值~82
S 和 R 棒组完成提出	GROUP SA/S D/R	CORE	已完成
硼浓度 2100ppm		主参数	实际值~2085
稳压器安全阀关闭 RCP020VP RCP021VP RCP022VP		PZR PZR PZR	已完成
如果 SG 水位低于零负荷工况的参考水位(34%)，则用 ASG 补水，否则不需调整		FW01	GCT 开启后水位将下降(用 ASG 电动泵调整 SG 水位到零功率数值)
2　将 RCP 升温到 80℃ 启动第二、三台主泵以加热一回路 on	RCP002PO/RCP003PO	RCP	<28℃/h 已设置
通过操作 RRA 阀调节流过 RRA 的流量，控制一回路升温速率 +或- 观察	RRA024VP/RRA025VP AverageTemp. Grad.	RRA RRA	$-T_{Grad}$时减少流量
开启所有的稳压器加热器 通断式电加热器置手动 手动开 在 PZR 中调整压力设定值高于当前值	"M" ON RCP401RC	PZR PZR PZR	控制比例式电加热器投入 2.5→2.7→2.9MPa

续表

操作/核对	标志	位置	备注
稳压器喷淋阀压力控制置手动，完全打开，以便冷却剂通过稳压器循环			
“M”	RCP001VP/RCP002VP	PZR	
+	RCP001VP/RCP002VP	PZR	
在升温期间，监视温度变化速度	Average Temp. Grad	RRA	≤28℃/h，此过程较慢，可用快时因子，可设5~10倍
-稀释到热停堆硼浓度			
稀释		RCV	
硼浓度		RCV	约1200ppm 在主参数中就地调整RCV的稀释硼浓度。操作时应将稀释时间设定较长，否则会引起压力降低至警戒线之外
3　将反应堆冷却剂系统升温到177℃			
3.1　准备投入SG			
核对通向ASG003PO的蒸汽隔离阀关闭			
ASG137VV		FW01	Done
打开每条蒸汽管线上的GCT-A隔离阀			
VVP127VV	VVP013TL	MS01	Done
VVP128VV	VVP015TL	MS01	
VVP129VV	VVP017TL	MS01	
用ASG保持蒸汽发生器的水位在零功率水位(34%)		FW01	实际为ASG，无APG
如果蒸汽发生器水位高于参考水位，则开启APG	有排污流量	RCP	
3.2　建立汽腔			
RCP温度达120℃时关闭喷淋阀，以允许稳压器独立于反应堆冷却剂加热		PZR	在升温至120℃的过程中，将RRA中的024/025VP调节到0.24~0.25
-监视RCP升温速率`		主参数	≤56℃/h
-监视稳压器升温速率		PZR	
RCP温度达120℃时关闭喷淋阀，以允许稳压器独立于反应堆冷却剂系统加热			完全关闭RCP001VP和RCP001VP至零
4　稳压器中形成汽腔			
当稳压器中温度达RCP压力下的饱和点(2.5MPa.g，226℃)时，稳压器中开始形成汽泡			
注：下述参数变化说明汽泡已经形成：			
上充和下泄流量不匹配		RCV	避免经过下泄孔板倒流
波动管线温度增加		PZR	
RCP压力保持不变		主参数	

续表

操作/核对	标志	位置	备注
手动减少上充流量到约 3.4m³/h 手动	RCP411RC/RCV046VP	RCV	RRA 中的 024VP 和 024VP 至 0.1~0.2，以确保稳压，且两者需要同时减少。若压力降低，则在 RRA 中调节 RCV310 VP，且减少时每次减少量要小
调整加热器功率维持稳压器压力 关闭通断式电加热器 稳压器压力设定值为 2.5~2.7MPa	 ON/OFF HEATERS RCP401RC	 PZR PZR	 设定值为 2.6MPa 有利于稳压
当稳压器水位指示器上读出水位正在下降时：将 RCV13VP 的控制模式由 RCP 切换至 RCV（进入窄量程测量范围）	RCV409CC/RCV013VP	RCV	压力将可能突降至 8MPa，温度变为 140℃左右。此时，需要及时调节 RCV046VP
RCP 压力控制由稳压器的喷淋器和加热器控制 -关闭 RRA-RCV 连接管上的控制阀 -调节 RCV13VP 的整定值，以获得 5m³/h 的下泄流量 -逐渐打开 RCV310VP，以获得 28.55m³/h 的下泄流量	 RCV310VP RCV409RC/RCV013VP RCV310VP	 RCV RCV RCV	 调节 RCV409RC，增加其开度
-观察稳压器水位变化，逐渐降低	LEVEL	PZR	关小上充流量，加大下泄流量，将 PZR 水位调节到 17.6%（PZR 最低水位）
5　RRA 隔离 -汽泡形成以后，当 T_{avg} 超过 160℃时，准备隔离 RRA			最好将 RCP 的温度调节到 160~180℃，可以用 GCT 大气排放阀来控制 RCP 温度，并隔离 RRA
在隔离 RRA 之前，执行下列操作： -调整 GCT-A 的整定值到 SG 当前值，以维持一回路温度在 180℃之内	 GCT131VV GCT132VV GCT133VV	 MS01 MS01 MS01	 允许手动调节压力整定值
-当稳压器水位接近零负荷整定值时，将上充流量控制转为自动 RCV046VP	 RCP411RC	 RCV	
调节 RCV013VP 的压力整定值为 1~1.5MPa	RCP409RC	RCV	关闭 RRA310VP，将 RCV013VP 的压力调节到 1.0MPa
关闭 RRA310VP		RCV	再打开 RRA310VP 至开度为 10%，若 RRA 004MP 的压力降低到 1.0MPa，再关 310VP

续表

操作/核对	标志	位置	备注
-依次关闭 RRA 出口、进口阀		RRA	待 RRA 热交换器上游的温度小于 50℃ 时，关闭 RRA001 VP 和 021VP
-开启 RCV366VP -RRA 隔离后，及时提升一回路压力，调整 PZR 压力设定值		RRA/RCV PZR	待 RRA 压力小于 25bar 时，打开 RRA 120/121VP
6　继续对 RCP 升温和加压，从 180℃ 到 291.4℃ -通过主泵加热继续增加 RCP 温度 -监测 RCP 温度及其梯度	MEAN TEMPERATURE Average Temp. Grad.	RCP 主参数	
-在 RCP 压力上升期间(接近 85bar 时)隔离一个下泄孔板，在到达热停堆工况前隔离另一个下泄孔板，以保持下泄流量低于 27m³/h		RCV	
-适时调整压力整定值，通过自动控制，使主系统(压力、温度)保持在 *P-T* 图范围内	RCP401RC	PZR	
-通过调节 GCT-A 整定值保持 RCP 温度 -通过主泵继续使 RCP 升温 -将 GCT-A 整定值设定到零负荷下的蒸汽压力(约 7.4MPa) -当 RCP 压力达到 154bar(g)时，将压力整定值控制置自动 -然后由主泵继续加热 RCP 系统，直至 291.4℃	GCT131VV/ GCT132VV/ GCT133VV	MS01 RCP MS01 PZR RCP	
7　热停堆工况 -核对稳压器压力控制处于自动控制状态 -打开 APG 阀进行连续操作排污 -VVP、GSS 系统暖管 核对 VVP143VV/VVP144VV/VVP145VV 关闭 开启 VVP140VV/VVP141VV/VVP142VV 逐渐开启 VVP143VV/VVP144VV/VVP145VV -暖管完成后，打开主蒸汽隔离阀 VVP001VV VVP002VV VVP003VV -将 R 棒插到第 5 步		PZR RCP MS01 MS01 MS01 MS01 MS01 MS01 CORE	RCP 温度 260℃ 以上，可临界之后暖管 先开 GCT-C 手动隔离阀
8　反应堆达临界 根据停堆时间长短及准备达临界时间计算反应性平衡，选择达临界方案(这里取不需作 I.C.R 曲线提棒达临界的情况)			

续表

操作/核对	标志	位置	备注
先将 R 棒提升至调节带中部； 然后提升 G 棒，G 棒的位置必须在零功率棒位与允许的上限之间。		CORE CORE	180 步左右 G 棒为一个棒组，包括四个棒束：G1、G2、N1、N2 在调整插入步数时，系统会给出一个预设值，270~280，根据系统的状态而有所不同。之所以有这么大的步数，就是由于是四个棒束的和，在开始计数时也是从负数开始的
每提升 50 步或计数率增加一倍时稍停，倍增周期保持大于 18s。	倍增周期	CORE	如果小于这个值，系统会很难控制
当控制棒不移动，而有一个正的稳定的倍增周期时，反应堆就处于超临界状态。此时控制棒插回几步，维持临界。		CORE	将控制棒回插几步
一旦出现 P6 信号，闭锁源量程中子通量高紧急停堆。			当出现“停堆通量高”警告信号后，手动将其闭锁，确认出现“通道 1 通量高警告信号闭锁”和“通道 2 通量高警告信号闭锁”报警信号。当中间量程测量超过 P6 时，手动闭锁源量程紧急停堆信号，这个闭锁同时切断了源量程探测器的高压电源并除去“通道 1 通量高警告信号闭锁”和“通道 2 通量高警告信号闭锁”报警信号。当功率量程测量超过 P10 时，手动闭锁中间量程通量高紧急停堆信号和功率量程低定值紧急停堆信号
9 初始状态(热备用) 9.1 反应堆处于临界，功率低于额定功率 2% -功率补偿棒组 G1、G2、N1 和 N2 处于手动控制下 “M” -温度控制棒组 R 处于手动控制下，并位于调节带内 红灯亮 观察棒位	MANUAL GROUP R	CORE CORE CORE CORE	调节带为 180~204 步 Done Done
-停堆棒组 S 完全提出 观察棒位 -汽机进汽阀关闭 GRE001-010VV	GROUP S	CORE MS01/MS03	

续表

操作/核对	标志	位置	备注
9.2　将 GCT-A 切换到 GCT-C -GCT401RC 设定值为当前主蒸汽压力值 -GCT501CC 和 GCT502CC 打到正常位置 -GCT-A 设定到 7.6MP -通过 GCT-c 将反应堆冷却剂平均温度调整到零负荷整定值左右(291.4℃) 蒸汽压力 setpoint	 GCT401RC GCT501CC GCT502CC GCT131VV/ GCT132VV/ GCT133VV GCT503CC GCT401RC	 MS04 MS04 MS04 MS01 MS04 MS04	在 MS04 中调整 GCT503CC 以及 GCT401RC，如果 GCT 排冷凝器可用，要及时将 GCT 从排大气转排冷凝器运行，并置 GCT 为压力控制模式-低负荷
9.3　稳压器压力通过加热器和喷淋阀的自动控制保持在整定值 “A” “A” “A” -通过自动控制上充流量将稳压器水位保持在整定值 “A”	 RCP401RC RCP402RC RCP403RC RCP404RC	 PZR PZR PZR RCV	 15.4MPa
9.4　蒸汽发生器水位保持在其零负荷整定值上		FW01	34%
9.5　改 SG 供水由 ASG 切换至 ARE -投运 APP 或 APA 泵 -检查主阀和旁阀关闭 ARE031VL/ARE242VL ARE032VL/ARE243VL ARE033VL/ARE244VL -开启旁阀的电动隔离阀 ARE054VL ARE058VL ARE062VL	 ARE402RC/ARE403RC ARE405RC/ARE406RC ARE408RC/ARE409RC	 FW02 FW01 FW01 FW01 FW01 FW01 FW01	水位难以控制： 正常时由主给水流量调节系统(ARE)供水 当启动或热/冷停堆的某阶段及主给水系统发生故障时，由辅助给水系统(ASG)提供紧急给水 ARE031VL/ARE032VL/ARE033VL 为主给水调节阀(90%容量)；ARE242VL/ARE243VL/ARE244VL 为旁路调节阀(18%容量)
-将旁阀置自动控制 “A” “A” “A”	 ARE403RC ARE406RC ARE409RC	 FW01 FW01 FW01	 旁路调节阀在低负荷(小于 18%额定流量)时调节给水流量
-逐渐关闭 ASG 流量控制阀，核对 SG 水位为 34%，如果自动控制失灵，则将 ARE 调节切至手动		FW01	
-如果水位符合要求，则停运 ASG 泵，并将控制阀全开			如果水位符合要求，则停运 ASG 泵，并将控制阀全开，如果 ARE 的水质符合要求，可启动 APA 泵，将 SG 的供水由 ASG 切换到主给水系统。这一切换必须在堆功率小于 $2\%P_n$ 时进行。ASG 的供水流量有限，因此 ASG 供水时堆功率不能大于 $2\%P_n$

续表

操作/核对	标志	位置	备注
10　功率提升到 C20 闭锁点(10%额定功率) -手动提升 G 棒，将堆功率提升到 10%FP 水平，且在升功率期间通过 GCT-C 调整 $T_{avg}=T_{ref}$ 提升 降低 setpoint	 G GCT401RC	 CORE MS04	
-当反应堆功率稍高于 C20 时，二回路系统压力和一回路温度比在该反应堆功率上的正常值高 平均温度 蒸汽压力		 CORE 主参数	
-确认 P10 信号出现 手动闭锁中间量程停堆保护 闭锁功率量程低定值停堆保护		 CORE	
-通过手动降低蒸汽压力整定值来减小 T_{avg} 和 T_{ref} 之差 setpoint (小心操作，因为这一通道是非常灵敏的) 当从指示器上读出的温度偏差近似为零时，将 R 棒组由手动方式转换到自动方式 灯亮	 GCT401RC AUTO	 MS04 CORE	
-手动逐步使 G 棒组处于与二回路系统负荷对应的棒位(由 GCT 压力整定值来确定) ↑或↓ -注意观察 R 棒的移动，它必须保持在调节带 观察	 G GROUP R	 CORE CORE	 180~204
-如果在 G 棒插入期间，R 棒有达到提棒极限(C11 联锁)的危险，则暂停插入 G 棒，进行稀释 稀释		RCV 硼化 /稀释盘	
-如果在 G 棒提升的过程中，R 棒有达到插入极限的危险，则暂停提升 G 棒，进行硼化 硼化 -将 G 棒的控制方式由手动转为自动 "A" -核对主阀处于自动方式并关闭 ARE031VL ARE032VL ARE033VL	 ARE402RC ARE405RC ARE408RC	 CORE FW01 FW01 FW01	

续表

操作/核对	标志	位置	备注
-打开主阀的电动隔离阀			
ARE052VL	ARE700TL	FW01	
ARE056VL	ARE701TL	FW01	
ARE060VL	ARE702TL	FW01	
-观察 SG 水位		FW01	
11　汽机同步并网			
11.1　使汽机具备投运条件			
投入汽机			
投入盘车			
“A”	Turning Gear on	MS04	
汽机脱扣信号复位	GSE002TO	MS04	
汽机预置		MS04	
打开通向下列给水加热器的抽汽隔离阀			
3#低加			
ABP402VV	ABP010TL	FW02	
ABP502VV	ABP012TL	FW02	
4#低加			
ABP404VV	ABP011TL	FW02	
ABP504VV	ABP013TL	FW02	
除氧器			
ADG002VV	ADG001TL	FW02	
6#高加			
AHP101VV	AHP007TL	FW01	
AHP201VV	AHP009TL	FW01	
7#高加			
AHP103VV	AHP008TL	FW01	
AHP203VV	AHP010TL	FW01	
11.2　启动			
检查汽机负荷调节置手动			
设定汽机目标转速			
设定	3000rpm	MS04	
设定汽机升速速率	60 600rpm/min	MS04	
启动		MS04	
观察汽机升速	TURBINE SPEED	MS04	
检查 MSR 温度控制器使再热器投运			
MSR 新蒸汽备用预热旁路阀			
GSS162VV 关闭		MS01	
MSR 新蒸汽预热			
GSS156VV 关闭		MS01	
MSR 新蒸汽供应控制入口离阀			
GSS 151VV 开启		MS01	

续表

操作/核对	标志	位置	备注
如果一级再热器管板温度低于130℃ MSR 蒸汽隔离阀 GSS108VV 开启 GSS208VV 开启 MSR 新蒸汽备用隔离阀 GSS116VV 关闭		 MS01 MS01 MS01	
如果一级再热器管板温度高于130℃ GSS108VV 关闭 GSS208VV 关闭 GSS116VV 开启		MS02 MS01 MS01 MS01	
在接近2975r/min 时，手动合上发电机励磁控制开关 GSY031CC 置 GSY001JA 位置 GST032CC 置手动 手动调节励磁，使发电机电压到26kV	AVR	ED ED ED ED	
手动调转速按下“允许”按钮 按住“增”按钮，至汽机转速为3000 左右 -手动合上负荷开关	 负荷开关	MS04 MS04 ED	
确认 MSR A 疏水泵 GSS110/210PO 启动 设定目标负荷 设定升荷速率 自动释放	GSS001TL/GSS002TL 980MW 最大 50MW/min	MS02 MS04 MS04 MS04 MS04	
检查汽轮发电机以要求的速率开始升负荷 通过按下“暂停”按钮可以在任何时候使负荷暂停上升；按下“释放”按钮，又可继续升负荷		MS04 MS04	
在升负荷过程中维持发电机励磁电压不低于26kV 打开梯形图，在升负荷过程中监视轴向功率偏差 ΔI，防止超越运行图 如果 ΔI 接近运行图左限线，则通过硼化，使 R 棒上抽若干步，让 ΔI 右移 如果 ΔI 接近运行图右限线，则通过稀释，使 R 棒下插若干步，让 ΔI 左移		ED 梯形图	
随着汽机负荷增加，GCT 阀门逐步关小 当汽机负荷达10%FP 时，出现 P13 信号 当汽机负荷达到15%FP 左右时，核对主给水阀开启		FW03 CORE FW01	

续表

操作/核对	标志	位置	备注
核对蒸汽排放阀关闭 GCT113VV GCT117VV GCT121VV		 FW03 FW03 FW03	
当汽机负荷约为25%FP时，检查$\|T_{avg}-T_{ref}\|<$ 3℃ 将GCT控制切换到温度方式 运行两台汽动给水泵，并使电动给水泵处于自动备用状态 反应堆功率自动地跟随汽机负荷；汽机负荷以自动方式增加，功率补偿棒组G1、G2、N1、N2随着汽机负荷的变化而提升，温度控制棒组R必须保持在其调节带内(180-204步)		CORE MS04 FW02 CORE	
当负荷为350MW时，检查： GSS116VV关闭 GSS108VV开启 GSS109VV开启 GSS208VV开启 GSS209VV开启		 MS01 MS01 MS01 MS01 MS01	
当负荷达750MW时，检查蒸汽再热器15% FP的排汽阀已关闭 GSS101VV GSS201VV GSS106VV GSS206VV		 MS02 MS02 MS02 MS02	
监视R棒的棒位，防止超越调节带 如果R棒往上运行，且有超出高极限的危险，则进行稀释，使R棒回插，必要时暂停汽机升荷 注意：稀释流量应小于上充流量		 CORE RCV	 氙毒效应 氙毒随负荷增加，导致堆芯过冷 R棒上抽
如果R棒往下运行，且有超出调节带的危险，则进行硼化，使R棒回抽 通过监视$T_{avg}-T_{ref}$预测R棒上抽或下插的趋势 可以保持适当的稀释流量，避免R棒向上运动		CORE RCV CORE RCV	 注意：硼化效果很显著要小心操作 R棒下插

续表

操作/核对	标志	位置	备注
汽机负荷升至 940MW 时，将压力控制功能释放		MS04	
汽机负荷逐步上升，直至 100%FP，反应堆随之达满功率，所有功率补偿棒全抽出堆外，R 棒位于调节带中部。ΔI 位于运行图限制线内。一回路各主要参数稳定，观察： 汽机负荷 反应堆功率 功率棒位 R 棒位 ΔI PZR 压力、水位 SG 压力、水位 -至满功率，稳定运行。			

附录二　停堆过程操作规程

1　初始条件

操　　作	标志	位置	备注
-机组满功率运行			
核对电功率	984MW	GD/主参数	
核对核功率	2895MW	GD/主参数	
核对棒组位置			
S	225 步	CORE	
N2	225 步	CORE	
N1	225 步	CORE	
G2	225 步	CORE	
G1	225 步	CORE	
R	192 步	CORE	
核对硼浓度	834ppm	CORE	
核对反应性	0pcm	GD/主参数	
-核对各系统设备运行正常			
主泵	3 台	RCP	
SG 水位	50%	GD/主参数	
SG 压力	66bar	GD/主参数	
PZR 水位	62. 9%	GD/主参数	
平均温度	310℃	GD/主参数	
RCP 压力	154bar	GD/主参数	

2　降负荷到 20%

操　作	标志	位置	备注
-设定目标负荷和降负荷速率；			
暂停		MS04	
目标负荷	200MW	MS04	
降负荷速率	最大	MS04	
按下"释放"			
-观察负荷降	50MW/min	MS04	出现" AVG MAX/TEM REF 温度偏差"信号
		MS04	
-降负荷过程中核对 R 棒在调节带内，ΔI 在运行图限制线内。	ΔI 在限制线内	梯形图	见图 3. 1
-当负荷降至 700MW 时，核对 MSR 新蒸汽和抽汽再热器向凝汽器的 15%排汽阀开启	GSS 101 VV GSS 201 VV GSS 106 VV GSS 206 VV	MS02 MS02 MS02 MS02	
-堆功率降至 40%以下时，核对 P16 消失	P16 灯亮	CORE	378MW 左右
-负荷降至 350MW 时，	GSS 116 VV	MS01	
核对 MSR 新蒸汽备用控制隔离阀开	GSS 108 VV	MS01	
核对抽汽隔离阀关闭	GSS 208 VV	MS01	
电动给水泵置 off	APA001PO	FW02	出现"SG 给水低"信号
手动停运一台汽动给水泵	APP101RC	FW02	
APP101PO	APP201RC	FW02	265MW 左右
或 APP201PO			
-堆功率降至 30%以下时，核对 P8 消失	P8 灯亮	CORE	
-当负荷为 300MW 时			
核对 MSR 新蒸汽温度控制隔离阀已开启	GSS 151 VV	MS01	
核对 MSR 新蒸汽温度控制阀旁路已关闭	GSS 155 VV	MS01	

3　降负荷到汽机跳闸

操　作	标志	位置	备注
-堆功率降到 20%P_n 时，调节 GCT 整定值为 7. 4MPa			
从"温度模式"到"压力模式"	GCT401RC	MS04	
-设定目标负荷和降负荷速率；	GCT503CC	MS04	
暂停		MS04	
目标负荷	0MW	MS04	
降负荷速率	最大 50MW/min	MS04	
按下"释放"		MS04	

续表

操　　作	标志	位置	备注
-汽机负荷降至 18%FP 时， 观察主给水主阀调节关：			
关闭	ARE031VL	FW01	
关闭	ARE032VL	FW01	
关闭	ARE033VL	FW01	
当主给水调节阀关闭后关闭其隔离阀			
ARE 052 VL	ARE 700 TL	FW01	
ARE 056 VL	ARE 701 TL	FW01	
ARE 060 VL	ARE 702 TL	FW01	
-汽机负荷低于 10%时，P13 信号消失			
P13 消失		CORE	108MW 左右
-堆功率降到低于 10%时			
P10 消失		CORE	
P7 消失		CORE	
C20 出现		CORE	
-C20 出现后，将 R 棒与 G 棒转为手动控制。			
R 棒		CORE/PD	R 棒、G 棒手动控制
G 棒		CORE/PD	后，注意 T_{avg}
-重新开始降低汽机负荷			
核对向凝汽器排放蒸汽阀启动	GCT121VV	FW03	
	GCT117VV	FW03	
	GCT113VV	FW03	
-电功率到 10MW 以下时，按下正常停机按钮，汽机停机。			
	GSE 001 TO	MS04	
-核对所有汽机阀门已关闭			98MW 左右
	GSE 001 VV	MS01	
	GSE 002 VV	MS01	
	GSE 003 VV	MS01	
	GSE 004 VV	MS01	
	GSE 005 VV	MS03	
	GSE 006 VV	MS03	
	GSE 007 VV	MS03	
	GSE 008 VV	MS03	
	GSE 009 VV	MS03	
	GSE 010 VV	MS03	
-核对汽机已从 3000r/min 降速			
按下“暂停”		MS04	
-核对发电机负荷断路开关已断开	GSY 001 TL	ED	出现“汽机脱扣”信号
-核对下列通向给水加热器的抽汽隔离阀已自动关闭	ABP 402 VV-LP3	FW02	
	ABP 502 VV-LP3	FW02	
	ABP 404 VV-LP4	FW02	
	ABP 504 VV-LP4	FW02	
	ADG 002 VV	FW02	
	AHP 101 VV-HP6	FW01	
	AHP 201 VV-HP6	FW01	

续表

操　作	标志	位置	备注
	AHP 103 VV-HP7	FW01	
-核对 MSR 汽水分离器疏水泵已自动停运	AHP 203 VV-HP7	FW01	
-汽机转速自然下降，到转速降至约 200r/min 时，投入顶轴	GSS 110 PO	MS02	
油系统；降至 37r/min 时，盘车自动投入。	GSS 210 PO	MS02	
顶轴油系统投入			
盘车投入		MS04	
转速		MS04	
		MS04	
	37r/min 不变		

4　降低核功率到热备用状态

操作	标志	位置	备注
-通过硼化或插入 G 棒，降低核功率到 $2\%P_n$ 以下；			
-可以将 SG 的供水从 ARE 切换到 ASG，保持蒸汽发生器水位在零负荷整定值；	核功率	主参数	
启动辅给水泵			
手动调节阀门在相应开度	ASG051TL/ASG552TL	FW01	
-切换到辅助给水后，停止运行主给水泵	ASG012VD-ASG017VD	FW01	
-由 GCT-c 或 GCT-a 排出热量；	APA001PO/APP101PO/APP201PO	FW02	
-机组进入热备用态。		MS01	

5　从热备用到热停堆

操作	标志	位置	备注
-手动将 R 棒插入到 5 步；			
手动		CORE	先后出现“操作带高位”“R 棒
R	5	CORE	LO-LO-LO 行程限制”信号
-手动将 G1、G2、N1 和 N2 插入到 5 步；			
手动	手动灯亮	CORE	
↓	亮	CORE	
G1	5	CORE	
G2	5	CORE	
N1	5	CORE	
N2	5	CORE	
-一回路硼化到热停堆硼浓度；		RCV	约 1200ppm
硼化	Boration	RCV	
硼浓度			
-机组进入热停堆状态。			

6　降温、降压和硼化

操作	标志	位置	备注
第一阶段，由二回路系统降温和由稳压器喷淋降压			
-向正常冷停堆过渡，将一回路硼化到正常冷停堆硼浓度；			
硼化	Boration	RCV	约 2100ppm
硼浓度	2100ppm	RCV	
-将 R 棒完全抽出。			先后出现“操作带高位”和“C11 闭锁提棒”信号
提棒		core	
R	225	core	
-降温降压过程中注意控制如下参数：			
控制蒸发器水位在 34%左右		FW01	
控制下泄流量在 13.6m^3/h 左右		RCV	
控制轴封注入流量为 1.8m^3/h		RCV	
控制一回路压力温度在 *P-T* 图限制线内		*P-T* 图	
-降低 GCT401RC 整定值，开始降温(GCT 可用)			
核对排放阀开启			整定值随着温度下降要继续调低
-降低 GCT403RC/GCT406RC/GCT409RC 整定值，开始降温(当 GCT 不可用报警出现时)	GCT113VV/GCT117VV/GCT121VV	FW03	
核对排放阀开启			
-关掉“开-关”稳压器加热器，	GCT409RC	MS04	
RCP001RS	GCT131VV/GCT132VV/GCT133VV	MS01	
RCP002RS			
RCP005RS			
RCP006RS	RCP057TL	PZR	
	RCP058TL	PZR	先将加热器调至“手动”模式再关闭
-用 RCP401RC 控制喷淋阀开度调整降压速率	RCP061TL	PZR	
RCP001VP 或 RCP002VP	RCP062TL	PZR	
-当一回路平均温度降低到 284℃时，P12 信号出现，要闭锁相应的安注信号；	RCP401RC	PZR	
P12		core	
闭锁		core	

续表

操作	标志	位置	备注
-验证所有蒸汽对凝汽器排放阀正确地关闭			
将选择开关置于解除闭锁位置使凝汽器排放阀解除闭锁	RPR054CC	FW03	
"解除闭锁"			
"解除闭锁"			
核对凝汽器排放阀开启			
	GCT501CC	MS04	
	GCT502CC	MS04	
-当一回路压力降到 13.8MPa.g 时，P11 信号出现，要闭锁相应的安注信号；	GCT113VV-GCT117VV-GCT121VV	FW03	
P11	RPR056CC	RIS	
闭锁		RIS	
注：如果反应堆冷却剂表压增加到 143bar 以上(P11 信号+滞后)，信号自动解除闭锁。因此，当反应堆冷却剂压力又下降时这一信号一定要重新闭锁。			
稳压器安全隔离阀已关闭			
RCP017VP		PZR	
RCP018VP		PZR	
RCP019VP		PZR	
-当一回路压力下降到 8.5MPa 时，打开第二个下泄孔板，保持下泄流量正常；			
下泄孔板	RCP017TL	RCV	
调整下泄流量	RCP018TL	RCV	
	RCP019TL	RCV	
-当一回路压力下降到 7.0MPa 时，关闭中压安注箱隔离阀；			
RIS001BA	RIS001VP/RIS001TL	RIS	
RIS002BA	RIS002VP/RIS002TL	RIS	
RIS003BA	RIS003VP/RIS003TL	RIS	

7　RRA 系统投入运行

操作	标志	位置	备注
-用运行中的二回路系统将反应堆冷却剂平均温度保持在160~180℃			
手动整定到约 0.7MPa(GCT 可用)	GCT401RC	MS04	调整 GCT 旁排阀门开度
手动整定到约 0.7MPa(GCT 不可用)	GCT403RC/GCT406RC/GCT409RC	MS01	
-用压力控制器(使喷淋阀和比例加热器工作)，将反应堆冷却剂调整在 2.5~2.7MPa	RCP003RS/RCP004RS	PZR	
	RCP001RS/RCP002VP	PZR	
	RCP401RC	PZR	
-当一回路平均温度低于 180℃、压力低于 2.7MPa.g 时，开始投入 RRA(一般选 170℃、2.6MPa)		主参数	降温时，控制温度梯度在 - 28℃/h 以内
关闭 RCV366VP		RCV	
-核对三个孔板开启			
RCV007VP	RCV003TL	RCV	
RCV008VP	RCV004TL	RCV	
RCV009VP	RCV005TL	RCV	
-调节下泄孔板下游压力至 1.5MPa			
RCV013VP	RCV409RC	RCV	
-关闭温度调节阀			
RRA024VP	RRA405RC	RRA	
RRA025VP	RRA401RC	RRA	
-打开 RRA 与 RCV 连接管线;			
开 RCV310VP	RCV405RC	RCV/RRA	
开 RCV082VP	RCV020TL	RCV/RRA	
RRA 系统升压		RRA	
-当 RRA 压力与 RCV 相近时			
关闭 RCV310VP	RCV405RC	RCV/RRA	
-开启 RRA001VP、RRA021VP，使 RRA 与 RCP 压力相同			
开 RRA001VP	RRA001TL	RRA	
开 RRA021VP	RRA006TL	RRA	
-起动第 1 台泵			
RRA001PO	RRA004TL	RRA	
-逐渐加大 RCV310VP 开度，直到下泄流量达到约 $28m^3/h$;	RCV405RC	RRA	
-每当 RRA 热交换器上游温度升高 60℃左右时，切换 RRA 泵。	RRA004TL/RRA005TL	RRA	
-一回路与 RRA 之间温差小于 60℃时，打开出口阀;			该操作会引起温度梯度骤变，控制好温度梯度，操作要迅速、果断
RRA014VP/RRA015VP	RRA002TL/RRA003TL	RRA	
-置 RRA013VP 于自动控制状态;	RRA404RC	RRA	
-手动或自动调整 RRA 控制阀，调节一回路降温速率。			
RRA013VP	RRA404RC	RRA	
RRA024VP	RRA405RC	RRA	
RRA025VP	RRA401RC	RRA	
-在反应堆冷却剂系统由 RRA 降温期间:			在降温初、中期进行这些操作
使蒸汽排放退出运行			
闭锁			
闭锁	GCT501CC	MS04	
关闭 GCT131VV	GCT502CC	MS04	
关闭 GCT132VV	GCT403RC	MS01	
关闭 GCT133VV	GCT406RC	MS01	
	GCT409RC	MS01	
关闭蒸汽管线隔离阀			
VVP001VV	VVP003TL	MS01	
VVP002VV	VVP004TL	MS01	
VVP003VV	VVP005TL	MS01	

8　稳压器汽腔淹没

操作	标志	位置	备注
-减小下泄流量，约为 $10m^3/h$			
RCV310VP	RCV405RC	RCV/RRA	
-手动控制 RCV046VP 增加上充流量到 $27m^3/h$			
RCV046VP	RCP404RC	RCV	
-核对稳压器水位上升		PZR	注意控制稳压器压力变化
-稳压器波动管线和稳压器液相温度下降			
-当水位指示器达到 3.8m 时 调节 RCV 413 RC 整定值等于 RCP 压力 将低压下泄阀的控制从 RCV 压力控制切换到 RCP 压力控制		PZR	
	RCV413RC	RCV	
-将 RRA-RCV 控制阀完全打开			
RCV310VP	RCV409CC	RCV	
-调整上充流量到稍微高于下泄流量	RCV405RC	RCV	
-当下泄流量突然增加时，表明稳压器汽腔已淹没。			
-逐渐打开泵在运行的那个环路上的喷淋阀。稳压器降温速率应不超过 56℃/h。如果压力下降，则重新关闭喷淋阀后再逐渐开大喷淋阀，以便稳压器温度均匀。		RCV	
PZR 喷淋阀		RCV	
-当监测出下列情况时，则表示稳压器中水循环已建立并且可以确认稳压器中气泡消失： 稳压器液相温度下降 稳压器波动管温度下降			
-关掉比例加热器 RCP003RS RCP004RS		PZR	
-手动关闭稳压器隔离阀 RCP017VP/RCP018VP/RCP019VP	RCP059TL RCP060TL	PZR	

9 由 RRA 冷却至冷停堆

操作	标志	位置	备注
-当温度至低于 90℃时，可结束冷却，保留一台冷却剂泵运行		RCP	
RCP 一台泵运行			
-RCP 压力由 RCV013VP 自动控制在 26bar；		RCV	
-确认机组进入冷停堆。			
RCP 压力		主参数	
60℃ $<T_{avg}<$ 90℃		主参数	
-S 棒组全提出			
SA		CORE	
SB		CORE	
SC		CORE	
-R 棒组全提出			
R		CORE	
-PZR 保护阀、隔离阀自动关闭；			
保护阀 RCP020VP/RCP021VP/RCP022VP		PZR	
隔离阀 RCP017VP/RCP018VP/RCP019VP		PZR	
-SG 处于零负荷水位			
SG1/2/3 水位		FW01	34%
通过辅给水和排污阀控制 SG 水位在零负荷水位			

附录三　RPR 故障、GPA 故障和 RRC 故障

RPR 故障、GPA 故障和 RRC 故障可分别参见 VVP 故障过程和 RCP 故障过程，在故障→故障列表→RPR/GPA/RCP 打开。RPR 和 RRC 故障分别包括以下内容：

RPR
停堆断路器跳闸
P6 闭锁失效
SG 汽水失配信号误发

GPA
甩负荷至厂用电

RRC	
RCP001RS 故障	稳压器参考水位漂移
RCP002RS 故障	稳压器参考压力漂移
RCP003RS 故障	参考平均温度漂移
RCP004RS 故障	RCP001VP 卡在全开位置
RCP005RS 故障	RCP002VP 卡在全开位置
RCP006RS 故障	稳压器安全阀压力定值漂移

具体的实验过程参见以上五项实验步骤。

参考文献

[1]郭江华，聂矗，谢诞梅．虚拟仿真技术在核工程与核技术专业教学中的应用探讨[J]．中国电力教育，2011(9)：37-38.

[2]臧希年．核电厂系统及设备(第二版)[M]．北京：清华大学出版社，2010.

[3]田兆斐．核动力装置建模与仿真[M]．哈尔滨：哈尔滨工程大学出版社，2017.

[4]吕崇德．大型火电机组系统仿真与建模[M]．北京：清华大学出版社，2002.

[5]王红卫．建模与仿真[M]．北京：科学出版社，2002.

[6]刘思峰．系统建模与仿真[M]．北京：科学出版社，2012.

[7]熊光楞．协同仿真与虚拟样机技术[M]．北京：清华大学出版社，2004.

[8]蔡红霞．虚拟仿真原理与应用[M]．上海：上海大学出版社，2010.

[9]申蔚．虚拟现实技术[M]．北京：清华大学出版社，2009.

[10]费景洲．测试技术与虚拟仿真实验教程[M]．哈尔滨：哈尔滨工程大学出版社，2017.

[11]张晓华．系统建模与仿真(第二版)[M]．北京：清华大学出版社，2015.

[12]姜金贵．火力发电厂事故应急管理及虚拟仿真研究[M]．哈尔滨：哈尔滨工程大学出版社，2008.

[13]吴启迪．系统仿真与虚拟现实[M]．北京：化学工业出版社工业装备与信息工程出版中心，2002.

[14]李士锦．博努力(北京)仿真技术有限公司[OL]．http：//www.bernouly.com/index.html.

[15]单建强．压水堆核电厂调试与运行[M]．北京：中国电力出版社，2008.

[16]朱继洲．压水堆核电厂的运行(第二版)[M]．北京：原子能出版社，2008.